Key Words and Phrases for Writing Life Science Papers
A Beginner's Guide

生命科学論文を書きはじめる人のための英語鉄板ワード&フレーズ

著
河本 健 広島大学ライティングセンター
石井達也 高知大学人文社会科学部
Kawamoto Takeshi, Ishii Tatsuya

【注意事項】本書の情報について ────

　本書に記載されている内容は，発行時点における最新の情報に基づき，正確を期するよう，執筆者，監修・編者ならびに出版社はそれぞれ最善の努力を払っております．しかし科学・医学・医療の進歩により，定義や概念，技術の操作方法や診療の方針が変更となり，本書をご使用になる時点においては記載された内容が正確かつ完全ではなくなる場合がございます．また，本書に記載されている企業名や商品名，URL等の情報が予告なく変更される場合もございますのでご了承ください．

❖ **本書関連情報のメール通知サービスをご利用ください**
　メール通知サービスにご登録いただいた方には，本書に関する下記情報をメールにてお知らせいたしますので，ご登録ください．

・本書発行後の更新情報や修正情報（正誤表情報）
・本書の改訂情報
・本書に関連した書籍やコンテンツ，セミナーなどに関する情報

※ご登録の際は，羊土社会員のログイン／新規登録が必要です

ご登録はこちらから

まえがき

　AI の翻訳ツールなどの発達によって，文法的に正しい英文を書くことは比較的容易になってきた．そのため，論文を書く際には，いきなり英語で書き始めるよりも，日本語で下書きして，それを翻訳するという方法が益々有効になりつつある．とはいえ，複雑な日本語は正しく英訳されないし，ましてや，論文らしい英語表現にはならないことが多い．一方で，論文でよく使われる英語表現というものは確実に存在しており，中には定番の決まり文句と言えるものもたくさんある．このような論文執筆時に感じるジレンマを解決するためには，論文でどのような英語表現が使われるのかを理解した上で，翻訳ツールを利用することが必要となる．それがなければ，日本語から翻訳された英文が適切かどうかを判断できないからだ．論文で使われる英語表現を理解した上で，日本語の下書きを作れれば，翻訳も適切に行われる可能性が高くなるはずだ．もちろん，日本語からの翻訳では出てきにくい決まり文句は，最初から英語で書けばよいだろう．本書を執筆した理由は，論文での定番の英語表現を効率よく学ぶための教材，あるいは，書きたいことに対応する英語表現を見つけるためのツールとして活用していただきたいというものである．

　論文を執筆する際には，どこにどのようなことを書くのかを理解しておくことが必要である．生命科学論文は，Introduction，Materials & Methods，Results，Discussion の 4 つの Section で構成されることが多い．従って，「どこにどのようなことを書くのか」とは，この枠組みの中をどのようにまとめるのかということである．本書では，各 Section での流れの枠組みを，Move と Step という名称で解説する．まずは，概略編の「論文の型を学ぼう―各セクションの書き方のポイント―」を読んで，論文でのストーリー展開の型をしっかり理解しよう．

　このような型に加えて，各々の Move や Step でどのような英語表現を使うのかを知ることも必要である．Move ／ Step ごとの英語表現は，既に拙著『ライフサイエンストップジャーナル 300 編の「型」で書く英語論文～言語学的 Move 分析が明かしたすぐに使える定型表現とストーリー展開のつくり方』に詳しくまとめてある．しかし，実際に論文を書く際に考えることは，「このようなことを書きたい」という直感であることが多く，必ずしも論文全体の流れに沿って考えているわけで

はない．英語表現を探すために，直感を Section → Move → Step の流れに組み立て直すことは，少々面倒な作業であった．そこで本書では，「このようなことを書きたい」と思ったときに即座に活用できるように，英語論文での頻出重要表現をまとめ直した．直感的な分類を採用してあるので，容易に英語表現（キーフレーズ）を探すことができるはずだ．また，単語（キーワード）ごとにまとめてあるので，索引などを利用して重要単語の使い方を調べることもできる．

　本書を使って学習する際には，まずは，概略編の「頻出重要コロケーションパターン」の表を一通り確認しておこう．また本書には，これらを学ぶための並べ替え練習問題があるので，これにトライしてみよう．これらの解答は，本書で示す重要表現の暗唱例文としても活用できる．前述した表と合わせて，論文における頻出表現を習得するとよいだろう．

　2024 年 11 月

河本　健

石井達也

本書の使い方

本書は，生命科学分野のトップジャーナル 30 誌から選んだ英語論文 300 編を分析して明らかになった，**論文執筆に役立つキーワード・キーフレーズをまとめたもの**である．分析に際しては，各々の論文を 12 の部分（Move）に分割したコーパス（データベース）を作成し，論文全体に対して各 Move で統計学的に有意に高頻度で使われているものを抽出して，各 Move のキーワード・キーフレーズとした [1) 2)]．分析は，CasualConc を用いて行った [3) 4)]．さらに，抽出したキーワード・キーフレーズの用法や用例は，ライフサイエンス辞書コーパスを用いて確認・収集した [5)]．

本書の本編では，抽出した**キーワード・キーフレーズ**を Move 別に示すのではなく，「このようなことを書きたい」と思ったときに直感的に見つけられるような分類で示してある．すなわち，**A 研究／実験を行う理由とその実施について述べる表現**，**B 実験結果を述べる表現**，**C 解釈／まとめ／概略を述べる表現**，**D 背景情報／課題／展望を述べる表現**，**E 実験方法を述べる表現**，の 5 つの分類である．これらは，さらに 27 の小分類に分けられている．類似の単語が前後にまとめて収録されているので，違いを確認しつつ，使える単語の幅を広げるように心がけるとよいだろう．後述するように，ここで採用した分類の順番は，**Results** から書き始めるときの論文執筆の流れにも合うものなので，直感的にも使いやすいはずだ．その上，選択したキーワード・キーフレーズは，もともと Move に特徴的なものである．それぞれが該当する Move/Step についても示してあるので，論文の何処で使われるのかが分かるように工夫してある．本書での分類は単語ごとになので，巻末の索引から必要なキーワードを見つけることもできる．ただし，同じ単語が同じ意味で複数の状況で使われることもよくある．その場合でも，状況によってキーフレーズは異なることが多いので，自分の目的に近い分類を探して参照しよう．

Move は，論文をどのように書くのかについて，各 Section ごとの流れを掴むための重要な概念である．本書では，概略編の「論文の型を学ぼう―各セクションの書き方のポイント―」にまとめてあるので，論文執筆の際に役立てていただきたい．

直感的な表現と Move/Step との関連を理解しておくと，論文執筆の際に役立つであろう．ただし，本書を利用する際に，必ずしも Move のことを考える必要はない．Move は論文の構想や流れを考えるときに有効であるが，一旦，論文を書き始めてしまえば，あまり意識せずにどんどん書き進める方が効率的だろう．何を書くのかに迷ったら，Move に立ち戻って考えればよいだけである．一方，英語表現で迷ったときは，本書の本編を参照すると効率的であろう．このように本書は，論文執筆のための最初の参考書として活用していただけるはずである．また，すでに Move のことを学んだ後であっても，さらに応用の範囲を広げるのに役立つはずだ．なお，本書のキーワード・キーフレーズは原則としてアメリカ英語で表記している．

本書の利用にあたっては，まずは概略編の「頻出重要コロケーションパターン」を眺めてみよう．これが本書で示す主要な鉄板フレーズであるからだ．ただし，単語の入れ替えが可能なフレーズがほとんどなので，組み合わせ表のような形で示してある．十分理解できるまで，繰り返し参照しておくとよいだろう．さらに，学習のための練習問題も巻末演習に収録してあるので，是非，活用していただきたい．

なお，「頻出重要コロケーションパターン」の表の見方は，以下の図のようになる．

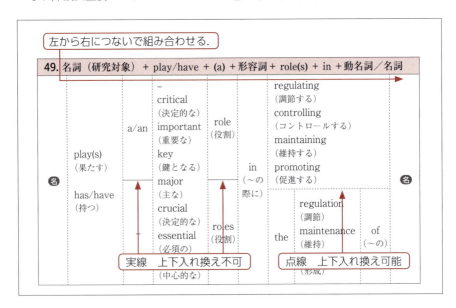

注

1) 河本　健・石井達也. (2022)　ライフサイエンストップジャーナル 300 編の「型」で書く英語論文〜言語学的 Move 分析が明かしたすぐに使える定型表現とストーリー展開のつくり方　羊土社

2) Ishii, T. & Kawamoto, T. (2020) The Behavior of Adverbs in the Results Sections of Experimental Medical Research Articles: A Corpus-Based Move Analysis. *English Corpus Studies*, 27, 23-52.

3) CasualConc は Mac 用の解析ソフトで，以下からダウンロード可能である．
Imao, Y. (2021). CasualConc (Version 2.1.7) [Computer Software]. URL: https://sites.google.com/site/casualconc/casualconc-download

4) 具体的には主に Log-Likelihood Ratio が 15.13 以上のものを抽出した．

5) ライフサイエンス辞書は以下から検索可能である．　　https://lsd-project.jp/

CONTENTS

本書の使い方 ⋯⋯⋯⋯⋯⋯⋯⋯⋯⋯⋯⋯⋯⋯⋯⋯⋯⋯⋯⋯⋯⋯⋯ 5

第一部：概略編

1 本書で示す分類と論文執筆の戦略 ⋯⋯⋯⋯⋯⋯⋯⋯⋯ 12

2 頻出重要コロケーションパターン ⋯⋯⋯⋯⋯⋯⋯⋯⋯ 13

3 論文の型を学ぼう―各セクションの書き方のポイント―⋯⋯⋯⋯ 29

4 論文執筆の流れ―"Results" から書き始めよう― ⋯⋯⋯ 41

コラム ❶ ChatGPT とライフサイエンス辞書コーパスで
英語表現を見つけよう ⋯⋯⋯⋯⋯⋯⋯⋯⋯ 44

第二部：本編（キーワード・キーフレーズ）

A 研究／実験を行う理由とその実施について述べる表現 ⋯⋯⋯⋯⋯⋯ 58

A-1 研究／実験の仮説や根拠を示すときのキーワード ⋯⋯⋯ 59

A-2 研究／実験の目的を示すときのキーワード ⋯⋯⋯⋯ 68

A-3 研究／実験の実施について述べるときのキーワード ⋯⋯⋯⋯ 89

B 実験結果を述べる表現 ⋯⋯⋯⋯⋯⋯⋯⋯⋯⋯⋯⋯⋯ 114

B-1 結果の提示を行うときのキーワード ⋯⋯⋯⋯⋯⋯⋯ 114

B-2 変化した結果を述べるときのキーワード ⋯⋯⋯⋯⋯ 132

B-3 変化なしの結果を述べるときのキーワード ⋯⋯⋯⋯ 148

B-4 結果を比較するときのキーワード ⋯⋯⋯⋯⋯⋯⋯ 160

B-5 結果を追加するときのキーワード ⋯⋯⋯⋯⋯⋯⋯ 170

C 解釈／まとめ／概略を述べる表現 ⋯⋯⋯⋯⋯⋯⋯⋯ 174

C-1 解釈を述べるときのキーワード ⋯⋯⋯⋯⋯⋯⋯⋯ 175

C-2 一致を述べるときのキーワード ⋯⋯⋯⋯⋯⋯⋯⋯ 197

C-3	可能性を述べるときのキーワード	205
C-4	まとめ／結論を述べるときのキーワード	216
C-5	本研究の概略を紹介するときのキーワード	235

D 背景情報／課題／展望を述べる表現 ⋯⋯⋯ 254

D-1	研究対象を紹介／定義づけするときのキーワード	255
D-2	研究対象を特徴づけするときのキーワード	260
D-3	重要性を強調するときのキーワード	271
D-4	先行研究を紹介するときのキーワード	276
D-5	問題／課題を述べるときのキーワード	287
D-6	将来の課題を述べるときのキーワード	294
D-7	将来展望（成果の価値）を述べるときのキーワード	301

E 実験方法を述べる表現 ⋯⋯⋯ 314

E-1	研究材料の入手や作製に関するキーワード	315
E-2	研究材料の維持管理に関するキーワード	319
E-3	実験手順に関するキーワード	321
E-4	実験の実施に関するキーワード	328
E-5	統計処理に関するキーワード	332
E-6	バイオインフォマティクスの方法に関するキーワード	337
E-7	研究倫理に関するキーワード	339

第三部：巻末演習 ⋯⋯⋯ 341

解答 ⋯⋯⋯ 355

コラム ❷ ChatGPT を使って文を書き換えてみよう ⋯⋯⋯ 364

付録：Move/Step との対応図 ⋯⋯⋯ 372

索引 ⋯⋯⋯ 376

第一部：概略編

1. 本書で示す分類と論文執筆の戦略
2. 頻出重要コロケーションパターン
3. 論文の型を学ぼう―各セクションの書き方のポイント―
4. 論文執筆の流れ―"Results" から書き始めよう―

1 本書で示す分類と論文執筆の戦略

　本書では，ライフサイエンス論文執筆に必要なキーワード・キーフレーズをまとめるにあたって，以下に示す A から E の 5 つの大枠分類を設定した．また，これらはさらに 27 の小分類に分けられている．

A **研究／実験を行う理由とその実施について述べる表現**（主に Results で使う）

　A-1 仮説や根拠の提示，**A-2** 研究／実験の目的の提示，**A-3** 研究／実験の実施の提示

B **実験結果を述べる表現**（主に Results で使う）

　B-1 結果の提示，**B-2** 変化した結果の提示，**B-3** 変化なしの結果の提示，**B-4** 結果の比較，**B-5** 追加の結果の提示

C **解釈／まとめ／概略を述べる表現**（Results, Discussion, Introduction で使う）

　C-1 解釈の提示，**C-2** 一致の提示，**C-3** 可能性の提示，**C-4** まとめ／結論の提示，**C-5** 本研究の概略の提示

D **背景情報／課題／展望を述べる表現**（主に Introduction と Discussion で使う）

　D-1 研究対象の紹介／定義づけ，**D-2** 研究対象の特徴づけ，**D-3** 重要性の強調，**D-4** 先行研究の紹介，**D-5** 問題／課題の提示，**D-6** 将来の課題の提示，**D-7** 将来展望（成果の価値）の提示

E **実験方法を述べる表現**（主に Materials & Methods で使う）

　E-1 研究材料の入手や作製，**E-2** 研究材料の維持管理，**E-3** 実験手順，**E-4** 実験の実施，**E-5** 統計処理，**E-6** バイオインフォマティクス，**E-7** 研究倫理

　後述するように，論文の執筆は Results から書き始めるのがお勧めだろう．実際に行ったことを，時間軸の流れに沿って記述できるからである．Results では，まず，実験を行う**目的**などを述べ，**実施**にした実験について説明する．ここまでが，本書の A に相当する．次に Results では，**実験結果**について述べる．ここが，本書では B である．さらに Results では，結果の**解釈**が行われる．ここは，本書では C にな

る．そこから，Discussion で述べる**考察**や**結論**へと繋がっていく．ここも，本書では C である．Introduction は，このような結論につがるように，**背景情報**や**問題提起**を説明する．ここは，本書では D である．ただし，Discussion には様々な情報が含まれるので，A ～ D の多くの表現が使われる．このように本書は，完成された論文の流れではなく，多くの人が行うであろう執筆作業の流れに沿って構成されている．なお，E のキーワード・キーフレーズは，Materials & Methods のみから抽出した．もちろん，必要に応じて Results などでも活用できる．

2 頻出重要コロケーションパターン

　本書では，前述の5つの大分類（A ～ E）と 27 の小分類のもとで，**論文でよく使われる単語／フレーズ**が示してある．ここでは各々の小分類ごとに，よく使われる**重要なコロケーション**（単語の組み合わせ）を 64 のパターンに分けて示す．**ここに示す表現を中心に文章を組み立てる**と，より論文らしくなるので試してみよう．できれば論文執筆時に，このような表現が思い浮かぶようになりたいものである．そのために，ここに示す表現を**繰り返し参照**しよう．

　なお，ここに示す表現の習得に役立つ**演習問題**（第三部）を用意してあるので，活用していただきたい．

A 研究／実験を行う理由とその実施について述べる表現

A-1 仮説や**根拠**を示すときのキーワード，A-2 研究／実験の**目的**を示すときのキーワード，A-3 研究／実験の**実施**について述べるときのキーワード

[A-1 （仮説／根拠）]

1. we ＋過去動詞（仮説）＋ that 節		
we （我々）	hypothesized（仮説を立てた） predicted（予測した） speculated（推測した） reasoned（判断した）	that （～ということ）

2. we＋considered＋the possibility＋同格 that 節			
we （我々）	considered （考慮した）	the possibility （可能性）	that （〜という）

3. we＋過去動詞（疑問）＋whether/if 節		
we （我々）	asked（問うた） wondered（思った）	whether（〜かどうか） if（〜かどうか）

［A-1 （仮説／根拠）］＋［we 〜（A-1／A-2／A-3）］

4. 分詞＋that 節, we＋過去動詞 〜			
Given （考慮に入れて） Having established （確立したので）	that 〜, （〜ということ）	we （我々）	〜

［A-2 （目的）］

5. To＋動詞＋the＋名詞＋of/between				
To （〜するために）	determine（決定する） investigate（精査する） examine（調べる） study（研究する） assess（評価する） evaluate（評価する） explore（探索する） confirm（確認する）	the	role（役割） effect（影響） impact（影響） contribution （寄与）	of （〜の）
			relationship （関連性）	between （〜の間の）

6. we＋過去動詞（目的）＋to do		
we （我々）	sought（務めた） aimed（目的とした） wanted（望んだ） wished（望んだ） attempted（試みた） set out（着手する）	to 動 （〜しようと／〜することを）

[A-3 （実施）]

7. we ＋過去動詞 ＋ the ＋名詞 ＋ of/between

we （我々）	examined（調べた） investigated（精査した） tested（テストした） assessed（評価した） analyzed（分析した） compared（比較した）	the	effect（影響） expression（発現） ability（能力）	of（〜の）

[A-2 （目的）] ＋ [A-3 （実施）]

8. To 不定詞句，we ＋過去動詞 〜

To （〜するた めに）	determine 〜, （決定する） investigate 〜, （精査する） examine 〜, （調べる） explore 〜, （探索する） elucidate 〜, （解明する） study 〜, （研究する） characterize 〜, （特徴づける） define 〜, （定義する） address 〜, （取り組む） establish 〜, （確立する） assess 〜, （評価する） evaluate 〜, （評価する） verify 〜, （確かめる） confirm 〜, （確認する） identify 〜, （同定する） measure 〜, （測定する） quantify 〜, （測定する） compare 〜, （比較する） extend 〜, （広げる） distinguish between 〜, （〜の間を区別する） gain insight into 〜, （〜への洞察を得る） do so, （それを行う） do this, （これを行う） test this hypothesis,	we （我々）	used（使った） utilized（利用した） employed（使用した） performed（行った） carried out（行った） conducted（行った） repeated（繰り返した） examined（調べた） investigated（精査した） studied（研究した） explored（探索した） tested（テストした） analyzed（分析した） compared（比較した） generated（作製した） established（確立した） developed（開発した） crossed（交配させた） selected（選択した） isolated（単離した） purified（精製した） cloned（クローニングした） treated（処理した） assessed（評価した） evaluated（評価した） measured（測定した）

第一部：概略編

2. 頻出重要コロケーションパターン

15

（この仮説をテストする） test the hypothesis that 〜, （〜という仮説をテストする）	quantified（定量した） calculated（計算した） assayed（アッセイした） monitored（モニターした） determined（決定した） injected（注射した） administered（投与した） infected（感染させた） introduced（導入した） transfected（遺伝子導入した） expressed（発現させた） overexpressed（過剰発現させた） knocked down （ノックダウンした） induced（誘導した） exposed（曝露した） focused on（焦点を当てた） chose（選択した）

B 実験結果を述べる表現

B-1 結果の提示を行うときのキーワード，**B-2** 変化した結果を述べるときのキーワード，**B-3** 変化なしの結果を述べるときのキーワード，**B-4** 結果を比較するときのキーワード

[**B-1** （結果の提示）]

9. we ＋過去動詞（発見）＋ that 節		
we （我々）	found（見つけた） observed（観察した） confirmed（確認した）	that （〜ということ）

10. we ＋過去動詞（発見）＋名詞		
we （我々）	identified（同定した） found（見つけた） observed（観察した） confirmed（確認した）	名

16　生命科学論文を書きはじめる人のための英語鉄板ワード＆フレーズ

11. 名詞（方法）＋過去動詞（提示）＋ that 節／名詞

analysis/analyses（分析） assay(s)（アッセイ） experiments（実験）	revealed（明らかにした） indicated（示した） showed（示した） demonstrated（実証した） confirmed（確認した）	that （～ということ） 名

12. 名詞（研究対象）＋過去動詞（提示）＋名詞（表現型）

mice（マウス） cells（細胞）	showed（示した） exhibited（示した） displayed（示した）	名

13. Figure［数］＋現在動詞（例示）＋ that 節／名詞

Figure（図） Fig.（図）	数	shows（示す） demonstrates（実証する）	that（～ということ） 名
		illustrates（図示する）	名

14. as ／ is/are ＋過去分詞＋ in＋ Figure［数］

as （～ように）		shown（示される） illustrated（図示される）	in （～に）	Figure （図） Fig. （図）	数
［名詞（結果）］	is/are	shown（示される） presented（提示される） illustrated（図示される）			

[B-2 （変化）]

15. 名詞（処置）＋過去動詞（因果関係）＋名詞（変化）

treatment（処置） knockdown （ノックダウン） expression（発現） depletion（欠乏）	resulted in （結果になった） led to （導いた） caused （引き起こした）	an increase （増大） a decrease （低下） a reduction （低下）	in （～の）	名

16. 名詞（処置）＋他動詞（変化）＋名詞（量的なもの）

treatment （処置） knockdown （ノックダウン）	increased（増大させた） decreased（低下させた） reduced（低下させた）	the	number（数） expression（発現） levels（レベル）	of （～の）	名

17. 名詞（処置）＋他動詞（変化）＋名詞（機構的なもの）

treatment （処置） knockdown （ノックダウン）	enhanced（増強した） induced（誘導した） inhibited（抑制した） suppressed（抑制した）	the	expression （発現） formation （形成）	of （〜の）	名

18. 名詞（処置）＋他動詞（抑止）＋名詞（能力的なもの）

treatment（処置） inhibitor（阻害剤） mutation（変異）	abolished （消失させた） abrogated （抑止した）	the	ability（能力） effect（影響）	of （〜の）	名

19. 名詞（量的なもの）＋［副詞（程度）＋］他動詞受動態／自動詞（変化）

levels （レベル） expression （発現） activity （活性）	(significantly)（有意に） (dramatically)（劇的に） (markedly)（顕著に） (greatly)（大きく） (substantially)（かなり） (highly)（高度に） (strongly)（強く） (clearly)（明らかに） (further)（さらに） (slightly)（わずかに） (modestly)（中程度に） (only modestly)（わずかに）	(was/were) increased（増大した） was/were elevated（上昇した） was/were upregulated （上方制御された） was/were enhanced（増強された） was/were induced（誘導された） (was/were) decreased（低下した） was/were reduced（低下した） was/were downregulated （下方制御された） was/were inhibited（抑制された） was/were suppressed（抑制された）

※ decrease と increase は，他動詞と自動詞の両方で使われる．一つの論文内では，統一することが望ましい．

20. 名詞（量的なもの）＋自動詞／他動詞受動態（変化）＋倍率

levels（レベル） expression（発現） activity（活性）	decreased（低下した） increased（増大した） was/were reduced（低下した） was/were decreased（低下した） was/were increased（増大した）	by 数 % （〜パーセント） 数-fold（〜倍）

※ decrease と increase は，他動詞と自動詞の両方で使われる．一つの論文内では，統一することが望ましい．

[B-3 （変化なし）]

21. 名詞（研究対象）＋ was/were not ＋過去分詞（影響）＋ by ＋名詞

名	was/were not （なかった）	affected（影響される） influenced（影響される）	by （〜によって）	名

22. 名詞（処置）＋ had ＋ no/little ＋ effect ＋ on ＋名詞

名	had （持った）	no（ない） little（ほとんどない）	effect （影響）	on （〜に対する）	名

23. we ／名詞（研究対象）＋ did not ＋原型動詞＋ any ＋名詞（変化）＋ in ＋名詞

we （我々） 名	did not （〜しなかった）	detect （検出する） observe （観察する） show（示す）	any （どのような 〜も）	difference(s) （違い） change(s) （変化）	in （〜の）	名

24. there ／ we ／名詞（研究対象）＋過去動詞＋ no/little ＋名詞（変化）＋ in ＋名詞

there was（〜があった）					
we （我々） 名	found（見つけた） observed（観察した） showed（示した）	no（ない） little （ほとんどない）	change （変化） difference （違い）	in （〜の）	名

25. there ／ we ＋過去動詞＋ no/little ＋ evidence ＋前置詞／同格 that 節

there was（〜があった）					
we （我々）	found （見つけた）	no（ない） little （ほとんどない）	evidence （証拠）	of（〜の） for （〜に対する）	名
				that（〜という）	

[B-4 （比較）]

26. compared ＋前置詞＋名詞（対照）

compared（比較して）	with（〜と） to（〜と）	名

		27. 名詞（量的なもの）＋ was/were ＋比較級＋ than ＋ that/those					
名	was/were	higher（より高い） lower（より低い） greater（より大きい） larger（より大きい） smaller（より小さい）	than （〜より）	that （それ） those （それら）	of （〜の） in （〜における）	名

C 解釈／まとめ／概略を述べる表現

C-1 解釈を述べるときのキーワード，**C-2** 一致を述べるときのキーワード，**C-3** 可能性を述べるときのキーワード，**C-4** まとめ／結論を述べるときのキーワード，**C-5** 本研究の概略を紹介するときのキーワード

[**C-1** （解釈）]

28. 名詞（結果）＋動詞（示唆）＋ that 節			
these （これらの） our （我々の）	results（結果） data（データ） findings（知見） observations（観察）	suggest（示唆する） indicate（示す） show（示す） demonstrate（示す）	that （〜ということ）

29. 名詞（結果／研究）＋ provide ＋ evidence ＋同格 that 節				
these （これらの）	results（結果） data（データ） findings（知見） studies（研究）	provide （支持する）	evidence （証拠）	that （〜という）

30. this/which ＋動詞（示唆）＋ that 節		
this（これ） , which（このこと）	suggests（示唆する） indicates（示す）	that （〜ということ）
, which（このこと）	suggested（示唆する） indicated（示す）	

生命科学論文を書きはじめる人のための英語鉄板ワード＆フレーズ

31. 分詞構文：, ＋（副詞）＋現在分詞（示唆）＋ that 節／名詞

, （このことは）	(thus) （それゆえ） (further) （さらに）	suggesting （示唆している） indicating （示している） confirming （確認している）	that （～ということ）		
			the	existence （存在） presence （存在）	of （～の） 名

[C-2 （一致）]

32. 名詞／代名詞（結果）＋ are/is ＋ consistent with ＋名詞

these （これらの）	results （結果） data （データ） findings （知見）	are		previous observations（以前の観察） previous reports（以前の報告）		
this （この）	result （結果） observation （観察） finding （知見）	is	consistent with （～と一致している）	the	notion （考え） idea （考え） hypothesis （仮説） observation （観察） possibility （可能性） fact （事実）	that （～という）
this （これ） , which （そのことは）				a model in which （～であるモデル）		

33. 名詞（結果）＋ support ＋ the ＋名詞＋同格 that 節

these （これらの）	results （結果） data （データ） findings （知見）	support （支持する）	the	hypothesis（仮説） notion（考え） idea（考え） conclusion（結論）	that （～という）

34. 分詞構文：, supporting + the +名詞+同格 that 節

, (このことは)	supporting (支持している)	the	hypothesis（仮説） notion（考え） idea（考え） conclusion（結論）	that （〜という）

[C-3 （可能性）]

35. 名詞（研究対象／現象）+ may +動詞（句）+名詞

名	may （かもしれない）	contribute to（〜に寄与する） play a role in（〜において役割を果たす） provide（提供する）	名

36. 代名詞／名詞（結果）+ may explain

this（これ） , which（このこと） findings（知見）	may （かもしれない）	explain （説明する）	why（なぜ〜か）	
			the observed （観察された〜）	名

37. it is + likely/possible + that 節

it is （〜である）	likely（可能な） possible（可能な）	that （〜ということ）

38. 形容詞 + possibility/explanation + is + that 節

one（一つの） another（もう一つの） an alternative（別の）	possibility （可能性）	is （〜である）	that （〜ということ）
one possible（一つの可能性のある） a potential（可能性のある）	explanation （説明）		

39. we cannot +動詞（除外）+ the possibility + 同格 that 節

we （我々）	cannot （〜できない）	exclude（除外する） rule out（除外する）	the possibility （可能性）	that （〜という）

[C-4 （まとめ／結論）]

40. 副詞（まとめ），名詞（結果）＋動詞（示唆）＋ that 節

Taken together, （まとめると）		results （結果）	suggest （示唆する）	
Together, （まとめると）	these （これらの）	data （データ）	indicate （示す）	that （～ということ）
Collectively, （まとめると）	our （我々の）	findings （知見）	show （示す）	
Overall, （まとめると）			demonstrate （示す）	

※直前に示した結果に対しては「these」を使い，本論文で示した結果に対しては「our」を使う．

41. we ＋現在形動詞（結論）＋ that 節

we （我々）	conclude（結論する） propose（提唱する）	that （～ということ）

42. In summary/conclusion, ＋ our ～＋動詞（示唆）＋ that 節／名詞

In summary, （まとめると，） In conclusion, （結論として，）	our （我々の）	data （データ） findings （知見） studies （研究）	demonstrate （実証する） suggest （示唆する） indicate （示す）	that （～ということ）	
			provide （提供する）	(new) （新しい） (important) （重要な）	insights into （～への洞察）
				(strong) （強力な）	evidence （証拠）

43. In conclusion/summary, ＋ we ＋動詞＋名詞／ that 節

In conclusion, （結論として，） In summary, （まとめると，）	we（我々）	have identified（同定した）	名
		have demonstrated（実証した） show（示す）	that （～ということ）

[C-5 （本研究の概略）]

44. 副詞（句）＋ we ＋動詞（提示）＋ that 節／名詞			
Here（ここに） In this study, （この研究において） In this report, （この報告において）	we （我々）	show（示す） report（報告する） demonstrate（実証する）	that （〜ということ）
		describe（述べる）	名

D 背景情報／課題／展望を述べる表現

D-1：研究対象を**紹介／定義づける**ときのキーワード，**D-2**：研究対象を**特徴づける**ときのキーワード，**D-3**：**重要性**を強調するときのキーワード，**D-4**：**先行研究**を紹介するときのキーワード，**D-5**：**問題／課題**を述べるときのキーワード，**D-6**：**将来の課題**を述べるときのキーワード，**D-7**：**将来展望**を述べるときのキーワード

[D-1 （定義）]

45. 名詞（研究対象）＋ is ＋ a ＋形容詞＋名詞				
名	is （〜である）	a	complex（複雑な） critical（決定的な） fundamental（基本的な）	名

[D-2 （特徴づけ）]

46. 名詞（研究対象）＋受動態動詞＋前置詞＋名詞			
名	is characterized（特徴づけられる）	by（〜によって）	名
	is associated（関連している）	with（〜と）	
	has been implicated（関連づけられてきた）	in（〜に）	

[D-3 （重要性）]

47. 名詞（研究対象）＋ is/are ＋形容詞（重要性）＋ for ＋名詞

名	is/are （〜である）	essential（必須な） important（重要な） critical（決定的な） responsible（責任がある） crucial（決定的な）	for （〜のために）	名

48. 名詞（研究対象）＋ is/are ＋過去分詞／形容詞（必要性）＋ for ＋名詞

名	is/are （〜である）	required（必要とされる） needed（必要とされる） necessary（必要な）	for （〜のために）	名

49. 名詞（研究対象）＋ play/have ＋ (a) ＋形容詞＋ role(s) ＋ in ＋動名詞／名詞

名	play(s) （果たす） has/have （持つ）	a/an –	– critical （決定的な） important （重要な） key （鍵となる） major （主な） crucial （決定的な） essential （必須の） central （中心的な）	role （役割） roles （役割）	in （〜の 際に）	regulating （調節する） controlling （コントロールする） maintaining （維持する） promoting （促進する） the	 regulation （調節） maintenance （維持） formation （形成）	 of （〜の）	名

[D-4 （先行研究）]

50. studies ＋ have ＋過去分詞（提示）＋ that 節

studies （研究）	have （〜してきた）	shown（示した） demonstrated（実証した） suggested（示唆した）	that （〜ということ）

51. 名詞（研究対象）＋ has/have been ＋過去分詞（報告）＋ to *do*

	has/have been （〜されてきた）	shown（示される） proposed（提唱される） reported（報告される）	to **動** （〜すると）
名			

52. 名詞（研究対象）＋ has/have been ＋過去分詞（発見）＋ in ＋名詞

	has/have been （〜されてきた）	found（見つけられる） identified（同定される） detected（検出される）	in （〜において）	**名**
名				

[D-5 （問題）]

53. However, ＋ it is (not) ＋形容詞＋ whether 節

However, （しかし）	it is （〜である）	unclear（不明な） unknown（知られていない）	whether （〜かどうか）
	it is not （〜でない）	clear（明らかな） known（知られている）	

54. However, ＋ little is known ＋ about ＋名詞

However, （しかし）	little （ほとんど〜でない）	is known （知られている）	about （〜について）	**名**

55. 名詞（しくみ）＋ remain(s) ／ is/are ＋形容詞（不明）

	remain(s) （〜のままである） is/are （〜である）	unclear（不明な） unknown（知られていない） unresolved（未解明な） poorly understood（明らかな） controversial（知られている）
名		

[D-6 （将来の課題）]

56. it will be ＋形容詞＋ to *do*

it will be （〜であろう）	important（重要な） interesting（興味深い）	to （〜すること）	determine（決定する） understand（理解する）

57. 名詞（研究）＋ will be ＋過去分詞／形容詞（必要）＋ to *do*

future （将来の） further （さらなる）	studies （研究） work （研究）	will be （〜であろう）	needed （必要とされる） required （必要とされる） necessary （必要な）	to （〜するため に）	determine （決定する） understand （理解する）

58. it should be ＋ noted ＋ that 節

it should be （〜べきである）	noted （指摘される）	that （〜ということ）

59. 名詞（しくみ）＋ remain(s)／has/have yet ＋ to be ＋過去分詞

名	remain(s) （〜ままである） has/have yet （まだ〜である）	to be （〜されるべき）	determined（決定される） established（確立される） identified（同定される） elucidated（解明される） investigated（精査される）

[D-7 （将来展望／成果の価値）]

60. 名詞（結果／方法）＋現在動詞＋名詞（道）＋前置詞＋名詞

名	provide(s) （提供する）		– new（新しい） novel（新規の） important（重要な） key（鍵となる） mechanistic（機構的な）	insight(s) （洞察）	into （〜への）	名
	provide(s) （提供する） open(s)（開く）	a/ an –	– new（新しい） potential（有望な） promising（有望な）	avenue （道） avenues （道）	for （〜のための） to （〜への）	
	pave(s)（開く） open(s)（開く）	the		way（道）		

E 実験方法を述べる表現

E-5 統計処理に関するキーワード，E-7 研究倫理に関するキーワード

[E-5 （統計処理）]

61. P ～ + was/were considered + significant				
P＜0.05 （0.05 未満の P） A P value of less than 0.05 （0.05 未満の P 値） A P value＜0.05 （0.05 未満の P 値）	was	considered （みなされた）	(statistically) （統計学的に）	significant （有意である）
P values of less than 0.05 （0.05 未満の P 値） P values of 0.05 or less （0.05 あるいはそれ未満の P 値）	were			

[E-7 （研究倫理）]

62. 名詞（研究）+ was/were approved + by +名詞（委員会）				
study （研究） protocol （プロトコール） work （研究）	was	approved （承認された）	by （～によって）	the Institutional Animal Care and Use Committee （機関の実験動物委員会）
experiments （実験） procedures （手続き） protocols （プロトコール） studies （研究）	were			the Institutional Review Board （機関の審査委員会）

63. written informed consent + was obtained + from +名詞（研究対象）				
Written informed consent （書面によるインフォームドコンセント）	was obtained （得られた）	from （～から）	all （全ての）	participants （参加者） patients （患者）

64. 名詞（研究対象）+ provided + written informed consent			
all （全ての）	participants （参加者） patients （患者）	provided （提出した）	written informed consent （書面によるインフォームドコンセント）

3 論文の型を学ぼう―各セクションの書き方のポイント―

　生命科学論文は，Introduction, Results, Discussion, Materials & Methods の4つの Section で構成されるのが一般的である．各々の Section にどのようなことを書くのか．例えば，**Introduction** の構造は図1のような階層構造で考えることができる．

図1 Introduction の Move, Step, 定型表現の階層関係

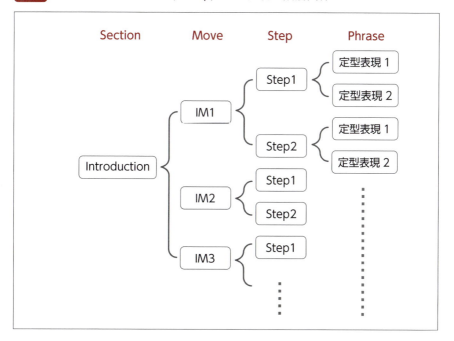

このような構造を前提として，各 Section を書く際のポイントを以下にまとめる．

a. Introduction の構成と書き方

Introduction の Move／Step の構成をまとめると，次のようになる．

I-Move-1 (IM1)：研究対象の紹介

　IM1-Step1. 研究対象の背景情報（定義・重要性・特徴）

IM1-Step2. 研究対象に関する課題の提示

I-Move-2 (IM2)：先行研究と問題提起

IM2-Step1. 重要な先行研究の紹介（着眼点の提示）

IM2-Step2. 解くべき問題の提示

I-Move-3 (IM3)：本研究の紹介

IM3-Step1. 本研究の概略

IM3-Step2. 本研究で得られた知見のまとめと展望

Introduction の展開は，IM1 → IM2 → IM3 の順に進み，一巡して終わるのが一般的である．以下に，それぞれの Move の特徴を順に示す．

a-1. IM1（研究対象の紹介）の構成の特徴

まず IM1 では，概ね IM1-Step1 → IM1-Step2 への流れを作るようにする．つまり，背景情報を述べた後に，それに関する課題について示すことが展開上のポイントとなるわけである．

● Introduction の冒頭では，**研究対象の背景情報**（IM1-Step1）を示すことが多い．その際，**... is a ～** のような研究対象を**定義**するフレーズがよく使われる．例えば，以下のような文である．

apoptosis is a critical process in ～（アポトーシスは，～における決定的な過程である）

対象を定義する際に，その**重要性**を強調することが多い．この例では，強調のために critical という単語を用いているわけである．

● 背景情報を説明したら，次に**研究対象に関する課題の提示**（IM1-Step2）を行おう．poorly のような**否定的な単語**に加えて，remain がよく用いられる．以下のような例が代表的である．

its function remains poorly understood（その機能は，十分には分かっていないままである）

ただし，課題の提示は，背景情報に付随する事項とも言えるので，軽く触れるだけのことが多い．従って IM1-Step2 の分量は，通常，IM1-Step1 に比べるとずっと少なくなる．

a-2. IM2（先行研究と問題提起）の構成の特徴

IM1 と同様に，IM2 でも，IM2-Step1 → IM2-Step2 への**流れ**を作ることがポイントである．

● **IM2-Step1** では，本研究に直結する**着眼点**を与えるような**重要な先行研究の紹介**を行う．その際には，**現在完了形**を使うことが多い．過去の研究が現在の研究においても重要性を持つことを伝えるわけである．以下のような文が使われる．

histone modifications have been shown to be important for ～（ヒストン修飾は，～のために重要であることが示されている）

● 先行研究の紹介に続いて，**IM2-Step2** では，本研究で**解くべき問題の提示**を行う．英語表現としては，IM1-Step2 と同様の表現がよく用いられる．また，unclear, unknown, not, little, however のような**否定的な表現**を使って，まだ解明されていないことを示す場合も多い．次のような例である．

However, it is unclear whether ～（しかし，～かどうかは不明である）

a-3. IM3（本研究の紹介）の構成の特徴

Introduction の最後の IM3 では，いよいよ**自分達の研究の紹介**を行う．時々，IM3 に相当する部分が欠けている論文を見かけるが，これは絶対に避けるべきである．そのような論文の著者は，Introduction の意味を誤解しているのではないだろうか．Introduction は，単に背景情報を読者に伝えることが目的ではない．

Introduction は，どのような背景のもとで，どのような問題設定を行い，どのような研究を行ったのかを示すためのものである．IM1 や IM2 は IM3 への導入であり，一番重要なのは IM3 である．

- IM3 では，IM2 で示した**問題**を受けて何を行ったのか，つまり，**本研究の概略**（IM3-Step1）を示すわけである．その冒頭は，Here, In this study, In the present study のような表現で始まることが非常に多い．それに続く文の主語も，we が，圧倒的に多いと言える．以下のような例である．

  Here, we show that ～（ここに，我々は～ということを示す）

  このような文に引き続いて，研究内容の説明が短い文章で示されることが一般的である．

- IM3 の後半の**本研究で得られた知見のまとめと展望**（IM3-Step2）では，**展望**を述べることがよくある．次のような文である．

  our results provide important insights into ～（我々の結果は，～への重要な洞察を与える）

  ただし，IM1 や IM2 の Step2 が，ほぼ必須の項目であるのに対して，IM3 の Step2 は，必ずしも必須というわけではない．まとめや展望は，Discussion で述べればよいからである．

　Introduction のストーリー展開を作る際に重要なもう一つのポイントは，**文と文のつながり**を明確にすることである．そのためには，前後の文に同じ単語（テクニカルターム）を配置するとよい．それによって，文と文のつながりがよくなり，さらに論理も明快になる．完成した文章を読み直すときは，直前あるいはそれ以前の文とのつながりを作る単語が，全ての文に含まれているかどうかをチェックする方法がとても有効である．

b. Results の構成と書き方

Results の Move ／ Step の構成は以下のようになる.

R-Move-1 (RM1): 実施した実験の説明

RM1-Step1. 対象の背景情報

RM1-Step2. 実験を実施した根拠や仮説

RM1-Step3. 実験を実施した目的（to 不定詞句）

RM1-Step4. 実験の実施（行ったこと）

R-Move-2 (RM2): 実験結果の提示

RM2-Step1.（注目すべき）発見の提示

RM2-Step2. 量的（質的）変化の提示

RM2-Step3. 結果の比較

RM2-Step4. 変化がなかったことの提示（否定の表現）

RM2-Step5. 情報の追加や対比

R-Move-3 (RM3): 結果についてのコメント

RM3-Step1. 結果の解釈

RM3-Step2. 結果の一致

RM3-Step3. 結果のまとめと結論

Results のパラグラフの典型的な流れは，RM1 で始まり，RM2 につながり，RM3 で終わるというパターンである．たくさんのパラグラフで構成される **Results** は，通常，**RM1 → RM2 → RM3 の繰り返し**となる．もちろん，一つのパラグラフの中で複数回これらが繰り返すこともある．また，繰り返しのセットの中には，RM1 や RM3 が抜けてしまうパターンもよくある．

Results は，Figure を中心に組み立てよう．一つの Figure に対して一つのパラグラフ，あるいは，一つの Figure に対して一つの小見出し，という構成が基本となる．

b-1. RM1（実施した実験の説明）の構成の特徴

　実施した実験の説明を行う RM1 の中心は，**実験の実施**（RM1-Step4）である．必要に応じて，**対象の背景情報**（RM1-Step1），**実験を実施した根拠や仮説**（RM1-Step2），**実験を実施した目的**（RM1-Step3）を加えよう．

　RM1 で最もよく用いられる表現として，以下のような To 不定詞句 , we 〜 がある．

　To determine 〜 , we performed ...（〜を決定するために，我々は…を行った）

　Results のパラグラフ冒頭などで繰り返し使われるこのパターンは，**実験を実施した目的**（RM1-Step3）と**実験の実施**（RM1-Step4）という 2 つの Step の組み合わせで構成されている．このように，Results では，複数の Move と Move や Step と Step の組み合わせで一文が構成されることも多いので注意しよう．

- **RM1-Step1** では，Introduction で書けなかった**対象の背景情報**を，必要に応じて説明する．IM1-Step1 や IM2-Step1 と同様の表現が使われるが，以下のような例もよくある．

　〜 receptor is known to activate transcription of ...（〜受容体は，…の転写を活性化することが知られている）

- **仮説**は，Introduction よりも RM1-Step2（**実験を実施した根拠や仮説**）で示されることが多い．以下のような文がよく用いられる．

　we hypothesized that 〜（我々は，〜という仮説を立てた）

- **RM1-Step3** では，**実験を実施した目的**を示す．to 不定詞句を用いることが非常に多い．以下のような例がある．

　To test this hypothesis, 〜（この仮説をテストするために，〜）

- **RM1-Step4** では，**実験の実施**について述べる．we 主語文が多いが，**受動態の文**

34　生命科学論文を書きはじめる人のための英語鉄板ワード＆フレーズ

も使われる．以下のような例が典型的である．

we examined the effect of 〜（我々は，〜の影響を調べた）

b-2. RM2（実験結果の提示）の構成の特徴

実験結果を提示する RM2 は，紛れもなく Results の中心である．RM2 の表現は，主に**発見の提示（RM2-Step1）**，**量的（質的）変化の提示（RM2-Step2）**，**結果の比較（RM2-Step3）**，**変化がなかったことの提示（RM2-Step4）**に分けられる．また，**情報の追加や対比（RM2-Step5）**の表現も重要であろう．これらの Step は，ストーリーの流れの順番を示すものではないので，実験結果の内容によって使い分けよう．

● RM1 に続く RM2 の冒頭では，以下のような**発見の提示（RM2-Step1）**を行う表現がよく使われる．

We found that 〜（我々は，〜ということを見つけた）

● **量的（質的）変化の提示（RM2-Step2）**では，**変化**を意味する increase, decrease, reduce, reduction, などがよく用いられる．次のような例である．

mRNA expression was significantly reduced in 〜（mRNA 発現は，〜において有意に低下した）

● **結果の比較（RM2-Step3）**では，**形容詞の比較級**と than を使うことが多い．次のような例がある．

protein level was 5-fold higher in knockout mice than in control mice（タンパク質レベルは，ノックアウトマウスにおいて，コントロールマウスにおいてより5倍高かった）

than の用法は，特殊文法なので使い方に注意しよう．

● **変化がなかったことの提示（RM2-Step4）**では，no や not のような**否定的な表**

第一部：概略編

3. 論文の型を学ぼう―各セクションの書き方のポイント―

35

現を用いる．no を使う方が，not より英語らしい表現になる．以下のような例がある．

no change was observed in 〜（〜に変化は観察されなかった）

● 情報の追加や対比（RM2-Step5）では，furthermore，moreover，also のような副詞表現を使うことが多い．以下のような例がある．

we also observed a significant increase in 〜（我々は，また，〜の有意な増大を観察した）

RM2-Step5 の表現は，通常，他の Step との組み合わせになる．

b-3. RM3（結果についてのコメント）の構成の特徴

RM3 は，RM2 で示した結果に対するコメントである．多くの場合，個々の結果に対するコメントなので，一つの結果を示すたびに，それに対するコメントを述べる．

● 結果の解釈（RM3-Step1）では，, suggesting や, indicating などで始まる分詞構文が，RM2 の文の文末につながる形で使われることが多い．次のような例である．

, suggesting that 〜（そのことは，〜ということを示唆している）

● 結果の一致（RM3-Step2）では，consistent with や in agreement with が使われることが多い．以下のような文が使われる．

these results are consistent with previous observations（これらの結果は，以前の報告と一致している）

● 結果のまとめと結論（RM3-Step3）では，together，taken together，collectively，overall などのまとめの副詞（句）表現がよく使われる．次のよう

生命科学論文を書きはじめる人のための英語鉄板ワード＆フレーズ

な例である.

Taken together, these data indicate that ～（まとめると，これらのデータは～ということを示す）

結論は，we conclude that ～ の形で示されることが多い．このようなまとめ表現は，パラグラフの最後で使われることが多い．

c.　Discussion の構成と書き方

Discussion の Move ／ Step の構成は以下のようになる．

D-Move-1 (DM1): 本研究の概略

DM1-Step1. 背景情報の再提示

DM1-Step2. 本研究の成果の概略

DM1-Step3. 本研究の結論と意義

D-Move-2 (DM2): 個々の実験の考察

DM2-Step1. 個々の実験の背景と先行研究

DM2-Step2. 個々の実験結果の再提示

DM2-Step3. 個々の実験結果の解釈

DM2-Step4. 個々の実験の課題

D-Move-3 (DM3): まとめと将来展望

DM3-Step1. 本研究のまとめ・結論

DM3-Step2. 本研究の将来展望

　Disucussion の流れは，DM1 → DM2 → DM3 の順に進み終了する．DM1 が冒頭パラグラフ，DM3 が最終パラグラフに相当し，残りが DM2 というイメージで考えよう．

c-1. DM1（本研究の概略）の構成の特徴

DM1 は，背景情報の再提示（DM1-Step1），本研究の成果の概略（DM1-Step2），本研究の結論と意義（DM1-Step3），で構成されるが，その中心となるのは，DM1-Step2 である．

● **DM1-Step1** では，**対象の背景情報**を再提示する．IM1-Step1 や IM2-Step1 と同様の表現が使われるが，実際には DM1-Step1 は存在しない場合が多い．

● **DM1-Step2** では，**本研究の成果の概略**を示す．以下のような文が，**DM1 の冒頭**でよく使われる．

In this study, we have shown that ～（この研究において，我々は～ということを示した）

IM3-Step1 の表現と似ているが，**現在完了形**がよく使われる傾向がある．本研究全体の時間の流れを意識した表現であろう．

● **DM1-Step3** では，**本研究の結論と意義**を示す．以下のような表現がよく使われる．強調によって，意義を示すわけである．

we demonstrate for the first time that ～（我々は，～ということを初めて実証する）

DM1-Step3 の表現は，DM1-Step2 の表現との組み合わせで使われることも多い．

c-2. DM2（個々の実験の考察）の構成の特徴

DM2 では，パラグラフごとに異なるテーマで考察を行う．その内容によって，Step を選択するとよいだろう．

● **DM2-Step1** では，**個々の実験の背景と先行研究**を提示する．必要に応じて，IM1-Step1 や IM2-Step1 と同様の表現を活用しよう．

● **DM2-Step2** では，**個々の実験結果の再提示**を行う．RM2-Step1 の表現が活用で

きる．強調のために，以下のような文もよく使われる．

we note that 〜（我々は，〜ということを述べる）

● DM2-Step3 では，**個々の実験結果の解釈**を示す．ここが，**DM2 の中心**と考えて
よいだろう．以下のような文がよく使われる．

our data suggest that 〜（我々のデータは，〜ということを示唆している）

結果を提示してから，その解釈を行うので，DM2-Step2 → DM2-Step3 の流れ
が存在する．
DM2-Step3 では，あり得る**可能性**を論じることが多い．特に，may，might，
likely，possible が非常によく使われる．以下のような例がある．

, which may explain why 〜（そのことは，なぜ〜かを説明するかもしれない）

it is likely that 〜（〜ということはありそうである）

● DM2-Step4 では，**個々の実験の課題**を示す．独立したパラグラフを使って，将
来の課題を示すことが多い．以下のような文がよく使われる．

it remains to be determined whether 〜（〜かどうかは，決定されていないまま
である）

c-3. DM3（まとめと将来展望）の構成の特徴

DM3 では，まず，**本研究のまとめ（DM3-Step1）**を述べ，後半で**本研究の将来
展望（DM3-Step2）**を示すことが多い．

● DM3 の冒頭は，In summary や In conclusion で始まることが非常に多い．これ
らは，**本研究のまとめ（DM3-Step1）**の表現である．以下のような例がある．

In summary, our findings indicate that 〜（まとめると，我々の知見は〜という
ことを示す）

● DM3-Step2 では，課題を含む**将来展望**について述べる．insight や will を使う表現が非常に多い．以下のような例がある．

our data provide new insight into 〜（我々のデータは，〜への新しい洞察を提供する）

it will be important to determine 〜（〜を決定することは重要であろう）

Discussion で様々な考察を行う際に，Introduction で述べるような**背景情報**や**先行研究の紹介**や**問題**提起，あるいは Results で示された**結果**などが，再度，提示されることがある．そのため Discussion では，Introduction や Results と同様な表現が多く用いられる．Discussion で使われる表現については，Introduction や Results と似ている部分と異なる部分があるので本書を通して確認しよう．

d.　Materials & Methods の構成と書き方

Materials & Methods の Move ／ Step の構成は以下のようになる．

M-Move-1 (MM1): 研究試料の準備

　MM1-Step1. 研究試料の入手と作製・調製

　MM1-Step2. 研究試料の維持管理・処置

　MM1-Step3. 研究倫理

M-Move-2 (MM2): 実験の実施

　MM2-Step1. 実験の具体的な手順

　MM2-Step2. 実験・分析・定量化の実施

M-Move-3 (MM3): 統計解析とバイオインフォマティクス

　MM3-Step1. 統計解析とデータ提示

　MM3-Step2. 大規模データのコンピュータ解析

Materials & Methods は，方法ごとに**小見出し**を立てて分けて書くのが一般的である．剽窃の指摘を避けるためにも，先行研究をうまく引用して，独自の方法以外

の記述は最小限に留めることが重要である．極めて定型的な表現が多いが，それらは実験内容によって大きく異なる．本書は，できるだけ広い範囲の研究者を対象とすることを目指しており，**Materials & Methods** のキーフレーズは最小限に留めてあるのでご了解いただきたい．

本編（第二部）には，ここに示した Move/Step に特徴的なキーワード・キーフレーズがまとめてある．ただし，Move/Step による分類はあえて用いず，「このようなことを書きたい」思ったときに直感的に見つけられるような分類を用いた．すなわち，A 研究／実験を行う理由とその実施について述べる表現，B 実験結果を述べる表現，C 解釈／まとめ／概略を述べる表現，D 背景情報／課題／展望を述べる表現，E 実験方法を述べる表現の5つの分類，および，それらを細分化した27の小分類である．分類した各キーワード・キーフレーズには，それらがよく使われるMove/Step を示してあるので，論文を執筆する際に参考にするとよいだろう．

4　論文執筆の流れ―"Results" から書き始めよう―

論文執筆を始めるとき，既に手元に実験のデータ（結果）があれば，**"Results"から書き始める**のが自然な流れであろう．ただし，文章を書き始める前に，**図表を最初に作る**（手順0）ことは最重要事項であるので，もっと正確に言えば，「**図表を作って Results から書き始めよう**」ということになる．従って，お勧めする論文執筆の流れは以下のようなものである．ただし，筆者の経験上の感覚としては**書けるところから書く**のが効率的である．いろいろなところを少しずつ書きためながら，以下の流れを意識しよう．

手順0　図・表の作成（Results）
手順1　行った実験の概略（Results）
手順2　実験結果の説明（Results）
手順3　結果の解釈・まとめ・結論（Results）

手順4　本研究の概略（Introduction と Discussion）

手順5　背景情報（Introduction）と問題・課題の提示（Introduction）

手順6　結果の考察（解釈・まとめ・結論）（Discussion）

手順7　将来の課題，本研究の結論と展望（Discussion）

手順8　結論（Discussion）

手順9　何度も繰り返し読み直して，修正する

前述したように Results では，いきなり実験結果の説明をするのではなく，**行った実験の概略の説明**（**A-1**，**A-2**，**A-3**）から始めるのが一般的だ（手順1）．**実験結果の詳細**（**B-1**，**B-2**，**B-3**，**B-4**，**B-5**）を述べるのは，その次である（手順2）．続けて，**結果の解釈・まとめ・結論**（**C-1**，**C-2**，**C-3**，**C-4**）を示すことも必要だ（手順3）．従って，Results **の流れは**，概ね**本書の A → B → C の繰り返し**となる．

Results がだいたい書けたら，執筆は次の段階へ向かう．**結果の解釈や結論に合わせて，Introduction と Discussion を組み立てる**のだ．論文の流れの中で，Introduction は論文の冒頭にあるものの，あくまで Introduction は Results に合わせて書かなければならない．論文の中心が，Results であるからだ．同様に，Discussion も，Results に合わせて書くこと必要となる．そこで次は，Results に合わせて**本研究の概略**（**C-5**）を考えよう（手順4）．これは，Introduction と Discussion **の両方**に書くことになる．内容の重複の調整は後からやればよいので，とりあえずは Introduction（IM3）と Discussion（DM1）の両方を書いてみよう．

Introduction では，**先行研究に基づく背景情報**（**D-1**，**D-2**，**D-3**，**D-4**）を示し（手順5），残された**課題**（**D-5**）を述べ，最後に前述した**本研究の概略**（**C-5**）へとつながっていく．従って，Introduction **の主要部分**（IM1 **および** IM2）**の執筆**には，**本書の D の表現を用いる**ことが多くなるであろう．一方，**本研究の紹介**である IM3 には，本書の **A** 〜 **C** の表現が用いられる．

結果の解釈・まとめ（**C-1**，**C-2**，**C-3**，**C-4**）は Results でも述べるが，Discussion でより深めていくことが必要だ（手順6）．Discussion の DM2 では，

研究の背景や結果の再提示から始まることも多い．その場合は，本書の**D**や**B**の表現が使われる．また，**問題・課題の提示**（**D-5**）は，Introduction だけでなく，Discussion で示されることもある．ただし，**残された課題**（**D-6**）や**将来展望**（**D-7**）については，主に Discussion で示される（手順7）．さらに Discussion では，**全体のまとめや結論**（**C-4**）を示す（手順8）．Discussion の最初の DM1 で書く**概略**と最後の DM3 で書く**結論**とは，かなり類似している．ここも，最初は重複を気にせず書いてみよう．調整は，後からやればよいからだ．そもそも，Discussion は研究全体を総括して書かれるものであるから，Introduction や Results と同様の内容が含まれることが多い．そのため，Discussion には，**本書の**A**〜**D**の多くの表現が複雑に絡み合って用いられる**．

　論文の様々なセクションで同じような内容が示される．当然，類似の内容を述べるためには，**同じような表現**が使われることが多い．本書では，Introduction や Discussion のようなセクションの枠を超えて，同じような表現を集めて比較する．どこでどのような表現が使われるのかに関して，それぞれに詳細な Move/Step が示してある．Move/Step の違いに合わせた使い方を確認できる点も本書の**最大の強み**であろう．

　なお，Materials & Methods はジャーナルによって，Introduction と Results の間にある場合と，Discussion の後にある場合とがある．その両方に対応するために，論文のストーリー展開を Introduction → Results → Discussion の流れで考えるとよいであろう．即ち，Materials & Methods は別枠で執筆して差し支えないということである．

コラム ❶ ChatGPT とライフサイエンス辞書コーパスで英語表現を見つけよう

ⓐ ChatGPT を使って書き換え表現を見つける

ChatGPT を使えば，たくさんの英語表現を簡単に見つけることができる．ここでは，概略編の「2. 頻出重要コロケーションパターン」のパターン 7 の組み合わせで作れる "we examined the effect of" を，ChatGPT を使って書き換えてみよう．ChatGPT で**書き換え表現**を作るためには，以下のような指示を与えるとよい.

> 以下を生命科学論文でよく使われる英語表現を使って書き換えてください．10 個の英語表現をお願いします．
> we examined the effect of

すると，以下のような答えが返ってくる．（もちろん，20 個でも，50 個でも，100 個でいくらでも作らせることができる.）

1. "We investigated the impact of"
2. "Our study explored the influence of"
3. "We assessed the consequences of"
4. "The study focused on the ramifications of"
5. "We analyzed the outcomes of"
6. "Our research evaluated the implications of"
7. "We scrutinized the effects of"
8. "The experiment aimed to elucidate the role of"
9. "Our observations targeted the relationship between"
10. "We conducted an investigation into the effects of"

コラム 1　ChatGPT とライフサイエンス辞書コーパスで英語表現を見つけよう

このように，ChatGPT を使うと様々な書き換え表現を簡単に作ることができる．上述した本書のパターン 7 にも，動詞として examined の他に，ChatGPT が示した investigated や assessed が示されている．一方で，ChatGPT が提示する表現で特徴的なのは，一見しただけでは書き換え表現かどうか分からないような，幅広い表現が含まれている点であろう．それぞれの表現の妥当性については後述するが，ChatGPT の使用は上級者にも役立つ有益な方法と言えるだろう．

b. ライフサイエンス辞書コーパスを使って書き換え表現を見つける

上で述べた "we examined the effect of" は，論文で使いたい重要頻出表現であるが，同じ論文で何度も使えば，稚拙な文章と思われかねない．そこで "we examined the effect of" を書き換えることが必要になる．そのための最も一般的な方法は，「主語を換える」，「動詞を換える」，「目的語を換える」および，それらの組み合わせであろう．これを行うための最適なツールが，**ライフサイエンス辞書コーパス**だ．ライフサイエンス辞書コーパスは，生命科学論文の抄録を集めた 1.6 億語からなる巨大コーパスである．

例えば，「目的語を換える」ためには，次にようにするとよい．ライフサイエンス辞書コーパス（https://lsd-project.jp/cgi-bin/lsdproj/conc_home.pl）にアクセスし，「**詳細検索**」－「簡単検索」を切り替えて検索オプションを表示させ，「**集計値**」と「**1000 行**」を選択して，"we examined the" と入力後に「**検索**」をクリックする（**図 1**）．

図 1

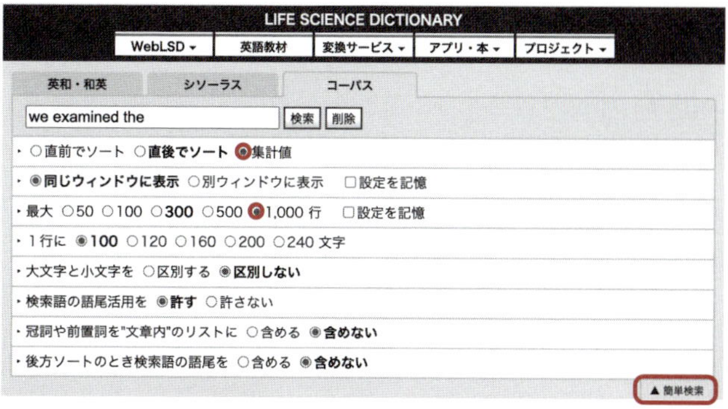

すると，図2のような結果が得られる．「**1語後**」に，"we examined the" に続く単語が頻度順に示されるわけである．この中で effect に意味が近い表現として，impact や influence などが高頻度で使われていることが分かる．（本書でも，本編で impact を取り上げているが，図2 に示すような組み合わせの多くは本書には含まれていない．）

図2

コーパス検索結果(共起頻度の集計)

| 2語前でソート | 1語前でソート | 1語後でソート | 2語後でソート |

検索語: we examined the　ヒット件数: 1000

一般的な頻出語を「文章

2語前		1語前		1語後		2語後	
this	119	here	136	association	87	of	510
present	20	study	121	effects	84	between	110
in	14	therefore	12	role	77	and	52
current	10	work	6	effect	56	effect	14
of	7	model	5	relationship	45	that	13
the	7	addition	5	impact	33	to	9
these	5	mice	5	associations	18	role	8
cell	5	microscopy	5	expression	14	mechanisms	7
and	4	analyses	4	influence	14	term	6
mouse	3	end	4	potential	13	association	6
association	3	and	4	contribution	11	properties	6
methods	3	thus	4	ability	10	potential	5

　「動詞を換える」ためには，同様にライフサイエンス辞書で "the effect of" と入力して検索し，「**1語前**」を眺めてみるとよいだろう．"the effect of" の前に来る過去形動詞としては，頻度の高い順に，investigated, examined, assessed, evaluated, tested などがよく使われていることが分かる（これらの動詞は，全て本書にも含まれている）．このようにライフサイエンス辞書コーパスを使えば，語と語の組み合わせ（コロケーション）を系統的に調べることができるのだ．

コラム 1 ChatGPT とライフサイエンス辞書コーパスで英語表現を見つけよう

(c.) ChatGPT とライフサイエンス辞書コーパスの組み合わせで活用する

c-1. ライフサイエンス辞書でのヒット数を参考にする

　ところで，前述した ChatGPT が提示した表現のうち，どれを使うのがよいのだろうか？それを見極める方法として，ライフサイエンス辞書を使ってヒット数を調べることがお勧めできる．図 2 をよく見ると，"we examined the" の<u>ヒット件数</u>が 1000 件であることが分かるだろう（ヒット件数は 2024 年 10 月時点．以下同）．実は，1000 件はライフサイエンス辞書コーパスでヒットする数の上限である．そこで図 1 にある「検索語の語尾活用を<u>許さない</u>」のオプションを選択して，"we examined the effect of" を検索すると，ヒット数は 966 件となる．これは 5 単語からなるフレーズのヒット数としては非常に大きな数字である．

　ChatGPT で見つけた前述の表現のうち，"we examined the effect of" に最も近いのが，例文 1 の "we investigated the impact of" である．これをライフサイエンス辞書で調べると，ヒット数は 219 件であった．これも非常に大きな数字である．一方で，上記の ChatGPT が提示した 10 表現のうち，例文 2，例文 4，例文 6，例文 7，例文 8，例文 9，例文 10 の 7 つの表現は，1.6 億語からなるライフサイエンス辞書コーパス中にはひとつも含まれておらず，検索のヒット数は 0 件であった．このように，ChatGPT に与えた指示文で「よく使われる」という条件を付けてはいるものの，実際に ChatGPT が提示する表現は必ずしも頻出表現ではない．もちろん，語数が多い表現はヒット数が少なくなる傾向にあるのだが，ライフサイエンス辞書コーパス中に含まれていない表現をあえて使う必要はないようにも感じる．そこで，見つけた表現を使うかどうかの基準の一つとして，<u>ライフサイエンス辞書コーパスでのヒット数を参考にする</u>とよいだろう．<u>迷ったら，多く使われる表現</u>を採用するわけである．

　このように，<u>ChatGPT を使う際にライフサイエンス辞書コーパスを併用する</u>と，選択する英語表現の適切度が大幅に改善されるだろう．ChatGPT を使えばたくさんの英語表現を見つけることができるわけだが，その妥当性には疑問が残る．一方，

ライフサイエンス辞書コーパスには，お手本となる英語表現が多数含まれているが，それを見つける方法が限られている．そこで，両者を併用することによって，大きな相乗効果が得られるわけである．

c-2. ヒット数が少ない理由を考える

「主語」「動詞」「目的語」の組み合わせの頻度を調べる場合，それぞれの要素ごとの用法や使用頻度を考慮する必要がある．例えば，ChatGPT が提示した例文 2 の "our study explored the influence of" の場合，主語を "our study" にしたところに決定的な問題がある．" ～ explored the influence of" のような文は，**結果を提示する前**に使うことが多い．ところが，"our study explored the influence of" のような "our study" を主語とする文は，**後から研究を振り返るために使う表現**である．そこで，"study" を主語にしたいのなら，"this study" とするのが正解であろう．実際，"this study explored the influence of" なら，ライフサイエンス辞書でも 2 件ヒットする．例文 6 と例文 9 にも，同様の "our" に関する問題がある．さらに，"our" に続く "research" や "observations" が，ここでの主語として適切ではないという問題も考えられる．"observations" は，研究を後から振り返ってその意味を説明するときに使う名詞である．また，"research" は一般論として研究について述べることが多く，たとえ "this research" としても，結論を述べるときに使うなどに使用が限定されるようだ．個々の研究を意味する "study" と一般論で使う "research" とは，明らかに使い方が異なるのだ．このようなことから，"we examined the effect of" を言い換えるときの主語としては，"we" か "this study" か "the present study" かの 3 択とならざる得ないだろう．

ヒット数 0 件の例文のうち，例文 4 は目的語の "ramifications" に問題がある．"ramifications" は頻出重要単語とは言えないし，ライフサイエンス辞書コーパスでの用法もかなり限定的である．例文 7 は，動詞の "scrutinized" に問題がある．"we scrutinized" のライフサイエンス辞書でのヒット数はわずか 13 件であり，ヒット数が上限の 1000 件である "we examined" などと比べると圧倒的に少ない．よほどの上級者でなければ，"scrutinized" を生命科学論文で使うことはお勧めでき

ない. 例文8の "aimed to elucidate the role of" は，研究について包括的に説明するときに使われる表現なので，"we examined the effect of" よりも用途が限定されると思われる. その点を考慮した上で，主語を "the experiment" から "we" か "this study" に代えて使用することは可能であろう. 例文10の "conducted an investigation into the effects of" はやや回りくどい表現であり，かつ頻出表現でもない. "conducted an investigation" で検索してもヒット数は9件しかない. これも研究の概略を説明するときなど，用途が限定される表現と言えそうである.

　以上を総合すると，**ChatGPT を使って "we examined the effect of" の書き換え表現を探すことは，それほど効率的な方法ではない**ように思われる. おそらく，50例ぐらい例文を提示させて，その中から適切なものを選択することが必要であろう. 実は，ChatGPT は "we examined the effect of" のような，文の一部分を書き換えることをあまり得意としていない. 文全体を提示して書き換えてさせると，もっと効率よく，よい表現を提示してくれる. 詳細は，コラム2（364ページ）にまとめてあるので参照して欲しい.

(d.) ChatGPT を使って多数の例文を見つけよう

　前述したように，**ChatGPT の活用のポイントは多数の例文を示してもらう**ことにあるようだ. そこから，適切なものを選び出すのは，人間の仕事である. では，どのようにして ChatGPT からたくさんの例文を引き出すのか. そのために本書を活用しよう.

　本書には，生命科学論文での頻出表現が，Move/Step と関連づけてまとめてある. ただし，収録できた表現の数は限られているので，さらに様々な表現を集めることも必要であろう. そこで，**本書の内容を基礎情報として**，ChatGPT やライフサイエンス辞書コーパスを使う際に活用するわけである. 例えば，本書の分類項目に従って，以下のような指示を ChatGPT に与えてみよう.

- 生命科学の論文で**問題提起**を行う際によく使われる英語表現を 20 個教えてください.
- 生命科学の論文で**仮説**を述べる際によく使われる英語表現を 20 個教えてください.
- 生命科学の論文でデータや結果の**解釈**を述べる際によく使われる英語表現を 20 個教えてください.
- 生命科学の論文で**可能性**を述べる際によく使われる英語表現を 20 個教えてください.
- 生命科学の論文で**結論**を述べる際によく使われる英語表現を 20 個教えてください.
- 生命科学の論文で**将来の課題**を述べる際によく使われる英語表現を 20 個教えてください.
- 生命科学の論文で**研究成果の価値**を強調する際によく使われる英語表現を 20 個教えてください.
- 生命科学論文でよく使う**定番英語表現**を 100 個教えてください.

　このようにして得られる表現には，本書に含まれるものもあるであろうし，そうでないものもあるだろう．そうでないものを使う際には，ライフサイエンス辞書で使用頻度を確認するとよい.

　ChatGPT などの AI を利用する際に，日本語の下書きから英訳を行うことは必ずしも推奨できない．頻出英語表現の一部は，日本語からの翻訳ではなかなか出てこないからである．一方で，上述したような探し方をすると，日本語から翻訳されにくい表現がいろいろ見つかってくる．例えば，"provide insight into" は，日本語からの翻訳ではなかなか出てこない生命科学論文の定番頻出表現である．このような定型表現を見つけるためには，自分の意図を ChatGPT に示して，いくつかの英語表現を提示してもらうとよい．そうすると，たくさんの英語らしい論文表現が見つかる可能性はかなり高いと言えるだろう.

また，本書にある "provide insight into" のような定型表現を ChatGPT に書き換えてもらうのも面白い.

● 以下の表現を生命科学論文でよく使われる英語表現を使って書き換えてください．10 個の英語表現をお願いします.

provide insight into

このようにすると，"provide insight into" がどのような英語表現と意味が近いのかを推測することができる．選択肢も増えるので，もっと魅力的な表現が見つかるかもしれない.

e. ChatGPT のその他の活用法

ライフサイエンス辞書プロジェクトのメンバーをやっていると，「データを入力するだけで論文を書いてくれるシステムは作れないのか」とよく言われたものである．あり得ない夢物語のように思っていたのだが，ChatGPT の登場によって，夢物語が現実のものとなりつつある．実際，論文に使う図表だけを与えて論文を書いて欲しいと頼むと，ChatGPT はそれっぽい文章を書いてくれる．ただし，1 度に書いてくれるのは 1000 ワードといった語数制限があるため，いくつかに分割する必要はある．例えば Introduction に限定すれば，それなりのものを書かせることは十分可能である.

ChatGPT には，ネイティブ・スピーカーを遙かにしのぐ文章作成能力がある．例えば，先約が入っている日に上司からお誘いを受けたメールの文章を ChatGPT に与えて，お断りの返事を書いてくれるように頼めば，筆者が書くよりも遙かに丁寧でしっかりした返事を作ってくれる．もちろん，これは日本語メールでの話である．それほど，ChatGPT の文章表現力は巧みである．問題点があるとしたら，ChatGPT に作ってもらった文章が，実際に書きたかったことと多少ずれてくるということぐらいであろう．従って，ChatGPT には複数の案を出してもらい，そこから適切なアイデアを選択するというのが実用的である.

以下に有効だと思われる ChatGPT への指示文の例を示す．まず，役割を与えることが重要らしいので以下のようにしてみよう．

- あなたは，一流の生命科学研究者です．

その上で，以下のような指示文を活用しよう．

- Introduction の構想のアイデアを 5 個出してください．
- 以下は，執筆中の論文の Introduction のドラフトです．生命科学論文らしく仕上げてください．
- 以下は，あなたがチェックを頼まれた論文のドラフトです．分かりやすく書き直してください．
- 以下の文章の文法的な誤りを訂正し，その理由を説明してください．説明は日本語で．

今後，ChatGPT の様々な活用が広がっていくはずである．ChatGPT が提示する文章をそのまま鵜呑みにするのではなく，ChatGPT をアイデア出しのツールとして使うのが適切な使い方であろう．論文執筆のために ChatGPT を活用する際には，例文をたくさん提示してもらって，そこから適切なものを選択する方法が効果的である．一つ一つの英語表現に込められた意図を考え，最後は自分で適切な英語表現を選択することが肝心なのだ．自分で判断する際には，ライフサイエンス辞書コーパスを使って確認しつつ，自分なりの文章に仕上げていくとよいだろう．

第二部：本編
（キーワード・キーフレーズ）

A 研究／実験を行う理由とその実施について述べる表現

B 実験結果を述べる表現

C 解釈／まとめ／概略を述べる表現

D 背景情報／課題／展望を述べる表現

E 実験方法を述べる表現

第二部では，ライフサイエンス論文執筆に必要な**キーワード**と，それを含む**キーフレーズ**が以下の5つの大枠に分類してまとめてある．論文では，Section あるいは Move ごとに使われる表現の傾向に大きな違いがある．しかし一方で，同じ表現が様々な場所で登場することも事実である．そこで本書では，「こんなことを書きたい」と思ったときに直感的に活用できることを目指した．5つの大枠分類は，そのような直感に対応するように設定してある．論文を書く際には，本書に示すフレーズを中心に文を組み立てるとよいであろう．本編の内容を大まかに掴むために，まずは概略編の「頻出重要コロケーションパターン」の表を参照しておこう．

ここで示す各々のキーワード・キーフレーズには，それが論文のどこでよく使われるのか，対応する Move と Step を合わせて示してある^(注)．論文の流れとそこで使われる英語表現との関係を確認しながら活用するためである．なお，Move/Step については，概略編の「論文の型を学ぼう—各セクションの書き方のポイント—」を参照していただきたい．また，Move/Step と本書の分類との関係については，巻末の「Move/Step との対応図」（372 ページ）にまとめてある．

本編で取り上げるキーワード・キーフレーズは，全体コーパスに対して各 Move で統計学的に有意（Log-Likelihood Ratio が 15.13 以上）に高頻度で使われていたものから抽出したものである．ただし，キーフレーズは統計学的手法で抽出された語連鎖であるため，必ずしも完全なフレーズになっているとは限らない．

A **研究／実験を行う理由とその実施について述べる表現（主に Results で使う）**
　A-1 研究／実験の仮説や根拠を示す，**A-2** 研究／実験の目的を示す，**A-3** 研究／実験の実施について述べる

B **実験結果を述べる表現（主に Results で使う）**
　B-1 結果の提示を行う，**B-2** 変化した結果を述べる，**B-3** 変化なしの結果を述べる，**B-4** 結果を比較する，**B-5** 結果を追加する

C 解釈／まとめ／概略を述べる表現（Results, Discussion, Introduction で使う）

C-1 解釈を述べる，**C-2** 一致を述べる，**C-3** 可能性を述べる，**C-4** まとめ／結論を述べる，**C-5** 本研究の概略を紹介する

D 背景情報／課題／展望を述べる表現（主に Introduction と Discussion で使う）

D-1 研究対象を紹介／定義づけする，**D-2** 研究対象を特徴づけする，**D-3** 重要性を強調する，**D-4** 先行研究を紹介する，**D-5** 問題／課題を述べる，**D-6** 将来の課題を述べる，**D-7** 将来展望を述べる

E 実験方法を述べる表現（主に Materials & Methods で使う）

E-1 研究材料の入手や作製，**E-2** 研究材料の維持管理，**E-3** 実験手順，**E-4** 実験の実施，**E-5** 統計処理，**E-6** バイオインフォマティクスの方法，**E-7** 研究倫理

注

Materials & Methods のキーワード・キーフレーズは，**E** の分類との対応のみが示してある．一方，**A**〜**D** の分類のキーワード・キーフレーズに関しては，Materials & Methods 以外との対応のみが示してある．

A

研究／実験を行う理由と
その実施について述べる表現

A-1 研究／実験の仮説や根拠を示すときのキーワード

A-2 研究／実験の目的を示すときのキーワード

A-3 研究／実験の実施について述べるときのキーワード

研究／実験を行う理由とその実施について述べる表現

　論文の主な目的は，研究結果を示すことであるので，Results の Section が最重要となる．そのような重要な研究結果を述べる際には，まず，**行った実験の説明**から始めるのが一般的である．Results の流れの中では，そこが **RM1**（**実施した実験の説明**）に相当する．ここでは，主に RM1 で使われる研究／実験を行う理由（根拠・目的）および，その実施を述べる表現についてまとめる．

　RM1 の主な要素は，**実験を行った根拠**（**A-1**），**実験の目的**（**A-2**），**実験の実施**（**A-3**）を述べる表現である．その中でも中心となるのが，**研究／実験の実施**（**A-3**）についてである．例えば，**研究／実験の目的**（**A-2**）などの表現は，文の形ではなく，副詞句や副詞節の形で示されることが多い．その場合，副詞句や副詞節は**文頭**に置かれ，それに続く文の中心部分では，**研究／実験の実施**（**A-3**）が示されるのが最もよくあるパターンだ．具体的には，「**To 不定詞句, we 〜**」の形である．このように，複数の分類の表現が同一文中で組み合わせて使われることがあるので注意しよう．

A-1 研究／実験の仮説や根拠を示すときのキーワード

（RM1-Step2：実験の根拠仮説，IM3-Step1：本研究の概略，DM1-Step1：背景情報）

キーワード	
動詞	hypothesized（仮説を立てた），predicted（予測した／予測された），speculated（推測した），reasoned（判断した），considered（考慮した），asked（問うた），wondered（思った），led（〜させた），allowed（可能にした），be（〜である），given（考慮して），having（〜したので），established（確立した）
助動詞	could（〜しうる），might（〜するかもしれない）
代名詞／名詞	we（我々），us（我々），possibility（可能性）
副詞	then（そこで），therefore（それゆえ／従って）
接続詞	because（〜なので），since（〜なので），whether（〜かどうか），if（〜かどうか）

- 研究／実験の仮説や根拠とは，仮説だけでなく**予想**や**理由**のような形で示されることも多い．

- 仮説や予想を示すために，**we**を主語とし，hypothesized, predicted, speculated, reasoned, considered, asked, wonderedなどの**過去形動詞**がよく用いられる．

- whether節やif節では，仮説やそれに近いものを示すために**could**や**might**などの**助動詞**が比較的よく使われる．

- 根拠を示す副詞句（Given that 〜，Having established 〜）や理由を示す副詞節（Because 〜，Since 〜）を**文頭**に置く文もよく使われる．

- 根拠や理由を示す副詞句・副詞節が**文頭**に来る場合，文の中心部分は，**we**を主語とする文（**A-3**参照）が続くことが非常に多い．

- 理由・因果関係を示す**接続詞**として，becauseやsinceがよく使われる．

- 理由を示す**副詞**として，thenやthereforeがよく使われる．

- 仮説・根拠は，Introduction（IM3：本研究の紹介）よりもResults（RM1：実施した実験の説明）で述べられることが多い．

A-1	研究／実験の仮説や根拠を示すときのキーワード

動詞／助動詞

hypothesized 〔仮説を立てた〕

● 仮説は，Introduction（IM3）よりも Results（RM1）で示されることの方が多い（**C-5** 参照）．

キーフレーズ		
we hypothesized that	我々は，〜という仮説を立てた	RM1-Step2, IM3-Step1

例文 Based on recent evidence that mucosal metabolism influences disease outcomes, **we hypothesized that** transmigrating PMNs influence the transcriptional profile of the surrounding mucosa. (Immunity. 2014 40:66)
訳 我々は，〜という仮説を立てた

predicted 〔予測した〕

キーフレーズ		
we predicted that	我々は，〜であると予測した	RM1-Step2

例文 Based on these findings, **we predicted that** there exist wild-type agrobacterial strains harboring plasmids in which MOP induces a functional traR and, hence, conjugation. (J Bacteriol. 2014 196:1031)
訳 我々は，〜であると予測した

speculated 〔推測した〕

● 過去形の speculated は，Results（RM1）で**最初に立てた仮説**を述べるために用いられる．
● 現在形の speculate は，Discussion（DM2-Step3）で本研究の**結果に基づく推測**を述べるときに使われる（**C-3**参照）．

キーフレーズ		
we speculated that	我々は，〜であると推測した	RM1-Step2

例文 Because human serum (HS), but not plasma, promotes HK migration, **we speculated that** a major HK pro-motility factor in vivo comes from serum. (J Invest Dermatol. 2006 126:2096)
訳 我々は，〜であると推測した

—— hypothesized / predicted / speculated / reasoned / considered / asked

reasoned 〔判断した〕

キーフレーズ		
we reasoned that	我々は，～であると判断した	RM1-Step2

例文 **We reasoned that** mTORC1's regeneration-promoting effects might be separable from its deleterious effects by differential manipulation of its downstream effectors. (Nat Commun. 2014 5:5416)

訳 我々は，～であると判断した

considered 〔考慮した〕

キーフレーズ		
we considered	我々は，～を考慮した	RM1-Step2

例文 Because human tyrosyl transfer-RNA (tRNA) synthetase (TyrRS) translocates to the nucleus under stress conditions, **we considered** the possibility that the tyrosine-like phenolic ring of resveratrol might fit into the active site pocket to effect a nuclear role. (Nature. 2015 519:370)

訳 我々は，～という可能性を考慮した

asked 〔問うた〕

キーフレーズ		
we asked	我々は，～を問うた	RM1-Step2
we asked whether	我々は，～かどうかを問うた	RM1-Step2
asked if	～は，…かどうかを問うた	RM1-Step2
we next asked whether	我々は，次に，～かどうかを問うた	RM1-Step2
next, we asked	次に，我々は，～を問うた	RM1-Step2
we then asked	我々は，そこで，～を問うた	RM1-Step2

例文 **We next asked whether** we could decrease excitotoxicity by overexpressing NR3A. (J Neurosci. 2009 29:5260)

訳 我々は，次に，～かどうかを問うた

第二部：本編　Ａ　研究／実験を行う理由とその実施において述べる表現

A-1 研究／実験の仮説や根拠を示すときのキーワード

wondered 〔思った〕

> **例** we wondered whether（我々は，〜ではないかと思った）

> **例文** Since pH and volume regulation are often linked, **we wondered whether** DV volume differences might be associated with CQR. (Biochemistry. 2006 45:12411)
>
> **訳** 我々は，〜ではないかと思った

led 〔〜させた〕

- **lead** の過去形・過去分詞形.
- 自動詞 (lead to) としても使われる（**D-2**参照）.

キーフレーズ		
led us to 動	〜は，我々に…させた	RM1-Step2
led us to hypothesize that	〜は，我々に…という仮説を立てさせた	RM1-Step2

> **例文** These findings **led us to hypothesize that** altered ERO1 activity may affect cardiac functions that are dependent on intracellular calcium flux. (FASEB J. 2011 25:2583)
>
> **訳** これらの知見は，我々に〜という仮説を立てさせた

allowed 〔可能にした〕

キーフレーズ		
allowed us to 動	〜は，我々が…することを可能にした	DM1-Step1

> **例文** This procedure **allowed us to examine** the role of tPA in ischemia, independent of its effect as a thrombolytic agent. (Nat Med. 1998 4:228)
>
> **訳** この手技は，我々が〜を調べることを可能にした

be 〔〜である〕

キーフレーズ		
could be	〜は，…でありうる	RM1-Step2, DM2-Step3, DM3-Step2
might be	〜は，…であるかもしれない	RM1-Step2, DM2-Step3

wondered / led / allowed / be / given / having / established

例文 Because the gp120 vaccine immunogens used in previous HIV-1 vaccine trials were enriched for complex sialic acid-containing glycans, and lacked the high mannose structures required for the binding of PG9-like mAbs, we wondered if these immunogens **could be** improved by limiting glycosylation to mannose-5 glycans. (J Biol Chem. 2014 289:20526)

訳 我々は，これらの免疫原が〜によって改善されうるのではないかと思った

given 〔考慮して〕

● Givenは，直後にthat節や名詞を伴って，文頭の副詞句を作る.
● givenは本来giveの過去分詞であるが，主に文頭では前置詞・接続詞的に使われる.

キーフレーズ		
given that	〜ということを考慮に入れて	RM1-Step2, DM2-Step3

例文 **Given that** Mtgr1$^{-/-}$ mice have a dramatic reduction of intestinal epithelial secretory cells, we hypothesized that MTGR1 is a key repressor of Notch signaling. (FASEB J. 2015 29:786)

訳 〜ということを考慮に入れて

having 〔〜したので〕

● Havingは，文頭で**分詞構文**を作ることが多い.

キーフレーズ		
Having established	〜を確立したので	RM1-Step2

例文 **Having shown** that a live pathogen could induce an intraplant signal from shoot-to-root to recruit FB17 belowground, we hypothesized that pathogen-derived microbe-associated molecular patterns (MAMPs) may relay a similar response specific to FB17 recruitment. (Plant Physiol. 2012 160:1642)

訳 〜ということを示したので,

established 〔確立した〕

● 文頭で完了形の分詞構文を作ることが多い.

例文 **Having established** that UCN-01 acted through Cdc2, we next assessed UCN-01's effect on the Cdc2-inhibitory kinase, Wee1Hu, and the Cdc2-

A-1 研究／実験の仮説や根拠を示すときのキーワード

activating phosphatase, Cdc25C. (J Biol Chem. 1998 273:33455)

訳 〜ということを確立したので

助動詞

could 〔〜しうる〕

キーフレーズ

could be	〜は，…でありうる	RM1-Step2, DM2-Step3, DM3-Step2

例文 To explore this issue further, we asked whether ACAID **could be** induced with a class II-restricted peptide, and if so, what type of regulatory cells are generated. (J Immunol. 1996 157:1905)

訳 我々は，ACAID が〜で誘導されうるかどうかを問うた

---

might 〔〜するかもしれない〕

キーフレーズ

might be	〜は，…であるかもしれない	RM1-Step2, DM2-Step3

例文 We reasoned that disruption of the peripheral B cell compartment **might be** associated with decreased neutralizing antibody activity. (J Virol. 2012 86:8031)

訳 我々は，末梢 B 細胞分画の破壊は，中和抗体活性の低下と関連しているかもしれないと判断した

代名詞／名詞

we 〔我々〕

キーフレーズ

we hypothesized that	我々は，〜という仮説を立てた	RM1-Step2, IM3-Step1
we predicted that	我々は，〜ということを予想した	RM1-Step2
we speculated that	我々は，〜ということを推測した	RM1-Step2
we reasoned that	我々は，〜ということを判断した	RM1-Step2
we considered	我々は，〜を考慮した	RM1-Step2

—————— could / might / we / us / possibility

| we asked whether | 我々は，〜かどうかを問うた | RM1-Step2 |

例文 **We hypothesized that** integrating DNA-WES and RNA-seq would enable superior mutation detection versus DNA-WES alone. (Nucleic Acids Res. 2014 42:e107)

訳 我々は，〜という仮説を立てた

us〔我々〕

キーフレーズ

us to 動	我々に…	RM1-Step2, IM3-Step1
led us to 動	〜は，我々に…させた	RM1-Step2
led us to hypothesize that	〜は，我々に…という仮説を立てさせた	RM1-Step2
allowed us to 動	〜は，我々が…することを可能にした	DM1-Step1

例文 These observations **led us to** consider whether 6q loss may contribute to the pathogenesis of childhood ALL. (Cancer Res. 1998 58:2618)

訳 これらの観察は，我々に〜かどうかを考えさせた

possibility〔可能性〕

● ここでは，**仮説としての可能性**の意味で使われる（**A-2**も参照）．
● **解釈としての可能性**の意味でも使われる（**C-3**参照）．
● 後ろに**同格のthat節**を伴うことが多い．

キーフレーズ

| the possibility that | 〜という可能性 | RM1-Step2/3, RM3-Step1 |
| we 動 the possibility that | 我々は，〜という可能性を…した | RM1-Step2 |

例 we considered the possibility that（我々は，〜という可能性を考慮した）
we explored the possibility that（我々は，〜という可能性を探索した）

例文 **We considered the possibility that** myelopoiesis is responsive to the sialylation of liver-derived circulatory glycoproteins, such that reduced α2,6-sialylation results in elevated myelopoiesis. (J Biol Chem. 2010 285:25009)

第二部：本編

A 研究／実験を行う理由とその実施において述べる表現

65

A-1 研究／実験の仮説や根拠を示すときのキーワード

> **訳** 我々は，～という可能性を考慮した

副詞

then 〔そこで／それから〕

キーフレーズ

we then examined	我々は，そこで，～を調べた	RM1-Step2
we then investigated	我々は，そこで，～を精査した	RM1-Step2
we then tested	我々は，そこで，～をテストした	RM1-Step2
we then asked	我々は，そこで，～を問うた	RM1-Step2

例文 **We then examined** whether Bcrp1 limits fetal distribution of GLB in the pregnant mouse. (Mol Pharmacol. 2008 73:949)

> **訳** 我々は，そこで，～かどうかを調べた

therefore 〔それゆえ／従って〕

キーフレーズ

we therefore examined	我々は，それゆえ，～を調べた	RM1-Step2
we therefore used	我々は，それゆえ，～を使った	RM1-Step2
therefore, we	それゆえ，我々は～	RM1-Step2

例文 **We therefore used** a laser microbeam to create DNA damage at discrete sites in the cell nucleus and observed specific in vivo assembly of proteins at these sites by immunofluorescent detection. (J Biol Chem. 2002 277:45149)

> **訳** 我々は，それゆえ，～するためにレーザー微光束を使った

接続詞

because 〔～なので〕

例文 **Because** TRIM27 was the most statistically significant cellular candidate, we investigated the relationship between TRIM27 and ICP0. (J Virol. 2015 89:220)

訳 TRIM27 は統計学的に最も有意な細胞性候補なので，我々は〜を精査した

since〔〜なので〕

例文 **Since** DCs play a key role in the adaptive immune responses to viral infections, we investigated the ability of rabies virus (RABV) to activate DCs. (J Virol. 2015 89:2157)

訳 DC はウイルス感染への適応免疫応答において鍵となる役割を果たすので，我々は〜を精査した

whether〔〜かどうか〕

キーフレーズ		
we **動** whether	我々は，〜かどうかを…した	RM1-Step2/4
例 we wondered whether（我々は，〜ではないかと思った）		
we asked whether	我々は，〜かどうかを問うた	RM1-Step2

例文 Finally, **we asked whether** adaptor function conferred by Zap70 tyrosines 315 and 319 was necessary for transmission of homeostatic TCR signals. (J Immunol. 2014 193:2873)

訳 最後に，我々は〜かどうかを問うた

if〔〜かどうか〕

キーフレーズ		
we **動** if	我々は，〜かどうかを…した	RM1-Step2/4
例 we asked if（我々は，〜かどうかを問うた） we wondered if（我々は，〜ではないかと思った）		

例文 Because ablation of PTEN alone is often p110β dependent, **we wondered if** the same held true in the ovary. (Proc Natl Acad Sci USA. 2014 111:6395)

訳 我々は，〜ではないかと思った

A-2 研究／実験の目的を示すときのキーワード

（**RM1-Step3: 実験の目的**，IM3-Step1: 本研究の概略）

キーワード	
動詞	〈主に原形で用いる〉 test（テストする），determine（決定する）， investigate（精査する／調べる），examine（調べる）， explore（探索する），elucidate（解明する），study（研究する）， characterize（特徴づける），define（定義する），address（取り組む）， establish（確立する），assess（評価する），evaluate（評価する）， validate（検証する），verify（確かめる），confirm（確認する）， identify（同定する），measure（測定する），quantify（測定する）， distinguish（区別する），compare（比較する），do（〜する）， extend（広げる），gain（得る），understand（理解する）， 〈主に過去形で用いる〉 sought（努めた），aimed（目的とした），wanted（望んだ）， wished（望んだ），attempted（試みた），set out（着手した）
名詞／代名詞	role（役割），effect（影響／効果），impact（影響／衝撃）， contribution（寄与），relationship（関連性），hypothesis（仮説）， possibility（可能性），insight（洞察），mechanism（機構）， end（目標／末端），we（我々），this（これ／この〜）
副詞	further（さらに） better（よりよく），directly（直接）
接続詞	whether（〜かどうか），if（〜かどうか）

- 目的を示す表現は，Introduction（IM3: 本研究の紹介）で示される**研究目的**と Results（RM1: 実施した実験の説明）で示される**実験目的**とに分けられるが，より多く使われるのはResultsの**実験目的**であることに注意しよう．

- **目的**を示す表現としては，to不定詞句の表現（特に**文頭**）が最も多用される．

- 後ろにto不定詞を伴って**目的**を示す動詞としては，sought，aimed，wanted，wished，attempted，set outがよく使われる．

- whether節やif節では，仮説やそれに近いものを示すためにcouldやmightなどの

助動詞が比較的よく使われる（**A-1** 参照）.

- **to不定詞**に続く**目的語**となる**名詞**としては，role, effect, impactが特徴的である.

- 文頭の**to不定詞句**に続く文の後半部分（主語と動詞を含む部分）は，**実験の実施**（**A-3**）に関する記述となることが一般的である.

- 目的を示す**to不定詞のキーフレーズ**としては，以下のものがある. in order toも使われるが頻度は高くない.

キーフレーズ	
to test	～をテストするために
to determine	～を決定するために
to investigate	～を精査するために
to examine	～を調べるために
to explore	～を探索するために
to elucidate	～を解明するために
to study	～を研究するために
to characterize	～を特徴づけるために
to define	～を定義するために
to address	～に取り組むために
to establish	～を確立するために
to assess	～を評価するために
to evaluate	～を評価するために

キーフレーズ	
to validate	～を検証するために
to verify	～を確かめるために
to confirm	～を確認するために
to identify	～を同定するために
to measure	～を測定するために
to quantify	～を定量化するために
to distinguish	～を区別するために
to compare	～を比較するために
to do	～を行うために
to extend	～を広げるために
to gain	～を得るために
in order to	～するために

第二部：本編

A 研究／実験を行う理由とその実施において述べる表現

A-2 研究／実験の目的を示すときのキーワード

動詞

test 〔テストする〕

キーフレーズ

to test	～をテストするために	RM1-Step3
to test this, we	これをテストするために，我々は	RM1-Step3
to test this 名, we	この～をテストするために，我々は	RM1-Step3
例 To test this possibility, we （この可能性をテストするために，我々は）		
to test this hypothesis, we	この仮説をテストするために，我々は	RM1-Step3, RM1-Step2
to test whether	～かどうかをテストするために	RM1-Step3
to test if	～かどうかをテストするために	RM1-Step3
to test the 名 of	～の…をテストするために	RM1-Step3
例 To test the role of （～の役割をテストするために）		
to further test	～をさらにテストするために	RM1-Step3
test the hypothesis that	～という仮説をテストする	RM1-Step3, RM1-Step2

例文 **To test this, we** used a model of Klebsiella pneumoniae lung infection in mice genetically deficient in IL-17R or in mice overexpressing a soluble IL-17R.. (J Exp Med. 2001 194:519-27)

訳 これをテストするために，～のモデルを使用した

determine 〔決定する〕

キーフレーズ

to determine	～を決定するために	RM1-Step3
to determine whether	～かどうかを決定するために	RM1-Step3
to determine if	～かどうかを決定するために	RM1-Step3
to determine which	どの～が…かを決定するために	RM1-Step3
to determine the 名 of	～の…を決定するために	RM1-Step3
例 To determine the role of （～の役割を決定するために） To determine the effect of （～の影響を決定するために）		

生命科学論文を書きはじめる人のための英語鉄板ワード＆フレーズ

—— test / determine / investigate / examine

	To determine the impact of（～の影響を決定するために） To determine the contribution of（～の寄与を決定するために）	
sought to determine whether	～は，…かどうかを決定しようと務めた	RM1-Step3

例文 **To determine whether** Tbx1 is required autonomously in the core mesoderm, we used Mesp1(Cre) and T-Cre mesodermal drivers in combination with inactivate Tbx1 and found reduction or loss of branchiomeric muscles from PA1. (Hum Mol Genet. 2014 23:4215)

🈯 ～かどうかを決定するために，我々は…を使った

investigate 〔精査する／調べる〕

キーフレーズ

to investigate	～を精査するために	RM1-Step3, IM3-Step1
to investigate whether	～かどうかを精査するために	RM1-Step3
to investigate the ❷ of	～の…を精査するために	RM1-Step3
例 To investigate the role of（～の役割を精査するために） To investigate the effect of（～の影響を精査するために）		
to further investigate	～をさらに精査するために	RM1-Step3

例文 **To investigate whether** particles released from IFNalpha-treated cells have a reduced capacity to establish infection we used HCV lentiviral pseudotypes (HCVpp) and demonstrated a defect in cell entry. (Hepatology. 2014 60:1891)

🈯 ～かどうかを精査するために，我々は…を使った

examine 〔調べる〕

キーフレーズ

to examine	～を調べるために	RM1-Step3
to examine whether	～かどうかを調べるために	RM1-Step3
to examine the ❷ of	～の…を調べるために	RM1-Step3
例 To examine the role of（～の役割を調べるために）		

第二部：本編

A 研究／実験を行う理由とその実施において述べる表現

71

A-2 研究／実験の目的を示すときのキーワード

to further examine	～をさらに調べるために	RM1-Step3
sought to examine	～は，…を調べようと努めた	RM1-Step3

例文 **To examine whether** androgen-independent increases in 20-HETE are sufficient to cause hypertension, we studied Cyp4a12-transgenic mice, which express the CYP4A12-20-HETE synthase under the control of a doxycycline-sensitive promoter. (J Am Soc Nephrol. 2013 24:1288)

訳 ～かどうかを調べるために，我々は…を研究した

explore 〔探索する〕

キーフレーズ

to explore	～を探索するために	RM1-Step3
to explore this 名	この～を探索するために	RM1-Step3
例 To explore this possibility, we （この可能性を探索するために，我々は）		
to further explore	～をさらに探索するために	RM1-Step3
explore the 名 of	～の…を探索する	RM1-Step3
例 To explore the role of （～の役割を探索するために）		

例文 **To explore this possibility, we** examined the turnover of hypothalamic neurons in mice with obesity secondary to either high-fat diet (HFD) consumption or leptin deficiency. (J Clin Invest. 2012 122:142)

訳 この可能性を探索するために，我々は～を調べた

elucidate 〔解明する〕

キーフレーズ

to elucidate	～を解明するために	RM1-Step3

例文 **To elucidate** the mechanism by which E4bp4 promotes NK development, we identified a central core of transcription factors that can rescue NK production from E4bp4$^{-/-}$ progenitors, suggesting that they act downstream of E4bp4. (J Exp Med. 2014 211:635)

訳 ～する機構を解明するために，我々は…を同定した

─── explore / elucidate / study / characterize / define

study 〔研究する〕

● 名詞としても使われる（**C-4**, **C-5**参照）.

キーフレーズ		
to study	～を研究するために	RM1-Step3
to study the **名** of	～の…を研究するために	RM1-Step3
例 To study the effect of（～の影響を研究するために）		

例文 **To study the effect of** li-CTLA-4 in regulating T cell responses in the context of autoimmunity, we engineered a B6.CTLA-4 (floxed-Exon2)-BAC-transgene, resulting in selective expression of li-CTLA-4 upon Cre-mediated deletion of Exon 2. (J Immunol. 2013 190:961)

訳 ～の影響を研究するために，我々は…を操作した

characterize 〔特徴づける〕

キーフレーズ		
to characterize	～を特徴づけるために	RM1-Step3
to further characterize	～をさらに特徴づけるために	RM1-Step3

例文 **To characterize** the function of the Air1/2 protein, we used random mutagenesis of the AIR1/2 gene to identify residues critical for Air protein function. (J Biol Chem. 2011 286:37429)

訳 Air1/2 タンパク質の機能を特徴づけるために，我々は～を使った

define 〔定義する〕

キーフレーズ		
to define	～を定義するために	RM1-Step3

例文 **To define** the role of GM3 accumulation in cystogenesis, we crossed jck mice with mice carrying a targeted mutation in the GM3 synthase (St3gal5) gene. (Hum Mol Genet. 2012 21:3397)

訳 ～の役割を定義するために，我々は…を交配した

第二部：本編

A 研究／実験を行う理由とその実施において述べる表現

A-2 研究／実験の目的を示すときのキーワード

address〔取り組む〕

キーフレーズ

to address	～に取り組むために	RM1-Step3, IM3-Step1
to address this, we	これに取り組むために，我々は	RM1-Step3
to address this 名	この～に取り組むために	RM1-Step3
例 To address this question（この疑問に取り組むために） To address this issue（この問題に取り組むために）		
to address these 名	これらの～に取り組むために	IM3-Step1
例 To address these issues（これらの問題に取り組むために） To address these questions（これらの疑問に取り組むために）		
to address whether	～かどうかに取り組むために	RM1-Step3

例文 **To address this, we** generated a germline knock-in mouse model of cytoplasm-predominant Pten and characterized its behavioral and cellular phenotypes. (Hum Mol Genet. 2014 23:3212)

訳 これに取り組むために，我々は～を作製した

establish〔確立する〕

キーフレーズ

to establish	～を確立するために	RM1-Step3

例文 **To establish** whether GLK proteins are able to influence adjacent cell layers, we used tissue-specific promoters to restrict GLK gene expression to the epidermis and to the phloem. (Plant J. 2008 56:432)

訳 ～かどうかを確立するために，我々は…を使った

assess〔評価する〕

キーフレーズ

to assess	～を評価するために	RM1-Step3
to assess whether	～かどうかを評価するために	RM1-Step3
to assess the 名 of	～の…を評価するために	RM1-Step3
例 To assess the role of（～の役割を評価するために）		

生命科学論文を書きはじめる人のための英語鉄板ワード＆フレーズ

—— address / establish / assess / evaluate / validate / verify

> To assess the effect of（〜の影響を評価するために）
> To assess the impact of（〜の影響を評価するために）
> To assess the contribution of（〜の寄与を評価するために）

例文 **To assess whether** the antitumor activity of tivantinib was due to inhibition of c-MET, we compared the activity of tivantinib with other c-MET inhibitors in both c-MET-addicted and nonaddicted cancer cells. (Cancer Res. 2013 73:3087)

訳 〜かどうかを評価するために，我々は…を比較した

evaluate〔評価する〕

キーフレーズ

to evaluate	〜を評価するために	RM1-Step3
to evaluate the **名** of	〜の…を評価するために	RM1-Step3
例 To evaluate the role of（〜の役割を評価するために） To evaluate the effect of（〜の影響を評価するために）		

例文 **To evaluate the role of** bb0238 during mammalian infection, a bb0238-deficient mutant was constructed. (Infect Immun. 2014 82:4292)

訳 〜の役割を評価するために，…が作られた

validate〔検証する〕

キーフレーズ

to validate	〜を検証するために	RM1-Step3

例文 **To validate** the accuracy of the predictions, we bench-marked HAP's running time and phasing accuracy against PHASE. (Genome Res. 2005 15:1594)

訳 〜の精度を検証するために，我々は…をベンチマークテストにかけた

verify〔確かめる〕

キーフレーズ

to verify	〜を確かめるために	RM1-Step3

第二部：本編

Ａ　研究／実験を行う理由とその実施において述べる表現

A-2 研究／実験の目的を示すときのキーワード

例文 <u>To verify</u> that these defects were specific to epicardial derivatives, <u>we generated</u> mice with an epicardial deletion of PDGFRβ that resulted in reduced cVSMCs distal to the aorta (Circ Res. 2008 103:1393-401)

訳 ～ということを確かめるために，我々は…を作製した

confirm 〔確認する〕

キーフレーズ

to confirm	～を確認するために	RM1-Step3
to confirm that	～ということを確認するために	RM1-Step3
to confirm the **名** of	～の…を確認するために	RM1-Step3
例 To confirm the role of（～の役割を確認するために）		
to further confirm	～をさらに確認するために	RM1-Step3

例文 <u>To confirm that</u> Kcnq1 has a functional role in GI tract cancer, <u>we created</u> Apc(Min) mice that carried a targeted deletion mutation in Kcnq1. (Oncogene. 2014 33:3861)

訳 ～ということを確認するために，我々は…を作った

identify 〔同定する〕

キーフレーズ

to identify	～を同定するために	RM1-Step3, IM3-Step1
screen to identify	～を同定するためにスクリーニングを…	IM3-Step1

例文 <u>To identify</u> potential regulators of Rac1, <u>we first performed</u> an RNAi screen of Rho family exchange factors (guanine nucleotide exchange factor [GEF]) in an in vitro collective epithelial migration assay and identified beta-Pix. (Genes Dev. 2014 28:2764)

訳 ～の潜在的な制御因子を同定するために，我々は最初に…を行った

―――― confirm / identify / measure / quantify / distinguish / compare

measure 〔測定する〕

キーフレーズ		
to measure	〜を測定するために	RM1-Step3

例文 **To measure** the influence of enterotoxin-based mucosal adjuvants on antigen trafficking in the nasal tract, native and mutant enterotoxins were coadministered with radiolabeled tetanus toxoid (TT). (Infect Immun. 2005 73:6892)

訳 〜の影響を測定するために，…が併用された

quantify 〔定量する〕

キーフレーズ		
to quantify	〜を定量するために	RM1-Step3

例文 Immunohistochemical analyses were used **to quantify** myosin heavy chain (MyHC) isoform expression, cross-sectional area and satellite cell and myonuclear content. (J Physiol. 2014 592:2625)

訳 免疫組織化学解析が，〜を定量するために使われた

distinguish 〔区別する〕

キーフレーズ		
to distinguish	〜を区別するために	RM1-Step3
to distinguish between	〜の間を区別するために	RM1-Step3

例文 **To distinguish between** these possibilities, we used a chemical inhibitor of cytidine deaminase to stabilize and thereby artificially elevate gemcitabine levels in murine PDA tumors without disrupting the tumor microenvironment. (Proc Natl Acad Sci USA. 2013 110:12325)

訳 これらの可能性を区別するために，我々は〜を使用した

compare 〔比較する〕

● To compare **名** with/to のパターンが非常に多い.

第二部：本編

Ａ 研究／実験を行う理由とその実施において述べる表現

A-2 研究／実験の目的を示すときのキーワード

キーフレーズ

to compare	～を比較するために	RM1-Step3

例文 **To compare** Simplexa Flu A/B & RSV PCR with cytospin-immunofluorescence and laboratory-developed TaqMan PCR methods, 445 nasopharyngeal samples were tested. (J Clin Microbiol. 2014 52:3057)

訳 Simplexa Flu A/B & RSV PCR を～と比較するために，…がテストされた

do 〔～する〕

キーフレーズ

to do	～を行うために	RM1-Step3

例 To do this, we （これを行うために，我々は）
To do so, we （そうするために，我々は）

例文 **To do so, we** modified HA so it would bind only the desired cells. (J Virol. 2014 88:4047)

訳 そうするために，我々は～を修正した

extend 〔広げる〕

キーフレーズ

to extend	～を広げるために	RM1-Step3

例 To extend these observations （これらの観察を広げるために）

例文 **To extend these observations**, we constructed an in-frame deletion in the gene encoding the response regulator, csrR, and we evaluated the expression of other known S. pyogenes virulence factors. (Infect Immun. 1999 67:5298)

訳 これらの観察を広げるために，我々は～を構築した

gain 〔得る〕

キーフレーズ

to gain	～を得るために	RM1-Step3
to gain insight into	～への洞察を得るために	RM1-Step3

78　生命科学論文を書きはじめる人のための英語鉄板ワード＆フレーズ

例文 **To gain insight into** the regulatory network of PNG activity in chordates, we investigated the roles played by PNG homologs in regulating PNS development of the invertebrate chordate Ciona intestinalis. (Dev Biol. 2013 Jun 378:183)

訳 ～の制御ネットワークへの洞察を得るために，我々は…を調査した

understand 〔理解する〕

キーフレーズ		
to better understand	～をよりよく理解するために	RM1-Step3

例文 **To better understand** the mechanisms underlying gonad formation, we performed a mutagenesis screen in Drosophila and identified twenty-four genes required for gonadogenesis. (Dev Biol. 2011 353:217)

訳 ～の根底にある機構をよりよく理解するために，我々は…を行った

sought 〔努めた〕

● **seek** の過去形・過去分詞形.

キーフレーズ		
we sought to 動	我々は，～しようと努めた	RM1-Step3, IM3-Step1
we sought to determine	我々は，～を決定しようと努めた	RM1-Step3
sought to identify	～を同定しようと努めた	RM1-Step3
sought to examine	～を調べようと努めた	RM1-Step3
we next sought to 動	我々は，次に，～しようと努めた	RM1-Step3

例文 **We sought to determine** whether G protein-coupled inwardly rectifying potassium channels (GIRKs) modulate SCN physiology and circadian behaviour. (J Physiol. 2014 592:5079)

訳 我々は，～かどうかを決定しようと努めた

aimed 〔目的とした〕

● 本研究の目的を示すために，Introduction で使われることが多い.

A-2	研究／実験の目的を示すときのキーワード

キーフレーズ		
we aimed to 動	我々は，〜することを目的とした	IM3-Step1
例 we aimed to determine（我々は，〜を決定することを目的とした）		

例文 We aimed to assess etrolizumab in patients with moderately-to-severely active ulcerative colitis. (Lancet. 2014 384:309)

　　訳 我々は，〜を評価することを目的とした

wanted〔望んだ〕

キーフレーズ		
we wanted to 動	我々は，〜したいと望んだ	RM1-Step3
例 we wanted to test（我々は，〜をテストしたいと望んだ）		

例文 We wanted to test whether insulin per se is a contributing factor toward lower plasma adiponectin concentrations and, if so, whether the splanchnic bed contributes to this phenomenon. (Diabetes. 2007 56:2174)

　　訳 我々は，〜かどうかをテストしたいと望んだ

wished〔望んだ〕

キーフレーズ		
we wished to 動	我々は，〜したいと望んだ	RM1-Step3
例 we wished to determine（我々は，〜を決定したいと望んだ）		

例文 We wished to determine whether polzeta functions in a tissue-specific manner and how polzeta status influences skin tumorigenesis. (Proc Natl Acad Sci USA. 2013 110:E687)

　　訳 我々は，〜かどうかを決定したいと望んだ

attempted〔試みた〕

キーフレーズ		
attempted to 動	〜は，…しようと試みた	RM1-Step3
例 we attempted to identify（我々は，〜を同定しようと試みた）		

生命科学論文を書きはじめる人のための英語鉄板ワード＆フレーズ

—— wanted / wished / attempted / set out / role

例文 **We attempted to identify** all available data on causes of death for 187 countries from 1980 to 2010 from vital registration, verbal autopsy, mortality surveillance, censuses, surveys, hospitals, police records, and mortuaries. (Lancet. 2012 380:2095)

訳 我々は，～を同定しようと試みた

set out 〔着手した〕

キーフレーズ

set out to 動	～は，…しようと着手した	IM3-Step1, RM1-Step3
we set out to 動	我々は，～しようと着手した	IM3-Step1

例 we set out to determine（我々は，～を決定しようと着手した）

例文 **We thus set out to** characterize BAP1 in CM and discovered an unexpected pro-survival effect of this protein. (J Invest Dermatol. 2015 135:1089)

訳 それで，我々は～を特徴づけようと着手した

名詞／代名詞

role 〔役割〕

- 研究対象の役割を「調べる」ときは，the role of を使う．
- the role of 名 in の形で使われることが非常に多い．
- 研究対象の役割を「見つけた」ときは，a role for を使う（**C-1**参照）．
- play a role in の形で**重要性を強調する**ために使われることも多い（**D-3**, **C-3**参照）．

キーフレーズ

to 動 the role of	～の役割を…するために	RM1-Step3
例 To investigate the role of（～の役割を精査するために） To examine the role of（～の役割を調べるために） To assess the role of（～の役割を評価するために） To confirm the role of（～の役割を確認するために）		
to further 動 the role of	～の役割をさらに…するために	RM1-Step3
例 To further investigate the role of（～の役割をさらに精査するために）		
investigate the role of	～の役割を精査する	RM1-Step3

第二部：本編

A 研究／実験を行う理由とその実施において述べる表現

81

the role of 名 in	～における…の役割	RM1-Step3

例文 **To investigate the role of** ATP transactions in FtsA function in vivo, we isolated intragenic suppressors of ftsA27. (Mol Microbiol. 2014 94:713)

訳 FtsA 機能における ATP 処理の役割を精査するために，我々は…を単離した

effect 〔影響／効果〕

● the effect of 名 on の形で使われることが非常に多い.

キーフレーズ

to 動 the effect of	～の影響を…するために	RM1-Step3
例 To study the effect of （～の影響を研究するために） To determine the effect of （～の影響を決定するために） To assess the effect of （～の影響を評価するために）		
to 動 the effects of	～の影響を…するために	RM1-Step3
the effect of 名 on	～に対する…の影響	RM1-Step3, RM1-Step4

例文 **To assess the effects of** increased β-catenin levels on disc tissue, we generated β-catenin cAct mice. (Arthritis Rheum. 2012 64:2611)

訳 椎間板組織に対するβカテニンレベルの増大の影響を評価するために，我々は…を作製した

impact 〔影響／衝撃〕

● the impact of 名 on の形で使われることが非常に多い.

キーフレーズ

to 動 the impact of	～の影響を…するために	RM1-Step3
例 To assess the impact of （～の影響を評価するために）		

例文 **To determine the impact of** PI3K inhibition on pregnancy outcome, embryo transfer experiments were performed. (J Biol Chem. 2006 281:6010)

訳 妊娠経過に対する PI3K 阻害の影響を決定するために，…が行われた

— effect / impact / contribution / relationship / hypothesis

contribution〔寄与〕

● the contribution of 名 to 名 の形で使われることが非常に多い.

キーフレーズ		
to 動 the contribution of	～の寄与を…するために	RM1-Step3
例 To determine the contribution of（～の寄与を決定するために）		

例文 **To assess the contribution of** TLR signaling in the host response to Borrelia burgdorferi, mice deficient in the common TLR adaptor protein, myeloid differentiation factor 88 (MyD88), were infected with B. burgdorferi. (J Immunol. 2004 173:2003)

訳 Toll 様受容体シグナル伝達の寄与を評価するために，～は…を感染させられた

relationship〔関連性〕

キーフレーズ		
to 動 the relationship between	～の間の関連性を…するために	RM1-Step3
例 To determine the relationship between（～の間の関連性を決定するために） To explore the relationship between（～の間の関連性を探索するために）		

例文 **To explore the relationship between** age-associated HSC decline and the epigenome, we examined global DNA methylation of HSCs during ontogeny in combination with functional analysis. (Cell Stem Cell. 2013 12:413)

訳 年齢に関連した造血幹細胞の減少とエピゲノムの間の関連性を探索するために，我々は…を調べた

hypothesis〔仮説〕

キーフレーズ		
to test this hypothesis, we	この仮説をテストするために，我々は	RM1-Step3
test the hypothesis that	～という仮説をテストする	RM1-Step3

例文 **To test this hypothesis, we** used DMH1, a BMP antagonist, in MMTV. PyVmT expressing mice. (Oncogene. 2015 34:2437)

訳 この仮説をテストするために，我々は～を使った

第二部：本編

A 研究／実験を行う理由とその実施において述べる表現

83

A-2 研究／実験の目的を示すときのキーワード

possibility 〔可能性〕

● ここでは，**仮説としての可能性**の意味で使われる（**A-1**も参照）．

● **解釈としての可能性**の意味でも使われる（**C-3**参照）．

キーフレーズ

to 動 this possibility, we	この可能性を～するために，我々は	RM1-Step3
例 To explore this possibility, we（この可能性を探索するために，我々は）		
the possibility that	～という可能性	RM1-Step2/3, RM3-Step1

例文 **To test this possibility, we** investigated the interaction between AR and Cdc6, an essential component of pre-RC in LNCaP cells. (PLoS One. 2013 8:e56692)

訳 この可能性をテストするために，我々は～を精査した

insight 〔洞察〕

● **将来展望**を述べるために使われることが非常に多い（**D-7**参照）．

キーフレーズ

to gain insight into	～への洞察を得るために	RM1-Step3

例文 **To gain insight into** whether this association is causal, we tested whether Htr4-null mice have altered pulmonary function. (FASEB J. 2015 29:323)

訳 この関連性が必然的であるかどうかへの洞察を得るために，我々は～をテストした

mechanism 〔機構〕

● 研究対象が働く仕組みなど，未解明の機構を述べるために様々な文脈で使われる．

● To 動 the mechanism の形で使われることも多い．

キーフレーズ

the mechanism	機構	RM1-Step3

例文 **To determine the mechanism by which** GR activated eNOS, we measured the effect of corticosteroids on PI3K and the protein kinase Akt. (J Clin Invest. 2002 110:1729)

possibility / insight / mechanism / end / we

訳 GR が eNOS を活性化した機構を決定するために，我々は，〜を測定した.

その他のフレーズ	
to **動** the mechanism by which	〜である機構を…するために
例 to determine the mechanism by which（〜である機構を決定するために）	

end〔目標／末端〕

キーフレーズ		
to this end, we	この目標に向かって，我々は	RM1-Step3

例文 **To this end, we** performed a proteomic analysis of the plastid ribosomal proteins in the small subunit of the chloroplast ribosome from the green alga Chlamydomonas reinhardtii. (Plant Cell. 2002 14:2957)

訳 この目標に向かって，我々は〜のプロテオミクス解析を行った

we〔我々〕

キーフレーズ		
we sought to **動**	我々は，〜しようと務めた	RM1-Step3, IM3-Step1
we sought to determine	我々は，〜を決定しようと務めた	RM1-Step3
we aimed to **動**	我々は，〜することを目的とした	IM3-Step1
we set out to **動**	我々は，〜しようと着手した	IM3-Step1
we wanted to **動**	我々は，〜しようと望んだ	RM1-Step3
we wished to **動**	我々は，〜しようと望んだ	RM1-Step3
to this end, we	この目標に向かって，我々は	RM1-Step3

例文 **We sought to** identify new treatments for vitiligo, and first considered repurposed medications because of the availability of safety data and expedited regulatory approval. (J Invest Dermatol. 2015 135:1080)

訳 我々は，〜を同定しようと努めた

第二部：本編

A 研究／実験を行う理由とその実施において述べる表現

A-2 研究／実験の目的を示すときのキーワード

this 〔これ／この～〕

キーフレーズ

to test this, we	これをテストするために，我々は	RM1-Step3
to test this hypothesis, we	この仮説をテストするために，我々は	RM1-Step3, RM1-Step2
to address this, we	これに取り組むために，我々は	RM1-Step3
to address this 名	この～に取り組むために	RM1-Step3
例 To address this question, we（この疑問に取り組むために，我々は）		
to explore this 名	この～を探索するために	RM1-Step3
例 To explore this possibility, we（この可能性を探索するために，我々は）		
to this end, we	この目標に向かって，我々は	RM1-Step3

> 例文 **To test this hypothesis, we** used a murine model of APS in which pregnant mice are injected with human IgG containing aPL antibodies. (J Exp Med. 2002 195:211)
>
> 訳 この仮説をテストするために，我々は APS のマウスモデルを使った

副詞

further 〔さらに〕

- to不定詞句の中で使われることが多い.
- 形容詞としても使われる（**D-6**参照）.

キーフレーズ

to further investigate	～をさらに精査するために	RM1-Step3
to further confirm	～をさらに確認するために	RM1-Step3
to further examine	～をさらに調べるために	RM1-Step3
to further explore	～をさらに探索するために	RM1-Step3
to further characterize	～をさらに特徴づけするために	RM1-Step3
to further test	～をさらにテストするために	RM1-Step3

> 例文 **To further investigate** the role of DHX9 in the recognition/processing of H-DNA, we performed binding assays in vitro and chromatin immunoprecipitation assays in U2OS cells. (Nucleic Acids Res. 2013

this / further / better / directly / whether

41:10345)

訳 ～の役割をさらに精査するために，我々は…を行った

better 〔よりよく〕

● to不定詞句の中（to と原形動詞の間）で使われることが非常に多い．

キーフレーズ		
to better understand	～をよりよく理解するために	RM1-Step3

例文 **To better understand** the mechanisms involved in this activation, we explored the role of the HIV-1 Tat protein in inducing the expression of these endogenous retroviral genes. (J Virol. 2012 86:7790)

訳 ～に関与する機構をよりよく理解するために，我々は…を探索した

directly 〔直接〕

キーフレーズ		
to directly **動**	直接～するために	RM1-Step3
例 to directly test（～を直接テストするために）		

例文 **To directly assess** the role of CTNNBL1 in CSR, we disrupted the CTNNBL1 gene on both alleles in mouse CH12F3 cells by gene targeting. (J Immunol. 2010 185:1379)

訳 CSR における CTNNBL1 の役割を直接評価するために，我々は…を破壊した

接続詞

whether 〔～かどうか〕

キーフレーズ		
to **動** whether	～かどうかを…するために	RM1-Step3
to determine whether	～かどうかを決定するために	RM1-Step3
to test whether	～かどうかをテストするために	RM1-Step3
to investigate whether	～かどうかを精査するために	RM1-Step3
to examine whether	～かどうかを調べるために	RM1-Step3

第二部：本編

A 研究／実験を行う理由とその実施において述べる表現

to assess whether	〜かどうかを評価するために	RM1-Step3
to address whether	〜かどうかに取り組むために	RM1-Step3

例文 **To determine whether** inhibition of βARK1 is sufficient to rescue a model of severe heart failure, we mated transgenic mice overexpressing a peptide inhibitor of βARK1 (βARKct) with transgenic mice overexpressing the sarcoplasmic reticulum Ca^{2+}-binding protein, calsequestrin (CSQ). (Proc Natl Acad Sci USA. 2001 98:5809)

訳 〜かどうかを決定するために，我々は…を交配させた

if 〔〜かどうか〕

キーフレーズ

to **動** if	〜かどうかを…するために	RM1-Step3
to determine if	〜かどうかを決定するために	RM1-Step3
to test if	〜かどうかをテストするために	RM1-Step3

例文 **To test if** HML is constrained in pairing with MATα, we examined live-cell mobility of LacI-GFP-bound lactose operator (lacO) arrays inserted at different chromosomal sites. (J Cell Biol. 2004 164:361)

訳 〜かどうかをテストするために，我々は…を調べた

A-3 研究／実験の実施について述べるときのキーワード

（RM1-Step4: 実験の実施）

キーワード	
動詞	used（使った），utilized（利用した／使った），employed（使用した），performed（行った／実行した），carried out（行った／実行した），conducted（行った／実行した），repeated（繰り返した），examined（調べた），investigated（精査した／精査される），studied（研究した），explored（探索した），tested（テストした），assessed（評価した／評価される），evaluated（評価した），analyzed（分析した），compared（比較した），generated（作製した），constructed（構築した），established（確立した），developed（開発した／開発される），crossed（交配させた），selected（選択した），isolated（単離した），purified（精製した），cloned（クローニングした），treated（処理した），determined（決定した／決定される），measured（測定した），quantified（定量した），calculated（計算した），assayed（アッセイした），monitored（モニターした），injected（注射した），administered（投与した），infected（感染させた），introduced（導入した），transfected（遺伝子導入した），expressed（発現させた），overexpressed（過剰発現させた），knocked down（ノックダウンした），induced（誘導した），exposed（曝露した），focused on（〜に焦点を当てた），chose（選択した）
代名詞／名詞	we（我々），effect（影響／効果），expression（発現），ability（能力），analysis（分析）
副詞	next（次に），also（また），first（最初に），finally（最後に），further（さらに）
接続詞	whether（〜かどうか），if（〜かどうか）

● **研究／実験の実施**について述べる場合には，**we**を主語として**過去形動詞**を用いることが非常に多い．

第二部：本編

A 研究／実験を行う理由とその実施において述べる表現

- 実験の目的（**A-2**）を示す**to不定詞句**や**根拠・理由**（**A-1**）を示す副詞句・副詞節が**文頭**に来て，文の中心部分には，**we**を主語とする**実験の実施**の文が続くという組み合わせが非常に多い．特に多いのが，「**To不定詞句, we ～**」の形である．

- 実験を行った**順序**を示すために，**next，first，finally**などの**副詞**が組み合わされることもある．

- **whether節**や**if節**では，**仮説**やそれに近いものを示すために**could**や**might**などの**助動詞**が比較的よく使われる（**A-1**参照）．

A-3 研究／実験の実施について述べるときのキーワード ── used / utilized / employed

動詞

used〔使った〕

キーフレーズ

we used	我々は，〜を使った	RM1-Step4
this, we used	これを（〜するために，）我々は…を使った	RM1-Step4
we also used	我々は，また，〜を使った	RM1-Step4
we next used	我々は，次に，〜を使った	RM1-Step4
we have used	我々は，〜を使った	DM1-Step1

例文 To test **this, we used** genetic approaches to perturb RG scaffold during early corticogenesis. (Dev Biol. 2011 351:25)

訳 これをテストするために，我々は〜を使用した

utilized〔利用した／使用した〕

キーフレーズ

we utilized	我々は，〜を利用した	RM1-Step4

例文 To examine the significance of Ron in prostate cancer in vivo, **we utilized** a genetically engineered mouse model, referred to as TRAMP mice, that is predisposed to develop prostate tumors. (Oncogene. 2011 30:4990)

訳 我々は，…を調べるために，〜を利用した

employed〔使用した〕

キーフレーズ

we employed	我々は，〜を使用した	RM1-Step4

例文 **We employed** this computational model to evaluate the underlying regulatory mechanisms. (J Physiol. 2015 593:365)

訳 我々は，〜を評価するために，この計算モデルを使用した

第二部：本編

A 研究／実験を行う理由とその実施において述べる表現

A-3 研究／実験の実施について述べるときのキーワード

performed 〔行った／実行した〕

キーフレーズ

we performed	我々は，〜を行った	RM1-Step4
we also performed	我々は，また，〜を行った	RM1-Step4
performed 名／形 analysis	〜分析を行った	RM1-Step4
例 we performed microarray analysis（我々は，マイクロアレイ分析を行った）		
performed 名 assays	アッセイを行った	RM1-Step4
例 we performed apoptosis assays（我々は，アポトーシスアッセイを行った）		
performed 名 immunoprecipitation	〜免疫沈降を行った	RM1-Step4
例 we performed chromatin immunoprecipitation（我々は，クロマチン免疫沈降を行った）		

例文 To determine the genome-wide occupancy of SNAPc, **we performed chromatin immunoprecipitation** followed by high-throughput sequencing using antibodies against SNAPC4 and SNAPC1 subunits. (Mol Cell Biol. 2012 32:4642)

訳 我々は，…を決定するために，クロマチン免疫沈降を行った

carried out 〔行った／実行した〕

キーフレーズ

we carried out	我々は，〜を行った	RM1- Step4

例文 **We carried out** a comprehensive proteomic analysis of human monocytes treated with IgG from patients with different manifestations of the APS. (Blood. 2014 124:3808)

訳 我々は，〜の包括的なプロテオミクス解析を行った

conducted 〔行った／実行した〕

キーフレーズ

we conducted	我々は，〜を行った	RM1-Step4

例文 To clarify the role of plasminogen as a cofactor for prion propagation, **we conducted** functional assays using a cell-free prion protein (PrP) conversion

— performed / carried out / conducted / repeated / examined / investigated

assay termed protein misfolding cyclic amplification (PMCA) and prion-infected cell lines. (FASEB J. 2010 24:5102)

訳 …を明確にするために，我々は，機能的アッセイを行った

repeated〔繰り返した〕

キーフレーズ

we repeated	我々は，〜を繰り返した	RM1-Step4

例文 **We repeated** these analyses stratifying by age. (J Clin Oncol. 2011 29:1570)

訳 我々は，これらの分析を繰り返した

examined〔調べた〕

キーフレーズ

we examined	我々は，〜を調べた	RM1-Step4
we examined the **名** of	我々は，〜の…を調べた	RM1-Step4
we examined the effect of	我々は，〜の影響を調べた	RM1-Step4
we examined whether	我々は，〜かどうかを調べた	RM1-Step4
we next examined	我々は，〜を調べた	RM1-Step4
we first examined	我々は，最初，〜を調べた	RM1-Step4
we also examined	我々は，また，〜を調べた	RM1-Step4
next, we examined	次に，我々は〜を調べた	RM1-Step4

例文 **We examined the effect of** IR on the gene expression patterns in the murine embryonic fibroblasts with or without Pak1 using microarray technology. (PLoS One. 2013 8:e66585)

訳 我々は，電離放射線の〜への影響を調べた

investigated〔精査した／精査される〕

● 本研究の概略を述べるときにも使われる（**C-5**参照）．

キーフレーズ

we investigated	我々は，〜を精査した	RM1-Step4, IM3-Step1

第二部：本編

A 研究／実験を行う理由とその実施において述べる表現

93

A-3 研究／実験の実施について述べるときのキーワード

we investigated whether	我々は，〜かどうかを精査した	RM1-Step4
we investigated the **名** of	我々は，〜の…を精査した	RM1-Step4
例 we investigated the ability of（我々は，〜の能力を精査した）		
we next investigated whether	我々は，次に，〜かどうかを精査した	RM1-Step4
we next investigated the **名** of	我々は，次に，〜の…を精査した	RM1-Step4
例 we next investigated the effect of（我々は，次に，〜の影響を精査した）		
next, we investigated	次に，我々は〜を精査した	RM1-Step4
also investigated	また，〜を精査した	RM1-Step4

例文 **We next investigated whether** the mitogenic response to specific growth factors also requires AP-1. (Oncogene. 2002 21:7680)

訳 我々は，次に，〜かどうかを精査した

studied〔研究した〕

キーフレーズ

we studied	我々は，〜を研究した	RM1-Step4

例文 To investigate the mechanisms by which elevated retinol-binding protein 4 (RBP4) causes insulin resistance, **we studied** the role of the high-affinity receptor for RBP4, STRA6 (stimulated by retinoic acid), in insulin resistance and obesity. (Mol Cell Biol. 2014 34:1170)

訳 …を精査するために，我々は，〜の役割を研究した

explored〔探索した〕

キーフレーズ

we explored	我々は，〜を探索した	RM1- Step4

例文 **We explored** the possibility that RA-mediated target gene transcription in non-cardiac tissues is required for this process. (Development. 2011 138:139)

訳 我々は，〜という可能性を探索した

—— studied / explored / tested / assessed

tested〔テストした〕

キーフレーズ

we tested	我々は，〜をテストした	RM1-Step4
we tested whether	我々は，〜かどうかをテストした	RM1-Step4
we next tested whether	我々は，次に，〜かどうかをテストした	RM1-Step4
we tested this	我々は，これをテストした	RM1-Step4
we tested the **名** of	我々は，〜の…をテストした	RM1-Step4
tested the effect of	我々は，〜の影響をテストした	RM1-Step4
tested if	〜かどうかをテストした	RM1-Step4
we next tested	我々は，次に，〜をテストした	RM1-Step4
next, we tested	次に，我々は〜をテストした	RM1-Step4
we also tested	我々は，また，〜をテストした	RM1-Step4
we first tested	我々は，最初に，〜をテストした	RM1-Step4

例文 **We next tested whether** Follistatin suppresses Myostatin activity during muscle development. (Dev Biol. 2004 270:19)

訳 我々は，次に，〜かどうかをテストした

assessed〔評価した／評価される〕

キーフレーズ

we assessed	我々は，〜を評価した	RM1-Step4
we assessed the **名** of	我々は，〜の…を評価した	RM1-Step4
例 we assessed the ability of（我々は，〜の能力を評価した）		
assessed whether	〜かどうかを評価した	RM1-Step4
we next assessed	我々は，次に，〜を評価した	RM1-Step4

例文 **We assessed the effects of** meningococcal quadrivalent glycoconjugate (MenACWY-CRM) or serogroup B (4CMenB) vaccination on meningococcal carriage rates in 18-24-year-olds. (Lancet. 2014 384:2123)

訳 我々は，〜の影響を評価した

第二部：本編

A 研究／実験を行う理由とその実施において述べる表現

95

A-3 研究／実験の実施について述べるときのキーワード

evaluated〔評価した〕

キーフレーズ

we evaluated	我々は，〜を評価した	RM1-Step4
we evaluated the 名 of	我々は，〜の…を評価した	RM1-Step4
例 we evaluated the efficiency of（我々は，〜の効率を評価した）		

例文 **We evaluated** the serologic reactivity of the paired sera to R. rickettsii, Rickettsia parkeri, and Rickettsia amblyommii antigens.（J Clin Microbiol. 2014 52:3960）

訳 我々は，〜の血清学的反応性を評価した

analyzed〔分析した〕

キーフレーズ

we analyzed	我々は，〜を分析した	RM1-Step4
we analyzed the 名 of	我々は，〜の…を分析した	RM1-Step4
例 we analyzed the expression of（我々は，〜の発現を分析した）		
we next analyzed	我々は，次に，〜を分析した	RM1-Step4

例文 **We analyzed the expression of** AP-2 and PAR-1 simultaneously by immunofluorescent microscopy with an automated quantification laser scanning cytometer.（J Invest Dermatol. 2007 127:387）

訳 我々は，〜の発現を分析した

compared〔比較した〕

キーフレーズ

we compared	我々は，〜を比較した	RM1-Step4
we compared the 名 of	我々は，〜の…を比較した	RM1-Step4
例 we compared the expression of（我々は，〜の能力を比較した）		

例文 Using FACS and Western blotting analysis **we compared the expression of** Gzm M with that of other granzymes (Gzm A and Gzm B) and the lytic protein perforin.（J Immunol. 2001 166:765）

—— evaluated / analyzed / compared / generated / constructed / established

訳 我々は，Gzm M の発現を他のグランザイムのそれと比較した

generated 〔作製した〕

キーフレーズ		
we generated	我々は，〜を作製した	RM1-Step4

例文 **We generated** a knock-in mouse model harboring the c.365 G>C Fhl1 mutation and investigated the effects of this mutation at three time points (3-5 months, 7-10 months and 18-20 months) in hemizygous male and heterozygous female mice. (Hum Mol Genet. 2015 24:714)

訳 我々は，ノックインマウスモデルを作製した

constructed 〔構築した〕

キーフレーズ		
we constructed	我々は，〜を構築した	RM1-Step4

例文 To correlate mutations with phenotypic severity, **we constructed** a computational model of the HSD11B2 protein. (Proc Natl Acad Sci USA. 2017 114:E11248)

訳 変異と表現型の重症度を相関させるために我々は，HSD11B2 タンパク質の計算モデルを構築した

established 〔確立した〕

キーフレーズ		
we established	我々は，〜を確立した	RM1- Step4

例文 **We established** a mouse model of thymus transplantation by subcutaneously implanting human thymus tissue into athymic C57BL/6 nude mice. (J Invest Dermatol. 2013 133:1221)

訳 我々は，〜のマウスモデルを確立した

第二部：本編

Ａ 研究／実験を行う理由とその実施において述べる表現

A-3 研究／実験の実施について述べるときのキーワード

developed 〔開発した／開発される〕

キーフレーズ		
we developed	我々は，〜を開発した	RM1-Step4

例文 To facilitate typing of bacterial isolates, **we developed** a novel genotyping tool that targets the DNA uptake sequence (DUS). (J Clin Microbiol. 2014 52:3890)

訳 …を促進するために，我々は新規のジェノタイピングツールを開発した

crossed 〔交配させた〕

キーフレーズ		
we crossed	我々は，〜を交配させた	RM1-Step4

例文 To define the role of GM3 accumulation in cystogenesis, **we crossed** jck mice with mice carrying a targeted mutation in the GM3 synthase (St3gal5) gene. (Hum Mol Genet. 2012 21:3397)

訳 …を定義するために，我々は jck マウスを〜と交配させた

selected 〔選択した〕

キーフレーズ		
we selected	我々は，〜を選択した	RM1-Step4

例文 To examine biological themes, **we selected** 70 DMRs with false discovery rate of <0.1. (Hum Mol Genet. 2014 23:1175)

訳 …を調べるために，我々は 70 個の DMR を選択した

isolated 〔単離した〕

キーフレーズ		
we isolated	我々は，〜を単離した	RM1-Step4

例文 To address this question, **we isolated** virus from elite suppressors and from HIV-1-infected patients who have the usual progressive disease course. (J Virol. 2014 88:3340)

訳 この疑問に取り組むために，我々は〜からウイルスを単離した

生命科学論文を書きはじめる人のための英語鉄板ワード＆フレーズ

—— developed / crossed / selected / isolated / purified / cloned / treated / determined

purified〔精製した〕

キーフレーズ		
we purified	我々は，〜を精製した	RM1-Step4

例文 To determine whether PtdIns(4,5)P2 is a direct activator of TRPV6, **we purified** and reconstituted the channel protein in planar lipid bilayers. (FASEB J. 2011 25:3915)

訳 …かどうかを決定するために，我々は〜を精製した

cloned〔クローニングした〕

キーフレーズ		
we cloned	我々は，〜をクローニングした	RM1- Step4

例文 To investigate the development and function of T-CD4 T cells in-depth, **we cloned** TCR genes from T-CD4 T cells and generated transgenic mice. (J Immunol. 2013 191:737)

訳 …を調査するために，我々は TCR 遺伝子をクローニングした

treated〔処理した〕

キーフレーズ		
we treated	我々は，〜を処理した	RM1-Step4

例文 To determine whether the upregulation of HO-1 attenuates EBOV replication, **we treated** cells with cobalt protoporphyrin (CoPP), a selective HO-1 inducer, and assessed its effects on EBOV replication. (J Virol. 2013 87:13795)

訳 …かどうかを決定するために，我々は〜で細胞を処理した

determined〔決定した／決定される〕

キーフレーズ		
we determined	我々は，〜を決定した	RM1-Step4
we determined the **名** of	我々は，〜の…を決定した	RM1-Step4
例 we determined the amount of（我々は，〜の量を決定した）		

第二部：本編

A 研究／実験を行う理由とその実施において述べる表現

A-3 研究／実験の実施について述べるときのキーワード

we determined whether	我々は，〜かどうかを決定した	RM1-Step4
we next determined whether	我々は，次に，〜かどうかを決定した	RM1-Step4

例文 **We next determined whether** Ascl1 prevented RGC development.
(Development. 2011 138:3519)

訳 我々は，〜かどうかを決定した

measured 〔測定した〕

キーフレーズ

we measured	我々は，〜を測定した	RM1-Step4
we measured the 名 of	我々は，〜の…を測定した	RM1-Step4
例 we measured the expression of（我々は，〜の発現を測定した）		

例文 **We measured the expression of** HNF4A isoforms in human adult tissues and gestationally staged fetal pancreas by isoform-specific real-time PCR. (Diabetes. 2008 57:1745)

訳 我々は，〜の発現を測定した

quantified 〔定量した〕

キーフレーズ

we quantified	我々は，〜を定量した	RM1-Step4
quantified the 名 of	〜の…を定量した	RM1-Step4
例 we quantified the number of（我々は，〜の数を定量した）		

例文 **We quantified the number of** CD20+ lymphocytes in renal allograft biopsies and correlated the results with graft survival. (Transplantation. 2006 82:1769)

訳 我々は，〜の数を定量した

—— measured / quantified / calculated / assayed / monitored / injected

calculated 〔計算した〕

キーフレーズ		
we calculated	我々は，〜を計算した	RM1-Step4

例文 **We calculated** the Kd values for COMT, SAHH, and PRDM2 (24.1 ± 2.2 μM, 6.0 ± 2.9 μM, and 10.06 ± 2.87 μM, respectively) and found them to be close to previously established Kd values of other SAM binding proteins. (Anal Biochem. 2014 467:14)

訳 我々は，Kd 値を計算した

assayed 〔アッセイした〕

キーフレーズ		
we assayed	我々は，〜をアッセイした	RM1- Step4

例文 **We assayed** the electrophysiologic activity of mutant and wild-type K(ATP) channels. (N Engl J Med. 2006 355:456)

訳 我々は，〜の電気生理学的活性をアッセイした

monitored 〔モニターした〕

キーフレーズ		
we monitored	我々は，〜をモニターした	RM1-Step4

例文 **We monitored** the expression of selected miRNAs in colonic biopsies of AOM rats at 16 weeks and correlated it with tumor development. (PLoS One. 7:e45591)

訳 我々は，〜の発現をモニターした

injected 〔注射した〕

キーフレーズ		
we injected	我々は，〜を注射した	RM1-Step4

例文 To determine the therapeutic effects of MSCs, **we injected** MSCs into the peri-infarct area after ligation of the left anterior descending coronary arteries of mice and, as separate experiments, injected the same batch of

第二部：本編

Ａ 研究／実験を行う理由とその実施において述べる表現

MSCs into hindlimb muscles of mice with diabetic neuropathy. (Circ Res. 2011 108:1340)

訳 …を決定するために，我々は間葉系幹細胞を～に注射した

administered 〔投与した〕

キーフレーズ		
we administered	我々は，～を投与した	RM1- Step4

例文 **We administered** tamoxifen to Pdgfra-CreER^{T2}:Rosa26R-YFP mice to induce yellow fluorescent protein (YFP) expression in PDGFRA/NG2 cells and their differentiated progeny. (J Neurosci. 2010 30:16383)

訳 我々は，タモキシフェンを～に投与した

infected 〔感染させた〕

キーフレーズ		
we infected	我々は，～に感染させた	RM1-Step4

例文 To further investigate signaling pathways that are MyD88 dependent, **we infected** IL-1R1$^{-/-}$ mice with H. polygyrus. (J Immunol. 2014 193:2984)

訳 …をさらに精査するために，我々は IL-1R1$^{-/-}$ マウスに H. ポリギルスを感染させた

introduced 〔導入した〕

キーフレーズ		
we introduced	我々は，～を導入した	RM1- Step4

例文 **We introduced** the F66A mutation into BAC16 (a bacterial artificial chromosome clone containing the entire infectious KSHV genome), producing BAC16-45F66A. (J Virol. 2015 89:195)

訳 我々は，F66A 変異を～へ導入した

administered / infected / introduced / **transfected** / expressed / overexpressed / knocked down

transfected 〔遺伝子導入した〕

キーフレーズ		
we transfected	我々は，〜に遺伝子導入した	RM1-Step4

例文 To assess the pathogenicity of the identified mutations, **we transfected** human embryonic kidney 293 cells with plasmids encoding FAR1 with either wild-type or mutated constructs and extracted the lipids from the cells. (Am J Hum Genet. 2014 95:602)

訳 …を評価するために，我々はヒト胚性腎 293 細胞に〜を遺伝子導入した

expressed 〔発現させた〕

キーフレーズ		
we expressed	我々は，〜を発現させた	RM1-Step4

例文 To identify drugs that recover peroxisome functions, **we expressed** a GFP-peroxisome targeting signal 1 reporter in fibroblasts containing the common disease allele, PEX1-p.Gly843Asp. (Proc Natl Acad Sci USA. 2010 107:5569)

訳 …を同定するために，我々は〜を発現させた

overexpressed 〔過剰発現させた〕

キーフレーズ		
we overexpressed	我々は，〜を過剰発現させた	RM1-Step4

例文 To determine the mechanism by which glycerolipids impair insulin signaling, **we overexpressed** glycerol-3-phosphate acyltransferase-1 (GPAT1) in primary mouse hepatocytes. (Proc Natl Acad Sci USA. 2012 109:1667)

訳 …を決定するために，我々は〜を過剰発現させた

knocked down 〔ノックダウンした〕

キーフレーズ		
we knocked down	我々は，〜をノックダウンした	RM1- Step4

第二部：本編

A 研究／実験を行う理由とその実施において述べる表現

> **例文** To determine the relative roles of NFAT2, NFAT4, or Sp1, **we knocked down** the expression of these transcription factors with small hairpin RNA. (Hepatology. 2011 53:628)
> **訳** …を決定するために，我々は〜の発現をノックダウンした

induced 〔誘導した〕

キーフレーズ		
we induced	我々は，〜を誘導した	RM1-Step4

> **例文** **We induced** differentiation of primary MKs and directly microdissected TGCs from embryonic day 9.5 implantation sites. (Proc Natl Acad Sci USA. 2013 110:9368)
> **訳** 我々は，〜の分化を誘導した

exposed 〔曝露した〕

キーフレーズ		
we exposed	我々は，〜を曝露した	RM1- Step4

> **例文** To address this hypothesis, **we exposed** mice to high-pressure mechanical ventilation to induce ALI. (FASEB J. 2013 27:3078)
> **訳** …に取り組むために，我々はマウスを〜へ曝露した

focused on 〔〜に焦点を当てた〕

キーフレーズ		
we focused on	我々は，〜に焦点を当てた	RM1-Step4

> **例文** **We focused on** the role of circadian clock in actively proliferating transient amplifying cells, as opposed to quiescent stem cells. (Proc Natl Acad Sci USA. 2013 110:E2106)
> **訳** 我々は，〜の役割に焦点を当てた

induced / exposed / focused on / chose / we

chose 〔選択した〕

キーフレーズ		
we chose	我々は，〜を選択した	RM1-Step4

例文 **We chose to** focus on genetically inactivated alpha toxin mutant HlaH35L. (PLoS One. 2013 8:e63040)

訳 我々は，〜に焦点を当てることを選択した

代名詞／名詞

we 〔我々〕

キーフレーズ		
we used	我々は，〜を使った	RM1-Step4
we utilized	我々は，〜を利用した	RM1-Step4
we employed	我々は，〜を使用した	RM1-Step4
we performed	我々は，〜を行った	RM1-Step4
we carried out	我々は，〜を行った	RM1-Step4
we conducted	我々は，〜を行った	RM1-Step4
we repeated	我々は，〜を繰り返した	RM1-Step4
we examined	我々は，〜を調べた	RM1-Step4
we investigated	我々は，〜を精査した	RM1-Step4
we studied	我々は，〜を研究した	RM1-Step4
we explored	我々は，〜を探索した	RM1-Step4
we tested	我々は，〜をテストした	RM1-Step4
we assessed	我々は，〜を評価した	RM1-Step4
we evaluated	我々は，〜を評価した	RM1-Step4
we analyzed	我々は，〜を分析した	RM1-Step4
we compared	我々は，〜を比較した	RM1-Step4
we generated	我々は，〜を制作した	RM1-Step4
we constructed	我々は，〜を構築した	RM1-Step4

第二部：本編

A 研究／実験を行う理由とその実施において述べる表現

A-3 研究／実験の実施について述べるときのキーワード

we established	我々は，〜を確立した	RM1-Step4
we developed	我々は，〜を開発した	RM1-Step4
we crossed	我々は，〜を交配させた	RM1-Step4
we selected	我々は，〜を選択した	RM1-Step4
we isolated	我々は，〜を単離した	RM1-Step4
we purified	我々は，〜を精製した	RM1-Step4
we cloned	我々は，〜をクローニングした	RM1-Step4
we treated	我々は，〜を処理した	RM1-Step4
we determined	我々は，〜を決定した	RM1-Step4
we measured	我々は，〜を計測した	RM1-Step4
we quantified	我々は，〜を定量した	RM1-Step4
we calculated	我々は，〜を計算した	RM1-Step4
we assayed	我々は，〜をアッセイした	RM1-Step4
we monitored	我々は，〜をモニターした	RM1-Step4
we injected	我々は，〜を注射した	RM1-Step4
we administered	我々は，〜を投与した	RM1-Step4
we infected	我々は，〜に感染させた	RM1-Step4
we introduced	我々は，〜を導入した	RM1-Step4
we transfected	我々は，〜に遺伝子導入した	RM1-Step4
we expressed	我々は，〜を発現させた	RM1-Step4
we overexpressed	我々は，〜を過剰発現させた	RM1-Step4
we knocked down	我々は，〜をノックダウンした	RM1-Step4
we induced	我々は，〜を誘導した	RM1-Step4
we exposed	我々は，〜を曝露した	RM1-Step4
we focused on	我々は，〜に焦点を当てた	RM1-Step4
we chose	我々は，〜を選択した	RM1-Step4

例文 To explore the function of the UL37 N terminus, **we used** the three-dimensional framework provided by the structure in combination with

— effect / expression

evolutionary trace analysis to pinpoint several surface-exposed regions of
potential functional importance and test their importance using
mutagenesis. (J Virol. 2014 88:5462)

訳 UL37 の N 末端の機能を探索するために，我々は〜を使った

effect 〔影響／効果〕

キーフレーズ

we 動 the effect of	我々は，〜の影響を…した	RM1-Step4
we examined the effect of	我々は，〜の影響を調べた	RM1-Step4
examined the effects of	〜は，…の影響を調べた	RM1-Step4
tested the effect of	〜は，…の影響をテストした	RM1-Step4
the effect(s) of 名 on	〜に対する…の影響	RM1-Step4, RM1-Step3

例文 To further define this inhibition, **we examined the effect of** Ron on
signaling pathways downstream of Ron. (J Immunol. 2010 185:7309)

訳 …をさらに定義するために，我々はシグナル経路に対する Ron の影響を調べた

expression 〔発現〕

キーフレーズ

we 動 the expression of	我々は，…の発現を〜した	RM1-Step4
例 we compared the expression of（我々は，〜の発現を比較した） we examined the expression of（我々は，〜の発現を調べた）		
we 動 gene expression 名	我々は，遺伝子発現を〜した	RM1-Step4
例 we performed gene expression analyses（我々は，我々は遺伝子発現解析を行った）		

例文 **We examined the expression of** the DDR genes during Kaposi's sarcoma-
associated herpesvirus (KSHV) infection of human peripheral blood
mononuclear cells (PBMCs). (J Virol. 2013 87:5255)

訳 我々は，DDR 遺伝子の発現を調べた

第二部：本編

A 研究／実験を行う理由とその実施において述べる表現

A-3 研究／実験の実施について述べるときのキーワード

ability 〔能力〕

キーフレーズ		
we **動** the ability of	我々は，〜の能力を…した	RM1-Step4
例 we assessed the ability of（我々は，〜の能力を評価した） we compared the ability of（我々は，〜の能力を比較した） we investigated the ability of（我々は，〜の能力を精査した）		

例文 **We assessed the ability of** recombinant human Maf1 to inhibit different steps in transcription before and after preinitiation complex assembly. (J Biol Chem. 2008 283:36108)

訳 我々は，〜を抑制する組換えヒト Maf1 の能力を評価した

analysis 〔分析〕

キーフレーズ		
analysis on	〜に対する分析	RM1-Step4
performed **名** ／ **形** analysis	〜分析を行った	
例 we performed microarray analysis on（我々は，〜に対するマイクロアレイ分析を行った）		

例文 To elucidate transcriptional responses, **we performed microarray analysis on** human coronary artery endothelial cells (HCAECs) exposed to small physiologic concentration of ox-LDL- 5 microg/ml for 2 and 12 hours. (PLoS One. 7:e47421)

訳 …を解明するために，我々はヒト冠動脈内皮細胞に対するマイクロアレイ解析を行った

副詞

next 〔次に〕

キーフレーズ		
we next asked	我々は，次に，〜を問うた	RM1-Step4
we next asked whether	我々は，次に，〜かどうかを問うた	RM1-Step4
we next investigated	我々は，次に，〜を精査した	RM1-Step4

108　生命科学論文を書きはじめる人のための英語鉄板ワード＆フレーズ

ability / analysis / next / also

we next investigated whether	我々は，次に，〜かどうかを精査した	RM1-Step4
we next tested	我々は，次に，〜をテストした	RM1-Step4
we next tested whether	我々は，次に，〜かどうかをテストした	RM1-Step4
we next determined	我々は，次に，〜を決定した	RM1-Step4
we next determined whether	我々は，次に，〜かどうかを決定した	RM1-Step4
we next examined	我々は，次に，〜を調べた	RM1-Step4
we next used	我々は，次に，〜を使った	RM1-Step4
we next assessed	我々は，次に，〜を評価した	RM1-Step4
we next analyzed	我々は，次に，〜を分析した	RM1-Step4
next, we investigated	次に，我々は〜を精査した	RM1-Step4
next, we examined	次に，我々は〜を調べた	RM1-Step4
next, we tested	次に，我々は〜をテストした	RM1-Step4
next, we asked	次に，我々は〜を問うた	RM1-Step4

例文 **We next asked whether** HHV-6A infection of naive cell lines could lead to integration. (Proc Natl Acad Sci USA. 2010 107:5563)

訳 我々は，次に，〜かどうかを問うた

also 〔また〕

キーフレーズ

we also tested	我々は，また，〜をテストした	RM1-Step4
we also examined	我々は，また，〜を調べた	RM1-Step4
we also performed	我々は，また，〜を行った	RM1-Step4
we also used	我々は，また，〜を使った	RM1-Step4

例文 **We also tested whether** pharmacological activation of PDC overrides these diet-induced changes. (Diabetes. 2012 61:1017)

訳 我々は，また，〜かどうかをテストした

第二部：本編

Ａ 研究／実験を行う理由とその実施において述べる表現

| **A-3** | 研究／実験の実施について述べるときのキーワード |

first〔最初に〕

● 形容詞としても使われる（**D-3**参照）.

キーフレーズ		
we first examined	我々は，最初に，〜を調べた	RM1-Step4
we first tested	我々は，最初に，〜をテストした	RM1-Step4
first, we	最初に，我々は	RM1-Step4

例文 **We first examined** the effect of the auxiliary subunits. (Proc Natl Acad Sci USA. 2014 111:8979)

訳 我々は，最初に，〜の影響を調べた

finally〔最後に〕

キーフレーズ		
finally, we	最後に，我々は	RM1-Step4

例文 **Finally, we** examined the effects of single copy mutant K-Ras on global gene expression. (J Biol Chem. 2013 288:2403)

訳 最後に，我々は，1コピーの変異 K-Ras の〜に対する影響を調べた

further〔さらに〕

● to不定詞句の中で使われることが多い（**A-2**参照）.
● 形容詞としても使われる（**D-6**参照）.

キーフレーズ		
we further	我々は，さらに〜	RM1-Step4

例文 **We further** examined the effect of Vx-770 on R352C-CFTR, a unique mutant that allows direct observation of hydrolysis-triggered gating events. (Proc Natl Acad Sci USA. 2013 110:4404)

訳 我々は，さらに，〜の影響を調べた

生命科学論文を書きはじめる人のための英語鉄板ワード＆フレーズ

—— first / finally / further / whether / if

接続詞

whether 〔～かどうか〕

キーフレーズ

we 動 whether	我々は，～かどうかを…した	RM1-Step4/2
we tested whether	我々は，～かどうかをテストした	RM1-Step4
we investigated whether	我々は，～かどうかを精査した	RM1-Step4
we examined whether	我々は，～かどうかを調べた	RM1-Step4
we determined whether	我々は，～かどうかを決定した	RM1-Step4

例文 Because these cells are resistant to apoptosis, **we tested whether** Bach2 could also be regulated through posttranslational mechanisms that promote inhibition of the apoptotic response to mutagenic stimuli in CML. (Blood. 2007 109:1211)

訳 我々は，～かどうかをテストした

if 〔～かどうか〕

キーフレーズ

we 動 if	我々は，～かどうかを…した	RM1-Step4/2
例 we tested if (我々は，～かどうかをテストした)		

例文 **We tested if** DNA from apoptotic hepatocytes can induce hepatic stellate cell (HSC) differentiation. (Hepatology. 2007 46:1509)

訳 我々は，～かどうかをテストした

第二部：本編

A 研究／実験を行う理由とその実施において述べる表現

B

実験結果を述べる表現

B-1 結果の提示を行うときのキーワード

B-2 変化した結果を述べるときのキーワード

B-3 変化なしの結果を述べるときのキーワード

B-4 結果を比較するときのキーワード

B-5 結果を追加するときのキーワード

実験結果を述べる表現

ここでは，主にResultsのSectionで示される**実験結果**を説明するための表現を示す．**実験結果**（B-1〜B-5）が示されるのは，Resultsの中でもRM2（実験結果の提示）のみである．一方，RM1（実施した実験の説明）では行った実験の説明（A-1, A-2, A-3）を行い，RM3（結果についてのコメント）では結果の解釈（C-1）などを述べる．ただし，主な**実験結果**は，Introduction（IM3）やDiscussion（DM2）でも示されることが多い．

B-1　結果の提示を行うときのキーワード
（RM2-Step1: 発見の提示，DM2-Step2: 個々の結果，IM3-Step1: 本研究の概略）

キーワード	
動詞	found（見つけた／見つけられた），observed（観察された／観察した），seen（見られた），detected（検出された／検出した），identified（同定した），appeared（〜のように見えた），confirmed（確認した／確認された），noticed（気づいた／認めた），noted（認めた），note（述べる／注意する），revealed（明らかにした），exhibited（示した），displayed（示した），showed（示した），shown（示される），had（持った），expressed（発現している／発現した），expected（予想される），assessed（評価される），measured（測定される），treated（処理された）
形容詞	high（高い），low（低い），strong（強力な），either（どちらかの），present（存在する），detectable（検出可能な），positive（陽性の）

生命科学論文を書きはじめる人のための英語鉄板ワード&フレーズ

代名詞／名詞	we（我々）, analysis（分析）, pattern（パターン）, trend（傾向）, effect（効果／影響）, Figure ／ Fig.（図）, levels（レベル）, majority（大多数）, most（ほとんど／大部分）
副詞	consistently（一貫して）, very（非常に）, importantly（重要なことに）, indeed（実際に）, interestingly（興味深いことに）, notably（注目すべきことに）, surprisingly（驚いたことに）, remarkably（注目すべきことに）, strikingly（際だったことに）

- 結果の提示を行う表現として，**we主語で過去形の能動態の文**と「発見されたものや現象」などを主語にした**過去形の受動態の文**が多く使われる．従って，同じことを述べる際に2つの選択肢がある訳である．

- **we主語文**で使われる主な**動詞**としては，found, observed, confirmed, noticed, identified, detected, showed, notedがある．**発見を示す動詞が多い**．

- **方法（analysis）を主語とする文**で使われる主な**動詞**としては，revealed, showed, confirmedがある．

- **we主語文**や**方法主語文**では，**that節を目的語**とするものが多い．

- **that節の中**に具体的な**結果**が示される．

- **対象（mice や cells）を主語とする文**で使われる主な**動詞**としては，exhibited, displayed, showed, confirmed, had, expressedがある．

- **傾向を表すとき**の名詞としては，pattern, trendがある．

- **高低・強弱を意味する形容詞**としては，high, low, strongがよく使われる．

- **存在に関連する形容詞**としては，present, detectable, positiveがよく使われる．

- **発見の重要性を強調する文頭の副詞**としては，importantly, indeed, interestingly, notably, surprisingly, remarkably, strikinglyがよく使われる．

B-1 結果の提示を行うときのキーワード

動詞

found 〔見つけた／見つけられた〕

- 能動態では，**we**主語の文がほとんどである．
- 本研究の概略を述べるときにも使われる（**C-5** 参照）．

キーフレーズ

we found	我々は，〜を見つけた	RM2-Step1, IM3-Step1
we found that	我々は，〜ということを見つけた	RM2-Step1, IM3-Step1
we found a	我々は，〜を見つけた	RM2-Step1
例 we found a significant decrease in（我々は，〜の有意な低下を見つけた）		
we also found	我々は，また，〜を見つけた	RM2-Step1/5
was/were found in	〜において見つけられた	RM2-Step1

例文 Surprisingly, **we found that** Themis2 is not required for B cell development, for activation, or for Ab responses either to model Ags or to influenza viral infection.（J Immunol. 2014 193:700）

訳 驚いたことに，我々は〜ということを見つけた

observed 〔観察された／観察した〕

- 能動態では，**we**主語の文がほとんどである．

キーフレーズ

was/were observed in	〜は，…において観察された	RM2-Step1
was observed for	〜は，…に対して観察された	RM2-Step1
observed with	〜と共に観察された	RM2-Step1
observed between	〜の間で観察された	RM2-Step1
observed when	〜のとき観察された	RM2-Step1
was also observed	〜は，また，観察された	RM2-Step1
we observed	我々は，〜を観察した	RM2-Step1
we observed that	我々は，〜ということを観察した	RM2-Step1
we observed a	我々は，〜を観察した	RM2-Step1

―――― found / observed / seen / detected / identified

例 we observed a significant reduction in（我々は，〜の有意な低下を観察した）		
we also observed	我々は，また，〜を観察した	RM2-Step1/5
observed a significant	有意な〜を観察した	RM2-Step1

例文 Upregulation of EGFR **was observed in** BRAFi-resistant cell lines and
patient tumors because of demethylation of EGFR regulatory DNA
elements. (J Invest Dermatol. 2015 135:532)

訳 EGFR の発現上昇が，BRAFi 抵抗細胞株において観察された

seen〔見られた〕

キーフレーズ

seen in	〜において見られた	RM2-Step1
was/were seen	〜が見られた	RM2-Step1

例文 A similar effect **was seen in** total-body CD36-knockout mice. (Diabetes.
2013 62:2709)

訳 類似の効果が〜において見られた

detected〔検出された／検出した〕

● 能動態では，**we主語**の文がほとんどである．

キーフレーズ

was/were detected in	〜は，…において検出された	RM2-Step1
we detected	我々は，〜を検出した	RM2-Step1
we also detected	我々は，また，〜を検出した	RM2-Step1/5

例文 HIV-1-specific cells **were detected in** all donors at a mean of 55 cells/
million naive cells and 38.9 and 34.1 cells/million in central and effector
memory subsets. (J Exp Med. 2014 211:1273)

訳 HIV-1 特異的細胞は，すべてのドナーにおいて検出された

identified〔同定した〕

● 能動態では，**we主語**の文がほとんどである．

キーフレーズ		
we identified	我々は，〜を同定した	RM2-Step1

例文 **We identified** 18 genes that show >10-fold differential expression between resistant and vulnerable motor neurons. (Neuron. 2014 81:333)

訳 我々は，〜を示す 18 遺伝子を同定した

appeared 〔〜のように見えた〕

キーフレーズ		
appeared to be	〜は，…であるように見えた	RM2-Step1

例文 Moreover, these tumors **appeared to be** more differentiated as evidenced by higher levels of Fkbp5, an AR-responsive gene that inhibits Akt signaling. (Cancer Res. 2013 73:3997)

訳 これらの腫瘍は，より分化しているように見えた

confirmed 〔確認した／確認された〕

● 能動態では，**we** が主語の場合と**方法**（analysis など）が主語の場合とがある．

キーフレーズ		
we confirmed	我々は，〜を確認した	RM2-Step1
we confirmed that	我々は，〜ということを確認した	RM2-Step1
analysis confirmed	分析は，〜を確認した	RM2-Step1
was confirmed by	〜は，…によって確認された	RM2-Step1

例文 **We confirmed that** the Ct-linkers from three bacterial species behaved as IDPs in vitro by circular dichroism and trypsin proteolysis. (Mol Microbiol. 2013 89:264)

訳 我々は，〜ということを確認した

noticed 〔気づいた／認めた〕

● 能動態では，**we** 主語の文がほとんどである．

例 we noticed that（我々は，〜ということに気づいた）	

—— appeared / confirmed / noticed / noted / note

例文 **We noticed that** the MreB cytoskeleton influences fluorescent staining of the cytoplasmic membrane. (Nat Commun. 2014 5:3442)

訳 我々は，〜ということに気づいた

noted 〔認めた〕

● 「見つけた」という意味に近いことが多い.

キーフレーズ		
we noted	我々は，〜を認めた	RM2-Step1

例文 First, **we noted** that versican overexpression in human dermal fibroblasts led to increased SMA expression, enhanced contractility, and increased Smad2 phosphorylation. (J Biol Chem. 2011 286:34298)

訳 最初に，我々は〜ということを認めた

note 〔述べる／言及する／注意する〕

● Discussionで使われることが多い.
● we主語の文だけでなく，**主語のない命令文** (Note that 〜) の形でも使われる.
● it is 形 to note that の用例も多く，重要なことに言及する際に使われる.

キーフレーズ		
we note that	我々は，〜ということを述べる	DM2-Step2

例文 **We note that** the crown platyrrhine radiation was concomitant with the radiation of 2 South American xenarthran lineages and follows a global temperature peak and tectonic activity in the Andes. (Proc Natl Acad Sci USA. 2009 106:5534)

訳 我々は，〜ということを述べる

その他のフレーズ	
Note that	〜ということに注意していただきたい
it is important to note that	〜ということに言及することは重要である
it is interesting to note that	〜ということに言及することは興味深い

第二部：本編

B 実験結果を述べる表現

B-1 結果の提示を行うときのキーワード

revealed 〔明らかにした〕

● 能動態では，**方法**（analysis）**が主語**の文が多い.

キーフレーズ

analysis revealed	分析は，～を明らかにした	RM2-Step1
analysis revealed that	分析は，～ということを明らかにした	RM2-Step1
this analysis revealed	この分析は，～を明らかにした	RM2-Step1

例文 **This analysis revealed that** miRNA expression during T cell development is extremely dynamic, with 645 miRNAs sequenced, and the expression of some varying by as much as 3 orders of magnitude. (J Immunol. 2012 188:3257)

訳 この分析は，～ということを明らかにした

exhibited 〔示した〕

● 能動態では，**対象**（cells, mice など）**が主語**の文がほとんどである.

キーフレーズ

cells exhibited	細胞は，～を示した	RM2-Step1
mice exhibited	マウスは，～を示した	RM2-Step1
exhibited a	…は，～を示した	RM2-Step1
例 exhibited a dramatic reduction in（…は，～の劇的な低下を示した）		

例文 Parkin knockout **mice exhibited** high levels of endogenous TDP-43, while nilotinib and bosutinib did not alter TDP-43, underscoring an indispensable role for parkin in TDP-43 sub-cellular localization. (Hum Mol Genet. 2014 23:4960)

訳 パーキンノックアウトマウスは，高レベルの～を示した

displayed 〔示した〕

● 能動態では，**対象**（cells, mice など）**が主語**の文がほとんどである.

キーフレーズ

displayed a	…は，～を示した	RM2-Step1

—— revealed / exhibited / displayed / showed / shown

> **例** displayed a significant reduction in（…は，〜の有意な低下を示した）

例文 Mdm2(SNP309-G/G) mice **displayed a** significant reduction in survival following AOM treatment with more colonic lesions in a wider distribution throughout the lower and upper colon and an attenuated apoptotic response following exposure. (Oncogene. 2015 34:4412)

訳 Mdm2(SNP309-G/G) マウスは，〜の有意な低下を示した

showed〔示した〕

● 能動態では，**we** が主語の文と**対象**（cells, mice など）**が主語**の文の両方がある．

キーフレーズ

showed that	〜は，…ということを示した	RM2-Step1
analysis showed that	分析は，〜ということを示した	RM2-Step1
cells showed	細胞は，〜を示した	RM2-Step1
mice showed	マウスは，〜を示した	RM2-Step1
also showed	〜は，また，…を示した	RM2-Step1
showed a	〜は，…を示した	RM2-Step1
showed a significant	〜は，有意な…を示した	RM2-Step1

> **例** showed a significant increase in（…は，〜の有意な増大を示した）

showed similar	〜は，類似の…を示した	RM2-Step1
we showed that	我々は，〜ということを示した	DM2-Step2

例文 Panc-1 **cells showed** enhanced MMP activity on stiffer substrates, whereas BxPC-3 and AsPC-1 cells showed diminished MMP activity. (FASEB J. 2014 28:3589)

訳 Panc-1 細胞は，増強された MMP 活性を示した

shown〔示される〕

キーフレーズ

as shown in Fig. **数**	図…に示されるように	RM2-Step1
as shown in Figure **数**	図…に示されるように	RM2-Step1

is shown in	…は，〜に示されている	RM2-Step1
as shown by	〜で示されるように	RM2-Step1

例文 Vascular structures formed by HUVECs in vitro were successfully anastomosed with the host vasculature upon transplantation in vivo, **as shown by** immunostaining for human CD31. (J Dent Res. 2014 93:1296)

訳 ヒト CD31 の免疫染色によって示されたように

had 〔持っていた／あった〕

● 対象が**主語**になる場合と，**処置や薬剤が主語**になる場合とがある．

キーフレーズ

cells had	細胞は，〜を持っていた	RM2-Step1
mice had	マウスは，〜を持っていた	RM2-Step1
had a	…は，〜があった／〜を持っていた	RM2-Step1
例 had a reduction in（…は，〜の低下があった） had a similar effect on（…は，〜に対する類似の効果があった）		
had significantly	〜は，有意に…な…を持っていた	RM2-Step1/2

例文 Schwann cells isolated from SMA **mice had significantly** reduced levels of SMN and failed to express key myelin proteins following differentiation, likely due to perturbations in protein translation and/or stability rather than transcriptional defects. (Hum Mol Genet. 2014 23:2235)

訳 SMA マウスから単離されたシュワン細胞は，有意に低下したレベルの SMN を持っていた

expressed 〔発現している／発現した〕

キーフレーズ

expressed in	〜において発現している	RM2-Step1
expressed at	〜で発現している	RM2-Step1
were **副** expressed	〜は，…に発現していた	RM2-Step1
differentially expressed	異なって発現している	RM2-Step1

生命科学論文を書きはじめる人のための英語鉄板ワード＆フレーズ

—— had / expressed / expected / assessed / measured

highly expressed	高度に発現している	RM2-Step1
cells expressed 形 levels of	細胞は，〜なレベルの…を発現した	RM2-Step1
例 cells expressed high levels of（細胞は，高いレベルの〜を発現した）		

例文 a2V was **highly expressed in** tumor tissues (breast and skin) as well as on the surface of tumor cell lines. (Oncogene. 2014 33:5649)

訳 a2V は，腫瘍組織において高度に発現していた

expected 〔予想される〕

キーフレーズ

as expected	予想されたように	RM2-Step1

例文 **As expected,** we found that healthy control subjects consistently overestimated the force required when pressing directly on their own finger than when operating a robot. (Brain. 2014 137:2916)

訳 予想されたように，我々は…ということを見つけた

assessed 〔評価される〕

キーフレーズ

as assessed by	〜によって評価したところ	RM2-Step1

例文 Endogenous NF-κB activation also occurred in the absence of luciferase plasmids, **as assessed by** degradation of IκB-α. (J Biol Chem. 2013 288:14068)

訳 IκB-αの分解によって評価したところ

measured 〔測定される〕

キーフレーズ

as measured by	〜によって測定したところ	RM2-Step1

例文 Strikingly many of these loci were associated with expression changes, **as measured by** RNA sequencing. (Nucleic Acids Res. 2014 42:6921)

訳 RNA シークエンシングによって測定したところ

第二部：本編

B 実験結果を述べる表現

B-1 結果の提示を行うときのキーワード

treated 〔処理された〕

キーフレーズ		
mice treated with	～で処理されたマウス	RM2-Step1
cells treated with	～で処理された細胞	RM2-Step1

例文 **Mice treated with** an optimized 5-day induction protocol showed transient weight loss, short-term reduction of peripheral blood cell and platelet counts, and slight anemia. (Blood. 2013 121:e90)

訳 最適化された5日誘導プロトコールで処理されたマウスは，一過性の体重減少を示した

形容詞

high 〔高い〕

キーフレーズ		
high levels	高いレベル	RM2-Step1
例 high levels of（高いレベルの～）		

例文 NG2+ cells expressed **high levels of** laminin and fibronectin, which promote neurite outgrowth on the surface of these cells. (J Neurosci. 2010 30:255)

訳 NG2+ 細胞は，高いレベルのラミニンとフィブロネクチンを発現した

low 〔低い〕

キーフレーズ		
low levels	低いレベル	RM2-Step1
例 low levels of（低いレベルの～）		

例文 The Schwann cells expressed **low levels of** myelin proteins and of Egr2 (also called Krox20), which is an important regulator of peripheral myelination. (Nat Neurosci. 2010 13:1472)

訳 シュワン細胞は，低いレベルのミエリンタンパク質を発現した

———— treated / high / low / strong / either / present

strong 〔強力な〕

キーフレーズ

a strong 名	強力な〜	RM2-Step1
例 a strong positive correlation between（〜の間の強力な正の相関）		

例文 We observed **a strong positive correlation** between attention modulations in visual cortex and connectivity of posterior IPS, suggesting that these white-matter connections mediate the attention signals that resolve competition among stimuli for representation in visual cortex. (J Neurosci. 2012 32:2773)

訳 我々は，〜の間の強力な正の相関を観察した

either 〔どちらか〕

キーフレーズ

of either	〜のどちらかの…	RM2-Step1

例文 In HEK293 cells, overexpression **of either** SMS1 or SMS2 significantly increased SMS activity. (Anal Biochem. 2013 438:61)

訳 SMS1 か SMS2 のどちらかの過剰発現は，SMS 活性を有意に増大させた

present 〔存在する〕

- 「現在の」という意味でも使われる（**C-5** 250ページ参照）.
- 動詞としても使われる（**C-5** 246ページ参照）.

キーフレーズ

were present	〜が，存在した	RM2-Step1

例文 The alternative transcripts **were present** in wild-type and homozygous Hdh(Q150/Q150) mouse brain at all ages and in all brain regions and peripheral tissues studied. (J Mol Biol. 2014 426:1428)

訳 オルタナティブな転写物が，野生型とホモ接合の Hdh(Q150/Q150) マウスの脳に存在した

第二部：本編

B 実験結果を述べる表現

B-1 結果の提示を行うときのキーワード

detectable 〔検出可能な〕

キーフレーズ		
detectable in	～において検出可能な	RM2-Step1

例文 The JAB1 protein was readily **detectable in** many cell types and localized to both the nucleus and cytoplasm. (Gene. 2000 242:41)

訳 JAB1 タンパク質は，多くの細胞型において容易に検出可能であった

positive 〔陽性の〕

キーフレーズ		
positive for	～に対して陽性である	RM2-Step1

例文 Of the 371 samples examined, 9.4% (35/371) were **positive for** RVA. (J Clin Microbiol. 2013 51:1142)

訳 9.4% (35/371) が，RVA に対して陽性であった

代名詞／名詞

we 〔我々〕

キーフレーズ		
we found	我々は，～を見つけた	RM2-Step1
we observed	我々は，～を観察した	RM2-Step1
we detected	我々は，～を検出した	RM2-Step1
we identified	我々は，～を同定した	RM2-Step1
we confirmed	我々は，～を確認した	RM2-Step1
we noted	我々は，～を認めた	RM2-Step1
we note that	我々は，～ということを述べる	DM2-Step2
we showed that	我々は，～ということを示した	DM2-Step2

例文 Surprisingly, **we found** that a high fluorescence background resulted from inefficient dimerization of fluorescent protein (FP)-labeled MS2 coat protein (MCP). (Biophys J. 2012 102:2936)

訳 驚いたことに，我々は～ということを見つけた

126　生命科学論文を書きはじめる人のための英語鉄板ワード＆フレーズ

detectable / positive / we / analysis / pattern / trend / effect

analysis〔分析〕

キーフレーズ		
this analysis revealed	この分析は，〜を明らかにした	RM2-Step1
analysis revealed that	分析は，〜ということを明らかにした	RM2-Step1
analysis showed that	分析は，〜ということを示した	RM2-Step1
analysis confirmed	分析は，〜を確認した	RM2-Step1
analysis of	〜の分析	RM2-Step1

例文 **This analysis showed that** Ras1 overexpression did not suppress rhb1⁻ mutant phenotypes, Rhb1 overexpression did not suppress ras1⁻ mutant phenotypes, and ras1⁻ rhb1⁻ double mutants had phenotypes equal to the sum of the corresponding single-mutant phenotypes. (Genetics. 2000 155:611)

訳 この分析は，〜ということを示した

pattern〔パターン〕

例文 A similar **pattern** was observed in those specimens stained with Alizarin red and Von Kossa after 21 and 28 days. (J Dent Res. 2014 93:1290)

訳 類似のパターンが〜において観察された

trend〔傾向〕

キーフレーズ		
a trend	傾向	RM2-Step1

例文 The control group showed **a trend** toward a higher insulin requirement. (Crit Care Med. 2000 28:3606)

訳 コントロール群は，より高いインシュリン要求性の傾向を示した

effect〔効果／影響〕

キーフレーズ		
effect was	効果が〜であった	RM2-Step1

第二部：本編

B 実験結果を述べる表現

B-1 結果の提示を行うときのキーワード

例文 A similar **effect was** observed following coexpression of E2 and E1^E4 that is competent for inhibition of SRPK1 activity, suggesting that the nuclear localization of E2 is sensitive to E1^E4-mediated SRPK1 inhibition. (J Virol. 2014 88:12599)

訳 類似の効果が観察された

Figure ／ Fig. 〔図〕

キーフレーズ

as shown in Figure **数**	図…に示されるように	RM2-Step1
as shown in Fig. **数**	図…に示されるように	RM2-Step1
are **過去分詞** in Fig. **数**	‥は，図…に〜されている	RM2-Step1
例 are shown in Fig. 1（〜は，図 1 に示されている）		
Figure **数** shows	図…は，〜を示す	RM2-Step1
Fig. **数** shows	図…は，〜を示す	RM2-Step1

例文 **Fig. 1 shows** graphically the values of the canonical discriminant functions and the centroids of the intervals of three or the maturity index. (Food Chem. 2013 141:2575)

訳 図 1 は〜を示す

levels 〔レベル〕

● high levels of（高いレベルの〜）の形だけでなく，the levels of（〜のレベル）の形でも使われる（**B-2**参照）．

キーフレーズ

high levels	高いレベル	RM2-Step1
low levels	低いレベル	RM2-Step1
levels of	…レベルの〜／〜のレベル	RM2-Step1/2/3
例 high levels of（高いレベルの〜）		
levels in	〜におけるレベル	RM2-Step1/2/3
cells expressed **形** levels of	細胞は，〜なレベルの…を発現した	RM2-Step1/3

生命科学論文を書きはじめる人のための英語鉄板ワード＆フレーズ

—— Figure ／ Fig. ／ levels ／ majority ／ most ／ consistently

> **例** cells expressed high levels of（細胞は，高いレベルの〜を発現した）

例文 The activated γδ T **cells expressed high levels of** CD39 and NKG2D on their cell surface.（J Immunol. 2016 196:1517）

> **訳** 活性化されたγδ T 細胞は，高いレベルの CD39 と NKG2D を発現した

majority〔大多数〕

キーフレーズ

the majority of	〜の大多数	RM2-Step1

例文 We found that **the majority of** genes examined were expressed in all three cell lines.（Hum Mol Genet. 2004 13:601）

> **訳** 調べられた遺伝子の大部分は，３つの細胞株すべてにおいて発現していた

most〔ほとんど／大部分〕

● 副詞としても使われる（**B-4**参照）.
● 無冠詞で使われる.

キーフレーズ

most of	〜のほとんど	RM2-Step1

例文 Surprisingly, although **most of** the mutations were located in the catalytic domain, all of those tested, except G154D BirA, had normal ligase activity.（J Bacteriol. 2012 194:1113）

> **訳** 変異のほとんどが触媒ドメインに位置していた

副詞

consistently〔一貫して〕

例文 OMe/F-modified siRNA **consistently** reduced mRNA and protein levels with equal or greater potency and efficacy than unmodified siRNA.（Nucleic Acids Res. 2006 34:4467）

> **訳** OMe/F の修飾された siRNA は，mRNA とタンパク質レベルを一貫して低下させた

第二部：本編

B 実験結果を述べる表現

129

B-1　結果の提示を行うときのキーワード

very〔非常に〕

例文 Both oligodendrocytes and microglia exhibited **very** low levels of AT (oligodendrocytes, 0.08; microglia, 0.01 pmol/mg protein). (Cancer Res. 1996 56:5615)

訳 オリゴデンドロサイトとミクログリアの両方は，非常に低いレベルの AT を示した

importantly〔重要なことに〕

- 文頭で使われることが非常に多い．

例文 **Importantly,** knockdown of PKR increased IκB-α protein levels and impaired IFN-β induction. (J Biol Chem. 2012 287:36384)

訳 重要なことに，PKR のノックダウンは IκB-α のタンパク質レベルを増大させた

indeed〔実際に〕

- 文頭で使われることが非常に多い．

例文 **Indeed,** we found that jejunum eosinophils expressed remarkably high levels of surface CD22, similar to levels found in B cells across multiple mouse strains. (J Immunol. 2012 188:1075)

訳 実際に，我々は〜ということを見つけた

interestingly〔興味深いことに〕

- 文頭で使われることが非常に多い．

キーフレーズ		
interestingly, we	興味深いことに，我々は	RM2-Step1

例文 **Interestingly, we** observed that reduced PhoA was exported in a Tat-independent manner when targeted for Tat export in the absence of the essential translocon component TatC. (J Biol Chem. 2008 283:35223)

訳 興味深いことに，我々は〜ということを観察した

very / importantly / indeed / interestingly / notably / surprisingly / remarkably / strikingly

notably〔注目すべきことに〕

● **文頭**で使われることが非常に多い.

例文 **Notably,** this effect was the result of redistribution of the receptor caused by chemotherapy-inducible autophagy. (Cancer Res. 2012 72:5483)

訳 注目すべきことに，この効果は〜の結果であった

surprisingly〔驚いたことに〕

● **文頭**で使われることが非常に多い.

例文 **Surprisingly,** most of the hyperphosphorylation is unrelated to direct effects on PER stability. (Genes Dev. 2008 22:1758)

訳 驚いたことに，過剰リン酸化のほとんどは〜と無関係である

remarkably〔注目すべきことに〕

● **文頭**で使われることが非常に多い.

例文 **Remarkably,** we found that β-cell-specific CD8 T cell frequencies in peripheral blood were similar between subject groups. (Diabetes. 2015 64:916)

訳 注目すべきことに，我々は〜ということを見つけた

strikingly〔際だったことに〕

● **文頭**で使われることが非常に多い.

例文 **Strikingly,** we found that the lag time of bacteria before regrowth was optimized to match the duration of the antibiotic-exposure interval. (Nature. 2014 513:418)

訳 際だったことに，我々は〜ということを見つけた

第二部：本編

B 実験結果を述べる表現

B-2 変化した結果を述べるときのキーワード

（RM2-Step2: 変化の提示）

キーワード

動詞	resulted in（〜という結果になった），led to（〜を導いた），caused（引き起こした），occurred（起こった），increased（増大した／増大させた），elevated（上昇した），upregulated（上方制御された），enriched（濃縮した），enhanced（増強した／増強させた），induced（誘導した），decreased（低下した／低下させた），reduced（低下した／低下させた），diminished（減少させた／減少した），downregulated（下方制御された），inhibited（抑制した／抑制された），suppressed（抑制した／抑制された），abolished（消失させた／消失した），abrogated（抑止した／抑止された）
形容詞	significant（有意な），**数**-fold（〜倍の）
名詞	increase（増大），decrease（低下），reduction（低下），number（数），frequency（頻度），levels（レベル），expression（発現），treatment（処置），addition（添加），depletion（欠乏）
副詞	significantly（有意に），statistically（統計学的に），highly（高度に），markedly（顕著に），strongly（強く），substantially（かなり／実質的に），slightly（わずかに），differentially（異なって），completely（完全に），only（わずか〜だけ），approximately（およそ）

- 実験の結果として，対象の**変化**を示すことが非常に多い.

- **変化**につながる**因果関係**を意味する**動詞**としては，resulted in，led to，causedがよく使われる.

- **増大・増強**を意味する**動詞**としては，increased，elevated，upregulated，enriched，enhanced，inducedがよく使われる.

- **低下**を意味する**動詞**としては，decreased，reduced，diminished，downregulated，inhibited，suppressedがよく使われる.

- **消滅**を意味する**動詞**としては，abolished，abrogatedがよく使われる.

- **増大**や**低下**を意味する**名詞**としては，increase，decrease，reductionがよく使われる.

生命科学論文を書きはじめる人のための英語鉄板ワード＆フレーズ

- 変化の**尺度**となる**名詞**としては，number，frequency，levelがよく使われる．

- **変化を引き起こすもの**を意味する**名詞**としては，treatment，addition，depletionがよく使われる．

- **変化の程度**を示す**副詞**としては，highly，markedly，strongly，substantially，slightly，completely，onlyがよく使われる．

- **有意な変化**を示す**副詞**（significantly, statistically）や**形容詞**（significant）もよく使われる．

B-2 変化した結果を述べるときのキーワード

動詞

resulted in〔〜という結果になった〕

キーフレーズ		
resulted in	〜は，…という結果になった	RM2-Step2
resulted in a	〜は，…という結果になった	RM2-Step2
例 resulted in a significant reduction in（…は，〜の有意な低下という結果になった）		
also resulted in	〜は，また，…という結果になった	RM2-Step2

例文 TA treatment **resulted in an increase in** ATF2 phosphorylation, which was followed by a subsequent increase in ATF3 transcription. (Oncogene. 2010 29:5182)

訳 TA 処置は，ATF2 リン酸化の増大という結果になった

led to〔〜を導いた〕

● 他動詞としても使われる（**A-1**参照）.

キーフレーズ		
led to	…は，〜を導いた	RM2-Step2
led to a	…は，〜を導いた	RM2-Step2
例 led to a marked increase in（…は，〜の顕著な増大を導いた）		

例文 RSV infection **led to a significant reduction** in TEER and increase in permeability. (J Virol. 2013 87:11088)

訳 RSV 感染は，〜の有意な低下を導いた

caused〔引き起こした〕

キーフレーズ		
caused a	…は，〜を引き起こした	RM2-Step2
例 caused a significant decrease in（…は，〜の有意な低下を引き起こした）		

例文 Over-expression of Sex-miR-4924 **caused a significant reduction in** the expression level of chitinase 1 and caused abortive molting in the insects. (Gene. 2015 557:215)

resulted in / led to / caused / occurred / increased / elevated

> 訳 Sex-miR-4924 の過剰発現は，〜の発現レベルの有意な低下を引き起こした

occurred 〔起こった〕

例文 Loss of H4K20me3 and H3K9me3 **occurred** at constitutive heterochromatin repeats. (Nucleic Acids Res. 2014 42:249)

> 訳 H4K20me3 と H3K9me3 の損失は，構成的ヘテロクロマチンリピートで起こった

increased 〔増大した／増大させた〕

● 自動詞と他動詞の両方で使われる.

キーフレーズ

significantly increased	有意に増大した	RM2-Step2
also increased	また，増大した	RM2-Step2
was increased	〜は，増大した	RM2-Step2
increased in	〜において増大した	RM2-Step2
increased by	〜によって増大させられる	RM2-Step2
increased the 名 of	〜は，…の…を増大させた	RM2-Step2
例 increased the number of（〜は，…の数を増大させた）		

例文 ISG15 protein expression **was significantly increased in** target tissues of infected animals. (J Virol. 2013 87:5586)

> 訳 ISG15 タンパク質発現は，〜の標的組織において有意に増大した

elevated 〔上昇した〕

キーフレーズ

significantly elevated	有意に上昇した	RM2-Step2
elevated in	〜において上昇した	RM2-Step2

例文 Matriptase gene expression was **significantly elevated in** OA cartilage compared with NOF cartilage, and matriptase was immunolocalized to OA chondrocytes. (Arthritis Rheum. 2010 62:1955)

135

B-2 変化した結果を述べるときのキーワード

> 🔤 マトリプターゼ遺伝子発現は，骨関節炎軟骨において有意に上昇した

upregulated 〔上方制御された〕

キーフレーズ		
upregulated in	～において上方制御された	RM2-Step2
were upregulated	～は，上方制御された	RM2-Step2

🔴例文 Multiple genes in TP53 pathway **were upregulated in** HPV+ cells (Z score 4.90), including a 4.6-fold increase in TP53 (P < 0.0001). (Cancer Res. 2013 73:4791)

> 🔤 TP53 経路の複数の遺伝子が，HPV+ 細胞において上方制御された

enriched 〔濃縮した〕

キーフレーズ		
were enriched in	～は，…において濃縮していた	RM2-Step2
enriched for	～に濃縮した	RM2-Step2
were significantly enriched	～は，有意に濃縮した	RM2-Step2
highly enriched	高度に濃縮した	RM2-Step2

🔴例文 Genes affected by E2 **were highly enriched for** ribosome-associated proteins; however, GEN and BPA failed to regulate most ribosome-associated proteins and instead enriched for transporters of carboxylic acids. (Genome Res. 2012 22:2153)

> 🔤 E2 に影響を受ける遺伝子は，リボゾーム結合タンパク質に高度に濃縮していた

enhanced 〔増強した／増強させた〕

🔴例文 Deletion of Ezh2 at the pancreas progenitor stage **enhanced** the production of endocrine progenitors and beta cells. (EMBO J. 2014 33:2157)

> 🔤 膵臓前駆体ステージでの Ezh2 の欠失は，～の産生を増強した

induced 〔誘導した〕

🔴例文 We found that oral infection with Listeria monocytogenes **induced** a robust

生命科学論文を書きはじめる人のための英語鉄板ワード＆フレーズ

upregulated / enriched / enhanced / induced / decreased / reduced

intestinal CD8 T cell response and blocking effector T cell migration showed that intestinal Trm cells were critical for secondary protection. (Immunity. 2014 40:747)

訳 リステリア・モノサイトゲネスの口腔感染は，強力な腸管 CD8 T 細胞応答を誘導した

decreased〔低下した／低下させた〕

● 自動詞と他動詞の両方で使われる.

キーフレーズ

significantly decreased	有意に低下した	RM2-Step2
was decreased	〜は，低下した	RM2-Step2
decreased in	〜において低下した	RM2-Step2
decreased by	〜によって低下させられた	RM2-Step2
decreased the **名** of	〜の…を低下させた	RM2-Step2

例 decreased the number of（〜は，…の数を低下させた）

例文 SPDEF expression **was significantly decreased in** the conjunctival epithelium of Sjogren syndrome patients with dry eye and decreased goblet cell mucin expression. (Am J Pathol. 2013 183:35)

訳 SPDEF 発現は，〜の結膜上皮において有意に低下した

reduced〔低下した／低下させた〕

キーフレーズ

significantly reduced in	有意に低下した	RM2-Step2
was/were significantly reduced	〜は，有意に低下した	RM2-Step2
was/were reduced in	〜は，…において低下した	RM2-Step2
reduced by	〜によって低下させられた	RM2-Step2
reduced the **名** of	〜は，…の…を低下させた	RM2-Step2

例 reduced the number of（〜は，…の数を低下させた）

例文 TF expression **was significantly reduced in** isolated HPCs and liver homogenates from TF$^{flox/flox}$/albumin-Cre mice (HPC $^{\Delta TF}$ mice) compared

第二部：本編

B 実験結果を述べる表現

with TF$^{flox/flox}$ mice (control mice). (Blood. 2013 121:1868)

🇯🇵 TF 発現は，単離された肝細胞において有意に低下した

diminished〔減少した／減少させた〕

 Kainate-induced inhibition of the calcium current was **diminished** when intracellular calcium stores were inhibited with ruthenium red or depleted with ryanodine, or when calmodulin antagonists or CaM kinase II inhibitors were present. (J Physiol. 2001 535:47)

🇯🇵 〜のとき，カイニン酸に誘導されたカルシウム電流の抑制は減少した

downregulated〔下方制御された〕

 We found that OGG1 expression was significantly **downregulated** by the RUNX1-ETO fusion protein product of the t(8;21) chromosome translocation in normal haematopoietic progenitor cells and in patients with acute myeloid leukaemia (AML). (Oncogene. 2010 29:2005)

🇯🇵 OGG1 発現は，RUNX1-ETO 融合タンパク質産物によって有意に下方制御された

inhibited〔抑制した／抑制された〕

キーフレーズ		
inhibited the 名 of	〜は，…の…を抑制した	RM2-Step2
例 inhibited the expression of（〜は，…の発現を抑制した）		
was inhibited	〜は，抑制された	RM2-Step2

 Fibroblast activation **was inhibited** by an αvβ6/8 integrin blocking antibody (264RAD) and a small molecule inhibitor of the TGF-beta type I receptor activin-like kinase (ALK5) (SB431542), demonstrating that transactivation of the TGFβ pathway initiates fibroblast activation. (Oncogene. 2015 34:704)

🇯🇵 線維芽細胞の活性化は，ανβ6/8 インテグリン遮断抗体によって抑制された

—— diminished / downregulated / inhibited / suppressed / abolished / abrogated / significant

suppressed 〔抑制した／抑制された〕

例文 Treatment of PEL cell lines with BET inhibitors **suppressed** the expression of MYC and resulted in a genome-wide perturbation of MYC-dependent genes. (Oncogene. 2014 33:2928)

訳 BET 阻害剤による PEL 細胞株の処置は，MYC の発現を抑制した

abolished 〔消失させた／消失した〕

例文 Knockdown of CypA in ECs **abolished** the increase in vascular smooth muscle cell Erk1/2 phosphorylation conferred by EC conditioned media, and preincubation with CypA augmented Ang II-induced vascular smooth muscle cell ROS production. (Circulation. 2014 129:2661)

訳 内皮細胞における CypA のノックダウンは，〜の増大を消失させた

abrogated 〔抑止した／抑止された〕

例文 More importantly, elimination of CD8$^+$ T cells completely **abrogated** the effects of radiation therapy. (Am J Pathol. 2013 182:2345)

訳 CD8$^+$ T 細胞の除去は，〜の効果を完全に抑止した

形容詞

significant 〔有意な〕

キーフレーズ		
a significant increase in	〜の有意な増大	RM2-Step2
a significant reduction in	〜の有意な低下	RM2-Step2
a significant decrease in	〜の有意な低下	RM2-Step2
observed a significant 名	〜は，有意な…を観察した	RM2-Step2
showed a significant 名	〜は，有意な…を示した	RM2-Step2

例文 We **observed a significant increase in** microglial activation when tPA$^{-/-}$ mice received treatment with murine tPA after MCAO. (Am J Pathol. 2009 174:586)

訳 我々は，ミクログリア活性化の有意な増大を観察した

第二部：本編

B 実験結果を述べる表現

B-2 変化した結果を述べるときのキーワード

数 -fold 〔～倍の〕

キーフレーズ		
数-fold increase in	～の…倍の増大	RM2-Step2

例文 (IEC)LEPR-B-KO mice exhibited a **2-fold increase in** length of jejunal villi and have normal growth on a normal diet but were less susceptible (P<0.01) to HFD-induced obesity. (FASEB J. 2014 28:4100)

訳 (IEC)LEPR-B-KO マウスは，～の長さの２倍の増大を示した

名詞

increase 〔増大〕

● 動詞としても使われる.

キーフレーズ		
a significant increase in	～の有意な増大	RM2-Step2
例 a significant increase in the amount of （～の量の有意な増大）		
an increase in	～の増大	RM2-Step2
an increase in the 名 of	～の…の増大	RM2-Step2
例 an increase in the number of （～の数の増大） 　　an increase in the frequency of （～の頻度の増大）		
数-fold increase in	～の…倍の増大	RM2-Step2
increases in	～の増大	RM2-Step2
increase of	～の増大	RM2-Step2

例文 Additionally, we observed **a significant increase in** the expression of CD14 on peripheral blood monocytes that correlated with IL-23 expression and markers of microbial translocation. (J Virol. 2013 87:7093)

訳 我々は，～の発現の有意な増大を観察した

decrease 〔低下〕

● 動詞としても使われる.

140　生命科学論文を書きはじめる人のための英語鉄板ワード＆フレーズ

数 -fold / increase / decrease / reduction / number

キーフレーズ

a significant decrease in	～の有意な低下	RM2-Step2
a decrease in	～の低下	RM2-Step2

例文 Of particular interest, we also observed **a significant decrease in** the number of neurons in the hippocampus. (J Comp Neurol. 2014 522:2319)

訳 我々は，また，ニューロンの数の有意な低下を観察した

reduction 〔低下〕

キーフレーズ

a significant reduction in	～の有意な低下	RM2-Step2
a reduction in	～の低下	RM2-Step2
reduction of	～の低下	RM2-Step2

例文 ZDF rats at 12 weeks of age showed **a significant reduction in** the number of endothelial cells, which was prevented by pretreatment with pioglitazone. (Diabetes. 2006 55:2965)

訳 12 週齢の ZDF ラットは，内皮細胞の数の有意な低下を示した

number 〔数〕

キーフレーズ

the number of	～の数	RM2-Step2
in the number of	～の数の…	RM2-Step2
例 a reduction in the number of（～の数の低下）		
a number of	いくつかの～	IM1-Step1, IM2-Step1

例文 Overexpression of noggin resulted in a significant increase **in the number of** neurons in the trigeminal and dorsal root ganglia. (Development. 2004 131:1175)

訳 ノギンの過剰発現は，ニューロンの数の有意な増大という結果になった

第二部：本編

B 実験結果を述べる表現

B-2 変化した結果を述べるときのキーワード

frequency 〔頻度〕

キーフレーズ

the frequency of	～の頻度	RM2-Step2
in the frequency	頻度の～	RM2-Step2

例 an increase in the frequency of（～の頻度の増大）

例文 We observed **a significant increase in the frequency of** somatic mutations in 56 subjects treated with thiopurines for IBD compared with 63 subjects not treated with thiopurines. (Cancer Res. 2009 69:7004)

訳 我々は，体細胞突然変異の頻度の有意な増大を観察した

levels 〔レベル〕

● the levels of（～のレベル）の形だけでなく，high levels of（高いレベルの～）の形でも使われる（**B-1**参照）.

キーフレーズ

levels of	～のレベル／…レベルの～	RM2-Step1/2/3
the levels of	～のレベル	RM2-Step2/3
expression levels of	～の発現レベル	RM2-Step2/3
levels in	～におけるレベル	RM2-Step1/2/3
mRNA levels	mRNA レベル	RM2-Step2
protein levels	タンパク質レベル	RM2-Step2
levels were	レベルは，～だった	RM2-Step2

例 levels were reduced（レベルは，低下した）

例文 Conversely, c-IAP mRNA and protein **levels were reduced** in relB −/− cells. (Cancer Res. 2006 66:9026)

訳 c-IAP の mRNA およびタンパク質レベルは，relB-/- 細胞において低下した

expression 〔発現〕

キーフレーズ

expression levels of	～の発現レベル	RM2-Step2

--- frequency / levels / expression / treatment / addition / depletion

expression of	～の発現	RM2-Step2
expression in	～における発現	RM2-Step2
increased 名/形 expression	増大した～発現	RM2-Step2
expression was 過去分詞/形 in	発現は，～において…であった	RM2-Step2
例 expression was upregulated in（発現は，～において上方制御された）		

例文 PH20 **expression was elevated in** OPCs and reactive astrocytes in both rodent and human demyelinating lesions. (Ann Neurol. 2013 73:266)

訳 PH20 発現は，オリゴデンドロサイト前駆細胞において上昇していた

treatment〔処置〕

● 「治療」という意味でも使われる（**D-7**参照）.

キーフレーズ		
treatment with	～による処置	RM2-Step2
treatment in	～における処置	RM2-Step2

例文 A reduction in tumor MVD was also observed after **treatment with** the antiangiogenic agent. (J Nucl Med. 2011 52:424)

訳 腫瘍 MVD の低下は，また，抗血管新生薬による処置のあとに観察された

addition〔添加〕

キーフレーズ		
addition of	～の添加	RM2-Step2

例文 A similar phenotype was observed in HIV-1 Env upon **addition of** leucines in the MSD, with +1 and +2 leucine mutations greatly reducing Env activity, but +3 leucine mutations behaving similar to the wild type. (J Virol. 2013 87:12805)

訳 ロイシンを添加するやいなや，類似の表現型が HIV-1 Env に観察された

depletion〔欠乏〕

例文 **Depletion** of AcCoA reduced the activity of the acetyltransferase EP300,

第二部：本編

B 実験結果を述べる表現

and EP300 was required for the suppression of autophagy by high AcCoA levels. (Mol Cell. 2014 53:710)

訳 AcCoA の欠乏は，〜の活性を低下させた

副詞

significantly〔有意に〕

キーフレーズ		
significantly reduced in	〜において有意に低下した	RM2-Step2
was/were significantly reduced	〜は，有意に低下した	RM2-Step2
significantly decreased	有意に低下した	RM2-Step2
were significantly enriched	〜は，有意に濃縮された	RM2-Step2
significantly elevated	有意に上昇した	RM2-Step2
had significantly	〜は，有意に…な…を持った	RM2-Step1/2

例文 Glucosylceramidase enzyme activity **was significantly reduced in** fibroblasts from patients with Gaucher disease (median 5% of controls, P = 0.0001) and heterozygous mutation carriers with (median 59% of controls, P = 0.001) and without (56% of controls, P = 0.001) Parkinson's disease compared with controls. (Brain. 2014 137:1481)

訳 グルコシルセラミダーゼ活性は，〜の患者からの線維芽細胞において有意に低下していた

---

statistically〔統計学的に〕

キーフレーズ		
statistically significant	統計学的に有意な	RM2-Step2

例文 At age 13 months, Opa1$^{+/-}$ mice had a **statistically significant** reduction in OKN responses compared to C57Bl/6 controls with both 2 degrees and 8 degrees gratings (P < 0.001). (Invest Ophthalmol Vis Sci. 2009 50:4561)

訳 Opa1$^{+/-}$ マウスは，OKN 応答の統計学的に有意な低下を持った

significantly / statistically / highly / markedly / strongly / substantially

highly 〔高度に〕

キーフレーズ		
was/were highly	～は，高度に…であった	RM2-Step2
highly expressed	高度に発現した	RM2-Step2
highly enriched	高度に濃縮された	RM2-Step2

例文 TSLP **was highly expressed** in the skin of dcSSc patients, more strongly in perivascular areas and in immune cells, and was produced mainly by CD163+ cells. (Arthritis Rheum. 2013 65:1335)

訳 TSLP は，dcSSc 患者の皮膚で高度に発現していた

markedly 〔顕著に〕

キーフレーズ		
was markedly	～は，顕著に…であった	RM2-Step2

例文 RON protein **was markedly** upregulated in burn wound epidermis and accessory structures, in proliferating cells or differentiated cells, or both. (J Invest Dermatol. 1998 111:573)

訳 RON タンパク質は，～において顕著に上方制御された

strongly 〔強く〕

キーフレーズ		
were strongly	～は，強く…であった	RM2-Step2, RM2-Step3
例 were strongly enriched（～は，～において強く濃縮していた）		

例文 Most importantly, hypomethylated CpG sites **were strongly enriched** in the active chromatin mark H3K4me1 in stem and differentiated cells, suggesting this is a cell type-independent chromatin signature of DNA hypomethylation during aging. (Genome Res. 2015 25:27)

訳 低メチル化した CpG 部位は，～において強く濃縮していた

substantially 〔かなり／実質的に〕

例文 Eotaxin-induced gastrointestinal eosinophilia was **substantially** higher than

第二部：本編

B 実験結果を述べる表現

that induced by IL-5 and was especially prominent within the lamina propria of the villi. (J Biol Chem. 2002 277:4406)

🈩 エオタキシンに誘導された消化管好酸球増加症は，IL-5 によって誘導されたそれよりかなり高かった

slightly〔わずかに〕

例文 Akt phosphorylation was **slightly** reduced in these cells. (J Biol Chem. 2002 277:31601)

🈩 Akt のリン酸化は，これらの細胞においてわずかに低下した

differentially〔異なって〕

キーフレーズ		
differentially expressed	異なって発現した	RM2-Step2

例文 However, 96 genes were **differentially expressed** between the two populations. (Am J Pathol. 2011 178:1478)

🈩 96 遺伝子が，2 つの集団の間で異なって発現していた

completely〔完全に〕

● 通常，否定的な意味で使われる．

キーフレーズ		
was completely	〜は，完全に…であった	RM2-Step2
例 was completely blocked （〜は，完全にブロックされた） was completely suppressed（〜は，完全に抑制された）		

例文 EGF-mediated FLNa phosphorylation **was completely blocked** by an inhibitor of p90RSK and partially attenuated by an inhibitor of Rho kinase, suggesting that both pathways converge on FLNa to regulate integrin function. (J Biol Chem. 2012 287:40371)

🈩 EGF に媒介された FLNa のリン酸化は，p90RSK の阻害剤によって完全にブロックされた

--- slightly / differentially / completely / only / approximately

only 〔わずか〜だけ〕

● not only ... but also の形でも使われる (C-4 参照).

キーフレーズ		
but only	しかし，わずか〜だけ	RM2-Step2
only 数% of	〜のわずか…% だけ	RM2-Step2

例文 All individuals exhibited an Area-Restricted Search (ARS) during foraging, **but only 42% of** ARS were associated with fishing vessels, indicating much 'natural' foraging. (PLoS One. 8:e57376)

訳 しかし，ARS のわずか 42% だけが〜と関連していた

approximately 〔およそ〕

キーフレーズ		
approximately 数% of	〜のおよそ…%	RM2-Step2

例文 Kainate receptors mediated **approximately 80% of** the synaptic response in cb3a/b cells and were heteromers of GluK1 and GluK5. (J Physiol. 2014 592:1457)

訳 カイニン酸受容体は，シナプス応答のおよそ 80% を媒介した

第二部 : 本編

B 実験結果を述べる表現

B-3 変化なしの結果を述べるときのキーワード

（RM2-Step4: 変化なし）

キーワード	
動詞	affected（影響を受けた／影響した），affect（影響する），alter（変化させる），change（変わる／変化させる），failed（できなかった），had（持った），showed（示した），show（示す），found（見つけた／見つけられた），observed（観察した／観察された），observe（観察する），detected（検出された），detect（検出する）
形容詞	unaffected（影響されない），undetectable（検出不可能な），any（どのような〜），little（ほとんど〜ない），no（〜のない），significant（有意な）
名詞／代名詞	difference（違い），change（変化），evidence（証拠），effect（影響／効果），we（我々），none（どれも〜でない）
副詞	not（〜でない），significantly（有意に），however（しかし），there（〜がある）
接続詞	but（しかし）

- 結果に**変化や影響がないこと**を述べる表現としては，否定的な文が多い.

- notを組み合わせて**変化や影響がないこと**を述べる**動詞**としては，affected，affect，alter，change，show，observed，observe，detected，detectがよく使われる.

- noを組み合わせて**変化や影響がないこと**を述べる**動詞**としては，had，showed，foundがよく使われる.

- noを組み合わせて**変化や影響がないこと**を述べる**名詞**としては，difference，effect，changeがよく使われる.

- **否定的な意味の形容詞**としては，unaffected，undetectable，any，little，noがよく使われる.

- **否定的な意味の副詞**（not, however）や**接続詞**（but）もよく使われる.

- **統計学的に有意な変化**がないことを示すために，**副詞**（significantly）や**形容詞**（significant）が否定的な文で使われる.

生命科学論文を書きはじめる人のための英語鉄板ワード＆フレーズ

B-3 変化なしの結果を述べるときのキーワード ───── affected / affect / alter / change

> 動詞

affected 〔影響を受けた〕

キーフレーズ		
not affected by	～によって影響を受けない	RM2-Step4
was not affected	～は，影響を受けなかった	RM2-Step4

例文 Peroxidative metabolism **was not affected by** the interaction of the two P450s, even with CPR present. (Biochemistry. 2013 52:4003)

訳 過酸化代謝は，2つのP450の相互作用による影響を受けなかった

affect 〔影響する〕

キーフレーズ		
did not affect	～は，…に影響しなかった	RM2-Step4

例文 In contrast, TM knockdown **did not affect** cell growth but attenuated PDGF-stimulated SMC migration. (Am J Pathol. 2010 177:119)

訳 TMのノックダウンは，細胞増殖に影響しなかった

alter 〔変化させる〕

キーフレーズ		
did not alter	～は，…を変化させなかった	RM2-Step4

例文 By contrast, ectopic Tbx1 **did not alter** the expression pattern of Gcm2, a transcription factor restricted to the parathyroid-fated domain and required for parathyroid development. (Development. 2014 141:2950)

訳 異所性のTbx1は，Gcm2の発現パターンを変化させなかった

change 〔変わる／変化させる〕

● 他動詞と自動詞の両方で使われる．

● 名詞としても使われる．

キーフレーズ		
did not change	～は，変わらなかった／～を変化させなかった	RM2-Step4

| **B-3** | 変化なしの結果を述べるときのキーワード |

例文 sigmaR1 mRNA and protein levels **did not change** in the presence of the excitotoxins. (Invest Ophthalmol Vis Sci. 2007 48:4785)

訳 sigmaR1 の mRNA とタンパク質のレベルは，〜の存在下で変わらなかった

failed〔できなかった〕

キーフレーズ		
failed to **動**	〜は，…することができなかった	RM2-Step4
例 failed to activate（〜は，…を活性化することができなかった）		

例文 ADPKD-associated PC1 mutants **failed to** regulate Jade-1, indicating a potential disease link. (Hum Mol Genet. 2012 21:5456)

訳 ADPKD に関連した PC1 変異体は，Jade-1 を制御できなかった

had〔持った〕

キーフレーズ		
had no effect on	〜は，…に対する影響を持たなかった	RM2-Step4
had little **名**	〜は，…をほとんど持たなかった	RM2-Step4
of **固有名詞** had no	…の〜は，…を持たなかった	RM2-Step4
but had	しかし，〜を持った	RM2-Step4
例 but had little effect on（しかし，〜に対する影響をほとんど持たなかった）		

例文 N173 decreased the neutralization sensitivity of SIVmac251 **but had no effect on** the neutralization sensitivity of SIVmac239. (J Virol. 2014 88:5014)

訳 しかし，SIVmac239 の中和感受性に対する影響を持たなかった

showed〔示した〕

キーフレーズ		
showed no **名**	〜は，…を示さなかった	RM2-Step4
例 showed no difference in（〜は，…の違いを示さなかった）		

例文 Twenty-five of the tumours **showed no** significant somatic molecular change, 36 showed one change, 20 showed two, and one tumour showed

— failed / had / showed / show / found / observed

more than 2 changes. (PLoS One. 2014 9:e84498)

訳 25 の腫瘍は，有意な体細胞の分子的変化を示さなかった

show 〔示す〕

キーフレーズ		
did not show	～は，…を示さなかった	RM2-Step4

例文 However, the IL-1 genotype **did not show** any significant associations with disease or the extent of disease. (J Periodontol. 2011 82:588)

訳 しかし，IL-1 遺伝子型は，どのような有意な関連性も示さなかった

found 〔見つけた／見つけられた〕

キーフレーズ		
we found no **名**	我々は，～を見つけなかった	RM2-Step4
例 we found no evidence for （我々は，～に対する証拠を見つけなかった）		

例文 However, **we found no evidence for** the Me2CBD formation. (Science. 2010 330:1047)

訳 しかし，我々は Me2CBD 形成の証拠を見つけなかった

observed 〔観察した／観察された〕

キーフレーズ		
we observed no **名**	我々は，～を観察しなかった	RM2-Step4
例 we observed no difference （我々は，違いを観察しなかった）		
was not observed	～は，観察されなかった	RM2-Step4

例文 Fibrosis **was not observed** in mice lacking interferon-gamma (IFN-γ), STAT1, or RAG-1. (Immunity. 2014 40:40)

訳 線維症は，～を欠くマウスにおいて観察されなかった

第二部：本編

B 実験結果を述べる表現

151

B-3 変化なしの結果を述べるときのキーワード

observe〔観察する〕

キーフレーズ		
we did not observe	我々は，〜を観察しなかった	RM2-Step4

例文 **We did not observe** any changes in Bcl-2 or Bcl-2-related proteins (Bcl-x, Bax, and Bad) in control or KCREB-transfected cells before or after treatment with Tg. (J Biol Chem. 1998 273:24884)

訳 我々は，〜のどのような変化も観察しなかった

detected〔検出された〕

キーフレーズ		
not detected in	〜において検出されない	RM2-Step4

例文 Rv1681 protein was **not detected in** urine specimens from 10 subjects with Escherichia coli-positive urine cultures, 26 subjects with confirmed non-TB tropical diseases (11 with schistosomiasis, 5 with Chagas' disease, and 10 with cutaneous leishmaniasis), and 14 healthy subjects. (J Clin Microbiol. 2013 51:1367)

訳 Rv1681 タンパク質は，〜からの尿検体に検出されなかった

detect〔検出する〕

キーフレーズ		
we did not detect	我々は，〜を検出しなかった	RM2-Step4

例文 **We did not detect** any differences in the capacity of i1 and i2 forms of VacA to cause vacuolation of RK13 cells. (Infect Immun. 2012 80:2578)

訳 我々は，〜のどのような違いも検出しなかった

形容詞

unaffected〔影響されない〕

キーフレーズ		
was unaffected	〜は，影響されなかった	RM2-Step4

observe / detected / detect / unaffected / undetectable / any / little

例文 The enhancer-promoter interaction **was unaffected** by eRNA knockdown. (Mol Cell. 2014 56:29)

訳 エンハンサーとプロモーターの相互作用は，eRNA のノックダウンに影響されなかった

undetectable〔検出不可能な〕

キーフレーズ		
undetectable in	〜において検出不可能な	RM2-Step4

例文 RP2 protein was **undetectable in** the RP2 R120X patient cells, suggesting a disease mechanism caused by complete lack of RP2 protein. (Hum Mol Genet. 2015 24:972)

訳 RP2 タンパク質は，RP2 R120X 患者細胞において検出不可能であった

any〔どのような〜〕

not と組み合わせて否定的な文でよく使われる．

キーフレーズ		
did not **動** any	〜は，どのような…も…しなかった	RM2-Step4
例 we did not observe any（我々は，どのような〜も観察しなかった）		
in any	どのような〜においても	RM2-Step4

例文 **We did not observe any** changes in Bcl-2 or Bcl-2-related proteins (Bcl-x, Bax, and Bad) in control or KCREB-transfected cells before or after treatment with Tg. (J Biol Chem. 1998 273:24884)

訳 我々は，〜のどのような変化も観察しなかった

little〔ほとんど〜ない〕

● 名詞としても使われる（**D-5**参照）．

キーフレーズ		
had little	〜は，ほとんど…を持たなかった	RM2-Step4
例 had little effect on（〜は，…に対する影響をほとんど持たなかった）		

例文 Notably, reactivation of PTEN mainly reduced T-cell leukaemia

第二部：本編

B 実験結果を述べる表現

B-3 変化なしの結果を述べるときのキーワード

dissemination but **had little effect on** tumour load in haematopoietic organs. (Nature. 2014 510:402)

訳 しかし，〜に対してほとんど影響はなかった

no 〔〜のない〕

キーフレーズ

had no effect on	〜は，…に対する影響を持たなかった	RM2-Step4
there was/were no 名	〜はなかった	RM2-Step4
there was no 形 difference	〜な違いはなかった	RM2-Step4
there was no significant	有意な〜はなかった	RM2-Step4
no significant difference	有意な違いのない	RM2-Step4
no difference in	〜に違いのない	RM2-Step4
no change in	〜に変化のない	RM2-Step4
no evidence	証拠のない	RM2-Step4
we observed no 名	我々は，〜を観察しなかった	RM2-Step4
we found no 名	我々は，〜を見つけなかった	RM2-Step4
showed no 名	〜は，…を示さなかった	RM2-Step4
with no 名	〜のない	RM2-Step4
but no 名	しかし，〜のない	RM2-Step4

例文 However, **there was no significant difference** between the two age groups when IgA antibody was removed. (Infect Immun. 2011 79:314)

訳 2つの年齢群の間に有意な違いはなかった

significant 〔有意な〕

キーフレーズ

there was no significant	有意な〜はなかった	RM2-Step4
no significant difference	有意な違いのない	RM2-Step4

例文 **There was no significant difference** in the salivary arginolytic activity among children with different caries status. (J Dent Res. 2013 92:604)

— no / significant / difference / change / evidence

> 訳 ～の間に唾液のアルギニン活性の有意な違いはなかった

名詞／代名詞

difference 〔違い〕

キーフレーズ		
no difference in	～に違いのない	RM2-Step4
no significant difference	有意な違いのない	RM2-Step4
significant difference in	～の有意な違い	RM2-Step4

> 例文 We found **no significant difference in** overall frequency of de novo variants between cases and controls. (Hum Mol Genet. 2015 24:4764)
>
> 訳 我々は，～の有意な違いを見つけなかった

change 〔変化〕

● 動詞としても使われる．

キーフレーズ		
no change in	～の変化のない	RM2-Step4

> 例文 There was **no change in** the number of dopaminergic neurons in the substantia nigra or in striatal dopamine levels in aged Atp13a2$^{-/-}$ mice. (Hum Mol Genet. 2013 22:2067)
>
> 訳 ドパミン作動性ニューロンの数に変化はなかった

evidence 〔証拠〕

キーフレーズ		
no evidence	証拠のない	RM2-Step4

> 例文 In addition, PV+ INs expressed robust glycine-mediated tonic currents; however, we found **no evidence** for tonic GABAergic currents. (J Physiol. 2017 595:7185)
>
> 訳 しかし我々は，トニック GABA 作動性電流の証拠を見つけられなかった

第二部：本編

B 実験結果を述べる表現

B-3　変化なしの結果を述べるときのキーワード

effect〔影響／効果〕

キーフレーズ

had no effect on	〜は，…に影響を持たなかった	RM2-Step4

例文 SET knockdown **had no effect on** the mobilization of intracellular calcium by the P2-purinergic receptor, ionomycin, or a direct activator of phospholipase C, indicating a specific regulation of M3 muscarinic receptor signaling. (J Biol Chem. 2006 281:40310)

訳 SET ノックダウンは，〜の動員に影響を持たなかった

we〔我々〕

キーフレーズ

we did not	我々は，〜しなかった	RM2-Step4
we did not observe	我々は，〜を観察しなかった	RM2-Step4
we did not detect	我々は，〜を検出しなかった	RM2-Step4

例文 **We did not observe** any significant activation in the primary auditory cortex. (J Neurosci. 2011 31:164)

訳 我々は，どのような有意な活性化も観察しなかった

none〔どれも〜でない〕

キーフレーズ

none of	…のどれも〜でない	RM2-Step4

例文 Herpes simplex virus (type 1) accounted for 33 isolates, **none of** which were associated with respiratory disease. (Transplantation. 1999 68:981)

訳 それらのどれも呼吸器疾患と関連していなかった

副詞

not〔〜でない〕

キーフレーズ

we did not	我々は，〜しなかった	RM2-Step4

156　生命科学論文を書きはじめる人のための英語鉄板ワード＆フレーズ

_____ effect / we / none / not / significantly

we did not detect	我々は，〜を検出しなかった	RM2-Step4
we did not observe	我々は，〜を観察しなかった	RM2-Step4
did not show	〜は，…を示さなかった	RM2-Step4
did not affect	〜は，…に影響しなかった	RM2-Step4
did not alter	〜は，…を変えなかった	RM2-Step4
did not change	〜は，変化しなかった	RM2-Step4
but did not	しかし，〜しなかった	RM2-Step4
was not significantly	〜は，有意に…ではなかった	RM2-Step4
not significantly different	有意に異ならない	RM2-Step4
not significant	有意ではなかった	RM2-Step4
was not affected	〜は，影響されなかった	RM2-Step4
not affected by	〜に影響されない	RM2-Step4
was not observed	〜は，観察されなかった	RM2-Step4
not detected in	〜において観察されなかった	RM2-Step4
but not in	しかし，〜においてではなく	RM2-Step4

例文 **We did not detect** any differences in the capacity of i1 and i2 forms of VacA to cause vacuolation of RK13 cells. (Infect Immun. 2012 80:2578)

訳 我々は，〜のどのような違いも検出しなかった

significantly 〔有意に〕

キーフレーズ

was not significantly	〜は，有意に…でなかった	RM2-Step4
not significantly different	有意には異ならない	RM2-Step4

例文 MBG **was not significantly different** between HGI groups. (Anal Biochem. 2013 442:205)

訳 MBG は，HGI 群の間で有意には異ならなかった

B-3 変化なしの結果を述べるときのキーワード

however〔しかし〕

- 問題提起する際にも使われる（**D-5**参照）.
- 結果の解釈を対比的に述べるときにも使われる（**C-1**参照）.

キーフレーズ		
however, we	しかし，我々は	RM2-Step4

例文 **However, we** did not detect significant differences in total ATP, a phenotype that could be explained by our finding of a higher mitochondrial density in Indy mutants. (Proc Natl Acad Sci USA. 2009 106:2277)

訳 しかし，我々は有意な違いを検出しなかった

there〔～がある〕

キーフレーズ		
there was/were no 名	～はなかった	RM2-Step4
there was no 形 difference	～な違いはなかった	RM2-Step4
there was no significant	有意な～はなかった	RM2-Step4

例文 **There was no** change in the expression of 20S-β3 and -β5i subunits in any of the disease states. (Brain Res. 2010 1326:174)

訳 ～の発現に変化はなかった

接続詞

but〔しかし〕

- 文頭では使わない.
- not only ... but also の形でも使われる（**C-4**参照）.

キーフレーズ		
but not in	しかし，～においてではなく	RM2-Step4
but did not	しかし，～しなかった	RM2-Step4
but had	しかし，～を持った	RM2-Step4
例 but had no effect on（しかし，～に対する影響を持たなかった）		
but no 名	しかし，～はない	RM2-Step4

生命科学論文を書きはじめる人のための英語鉄板ワード＆フレーズ

however / there / but

例文 p53 suppressed tumorigenesis by inhibiting cell cycle progression, <u>**but did not**</u> induce apoptosis. (Oncogene. 2015 34:589)

訳 しかし，アポトーシスを誘導しなかった

B-4 結果を比較するときのキーワード

（RM2-Step3: 結果の比較）

キーワード	
動詞	correlated（相関した），associated（関連した），compared（比較して）
形容詞	higher（より高い），lower（より低い），greater（より大きな），larger（より大きな），fewer（より少ない），similar（類似の），comparable（匹敵する）
名詞	correlation（相関），control（コントロール），results（結果），levels（レベル）
副詞	significantly（有意に），more（より多く），less（より低く），most（最も），strongly（強く）
接続詞	than（～より）

- 研究で使われるロジックは，比較して**統計学的に有意な差**を調べることによって成り立つことが一般的である．
- 比較級の形容詞としては，higher，lower，greater，larger，fewerがよく使われる．
- 比較を意味する副詞としては，more，less，mostがよく使われる．
- 比較級と組み合わせる接続詞（than）もよく使われる．
- 関連性を意味する動詞としては，correlated，associatedがよく使われる．
- 関連性を意味する名詞としては，correlationがよく使われる．
- 比較対象を意味する名詞としては，controlがよく使われる．
- 文頭で「In agreement with」や「Consistent with」などを用いて，先行研究などと比較し，**一致**を指摘しながら（**C-2**参照），結果を示すこともある．

160　生命科学論文を書きはじめる人のための英語鉄板ワード＆フレーズ

B-4 結果を比較するときのキーワード — correlated / associated

correlated 〔相関した〕

- 他動詞場合は，was/were correlated with の形で使われることが多い．一方，自動詞の場合は，be動詞のない correlated with の形で使われる．どちらでも，意味はほとんど変わらない．

キーフレーズ

correlated with	〜と相関した	RM2-Step3

例文 Ka/Ks values were positively **correlated with** TSG scores, but negatively correlated with oncogene scores, suggesting opposing selection pressures operating on the two groups of cancer-related genes. (J Mol Evol. 2015 80:37)

訳 Ka/Ks 値は，TSG スコアと正に相関していた

associated 〔関連した〕

キーフレーズ

was/were associated with	〜は，…と関連していた	RM2-Step3
genes associated with	〜と関連する遺伝子	RM2-Step3

例文 This dysregulation **was associated with** increased expression of microRNA-155 (miR-155), which potentiates Toll-like receptor (TLR) signaling by negatively regulating Ship1 and Socs1. (FASEB J. 2014 28:5322)

訳 この調節不全は，〜の発現の増大と関連していた

その他のフレーズ

associated with increased 名	増大した〜と関連した
例 associated with increased risk of（〜の増大したリスクと関連した）	
associated with reduced 名	低下した〜と関連した
例 associated with reduced levels of（低下したレベルの〜と関連した）	
associated with changes in	〜の変化と関連した
significantly associated with	〜と有意に関連した
strongly associated with	〜と強力に関連した

第二部：本編　B 実験結果を述べる表現

B-4 結果を比較するときのキーワード

compared〔比較して〕

compared to と compared with は，現在では，ほぼ同じ意味で使われる．

キーフレーズ

compared to	～と比較して	RM2-Step3
compared with	～と比較して	RM2-Step3
as compared to	～と比較して	RM2-Step3
as compared with	～と比較して	RM2-Step3
when compared to	～と比較すると	RM2-Step3
when compared with	～と比較すると	RM2-Step3
compared to control 名	対照群～と比較して	RM2-Step3
例 compared to control cells（対照群細胞と比較して）		
compared to WT	野生型と比較して	RM2-Step3
compared to wild-type	野生型と比較して	RM2-Step3
compared with control 名	対照群～と比較して	RM2-Step3
例 compared with control mice（対照群マウスと比較して）		
compared with WT	野生型と比較して	RM2-Step3
compared with those	それらと比較して	RM2-Step3

例文 This genotype displayed heightened granuloma numbers **compared with wild-type mice**, but without increased parasite expulsion. (J Immunol. 2014 193:2984)

訳 この遺伝子型は，野生型のマウスと比較して，増大した肉芽腫の数を示した

形容詞

higher〔より高い〕

キーフレーズ

was significantly higher	～は，有意により高かった	RM2-Step3
was higher	～は，より高かった	RM2-Step3
higher in	～おいて，より高い	RM2-Step3

生命科学論文を書きはじめる人のための英語鉄板ワード＆フレーズ

—— compared / higher / lower

was 副 higher in	〜は，…において…より高かった	RM2-Step3
significantly higher in	〜において有意により高い	RM2-Step3
higher than	〜より高い	RM2-Step3
higher levels of	より高いレベルの〜	RM2-Step3
a higher 名 of	より高い〜の…	RM2-Step3
例 a higher concentration of（より高い濃度の〜）		
higher 名 in	〜においてより高い…	RM2-Step3
例 at higher levels in（〜においてより高いレベルで）		
数-fold higher	〜倍高い	RM2-Step3

例文 The cathepsin C activity in neutrophils from OLFM4$^{-/-}$ mice **was significantly higher than** that in neutrophils from wild-type littermate mice. (J Immunol. 2012 189:2460)

> 訳 OLFM4$^{-/-}$マウスからの好中球におけるカテプシン C 活性は，野生型の同腹仔マウスからの好中球におけるにおけるそれより有意に高かった

lower〔より低い〕

キーフレーズ

was lower	〜は，より低かった	RM2-Step3
was 副 lower	〜は，…に，より低かった	RM2-Step3
significantly lower	有意により低い	RM2-Step3
lower in	〜においてより低い	RM2-Step3
lower than	〜より低い	RM2-Step3
lower levels of	より低いレベルの〜	RM2-Step3

例文 Macrophages from CEH transgenic mice expressed **significantly lower levels of** proinflammatory cytokines (interleukin-1beta and interleukin-6) and chemokine (MCP-1; monocyte chemoattractant protein). (J Biol Chem. 2010 285:13630)

> 訳 CEH トランスジェニックマウスからのマクロファージは，有意に低いレベルの炎症誘発性サイトカインを発現した

第二部：本編

B 実験結果を述べる表現

163

B-4 結果を比較するときのキーワード

greater〔より大きな〕

キーフレーズ		
was 副 greater	〜は，…より大きかった	RM2-Step3
significantly greater	有意により大きい	RM2-Step3
greater 名 of	より大きな〜の…	RM2-Step3
例 greater abundance of（より大きな量の〜）		

例文 The activity of the p150 leader **was much greater** than that of the YAP1 leader. (Proc Natl Acad Sci USA. 2001 98:1531)
訳 p150 リーダーの活性は，YAP1 リーダーのそれよりもずっと大きかった

larger〔より大きな〕

例文 Microcolony diameter of the Erdman strain was significantly **larger** than that of the other virulent strains, indicating that virulent strains can have distinguishing phenotypes in this assay. (Infect Immun. 1998 66:5132)
訳 Erdman 株のマイクロコロニーの直径は，他の病原性株のそれよりも有意に大きかった

fewer〔より少ない〕

例文 Indeed, GIRK2 KO SCN slices had significantly **fewer** silent cells in response to NPY, likely contributing to the absence of NPY-induced phase advances of PER2::LUC rhythms in organotypic SCN cultures from GIRK2 KO mice. (J Physiol. 2014 592:5079)
訳 GIRK2 ノックアウト視交叉上核切片は，有意により少ないサイレント細胞を持っていた

similar〔類似の〕

キーフレーズ		
similar to that	それに類似した	RM2-Step3
例 similar to that of（〜のそれに類似した） similar to that observed（観察されたそれに類似した）		

164　生命科学論文を書きはじめる人のための英語鉄板ワード＆フレーズ

greater / larger / fewer / similar / comparable / correlation / control

was similar to 名	〜は，…に類似していた	RM2-Step3
similar in	〜において類似した	RM2-Step3
similar results were	類似の結果は，〜であった	RM2-Step3
showed similar	類似の〜を示した	RM2-Step3

例文 Moreover, the pattern of reporter gene expression **was similar to that observed** in mice in which LacZ was knocked into the endogenous Robo4 locus. (Circ Res. 2007 100:1712)

訳 レポーター遺伝子発現のパターンは，〜において観察されたそれと類似していた

comparable 〔匹敵する〕

キーフレーズ

comparable to 名	〜に匹敵する	RM2-Step3
were comparable	〜は，匹敵した	RM2-Step3

例文 We found that bone properties in these mice **were comparable to** bone properties in mice with inherited mutations. (Nat Med. 2011 17:684)

訳 これらのマウスの骨の性質は，遺伝性の変異を持つマウスの骨の性質に匹敵した

名詞

correlation 〔相関〕

キーフレーズ

correlation between	〜の間の相関	RM2-Step3

例文 We found a strong positive **correlation between** the neural patterns and the underlying low-level image properties. (J Neurosci. 2014 34:8837)

訳 我々は，〜の間に強力な正の相関を見つけた

control 〔対照群／コントロール〕

● 形容詞的に使われることも多い.

第二部・本編　B　実験結果を述べる表現

B-4 結果を比較するときのキーワード		

キーフレーズ

compared with control 名	対照群〜と比較して	RM2-Step3
例 compared with control cells（対照群細胞と比較して）		
compared to control 名	対照群〜と比較して	RM2-Step3
例 compared to control mice（対照群マウスと比較して）		
than in control 名	対照群〜においてより	RM2-Step3
in control cells	対照群細胞において	RM2-Step3
control mice	対照群マウス	RM2-Step3

例文 Dysferlin-deficient monocytes showed increased phagocytic activity **compared with control cells**. (Am J Pathol. 2008 172:774)

訳 スフェリンを欠損した単球は，コントロール細胞と比較して，増大した貪食活性を示した

results〔結果〕

キーフレーズ

similar results were	類似の結果が，〜であった	RM2-Step3
例 Similar results were obtained（類似の結果が得られた）		

例文 **Similar results were obtained** in chimeric mice deficient in leukocyte TNF. (J Exp Med. 2014 211:1307)

訳 類似の結果が，〜において得られた

levels〔レベル〕

キーフレーズ

higher levels of	より高いレベルの〜	RM2-Step3
lower levels of	より低いレベルの〜	RM2-Step3
cells expressed 形 levels of	細胞は，〜なレベルの…を発現した	RM2-Step1/3
例 cells expressed higher levels of（細胞は，より高いレベルの〜を発現した）		
the levels of	〜のレベル	RM2-Step2/3
例 correlated with the levels of（〜のレベルと相関した）		

例文 T-CD4 T **cells expressed higher levels of** GFP than E-CD4 T cells, suggesting that T-CD4 T cells received stronger TCR signaling than E-CD4 T cells during selection. (Proc Natl Acad Sci USA. 2012 109:16264)
訳 T-CD4 T 細胞は，E-CD4 T 細胞より高いレベルの GFP を発現した

副詞

significantly 〔有意に〕

キーフレーズ

was significantly higher	〜は，有意により高かった	RM2-Step3
significantly higher in	〜において有意により高い	RM2-Step3
significantly lower	有意により低い	RM2-Step3
significantly greater	有意により大きな	RM2-Step3
were significantly more	〜は，有意により…であった	RM2-Step3
significantly less	有意により〜でない	RM2-Step3

例文 The editing rate **was significantly higher in** tumors than adjacent normal tissues. (Genomics. 2015 105:76)
訳 編集率は，隣接正常組織より腫瘍において有意に高かった

more 〔より多く〕

キーフレーズ

were significantly more	〜は，有意により多く…だった	RM2-Step3
was/were more	〜は，より多く…だった	RM2-Step3
more than	〜よりもっと多く	RM2-Step3

例文 C4B deficiency **was more** frequent in seropositive RA patients than in seronegative RA patients (44% versus 31%). (Arthritis Rheum. 2012 64:1338)
訳 C4B 欠損は，血清陽性の関節リウマチ患者において，より高頻度であった

B-4	結果を比較するときのキーワード

less〔より低く〕

キーフレーズ		
were less	～は，より低く…だった	RM2-Step3
significantly less	有意により低く～	RM2-Step3

例文 Furthermore, the mutant **was significantly less** virulent than its parent when tested in vivo, which supports the hypothesis that attachment and motility are central to the colonization process. (Mol Microbiol. 2014 93:199)

訳 変異体は，～より有意に低い病原性があった

most〔最も〕

● 名詞としても使われる（**B-1**参照）.

キーフレーズ		
was most	～は，最も…であった	RM2-Step3

例文 This effect **was most** pronounced at lower inocula and imaging correlated well with qPCR data. (Mol Microbiol. 2011 82:99)

訳 この効果は，より低い接種において最も明白であった

strongly〔強く〕

キーフレーズ		
were strongly	～は，強く…であった	RM2-Step3, RM2-Step2

例 were strongly associated with（～は，…と強く関連していた）
were strongly correlated with（～は，…と強く相関していた）

例文 Leptin concentrations **were strongly correlated with** percentage body fat in both groups (r = 0.83, P < 0.0001). (Am J Clin Nutr. 1998 68:1053)

訳 レプチン濃度は，体脂肪率と強く相関していた

接続詞

than〔～より〕

●「形容詞の比較級＋than」の形で比較を述べるために使われる.

生命科学論文を書きはじめる人のための英語鉄板ワード＆フレーズ

less / most / strongly / than

● 以前の研究と比較するときにも使われる（**C-4**参照）.

キーフレーズ

was **形** than	〜は，…より…であった	RM2-Step3
例 was greater than（〜は，…より大きかった）		
was significantly **形** than	〜は，…より有意に…であった	RM2-Step3
例 was significantly higher than（〜は，…より有意に高かった）		
higher than	〜より高い	RM2-Step3
lower than	〜より低い	RM2-Step3
more **形** than	〜より多く…	RM2-Step3
例 more potent than（〜より強力な）		
more than	〜より多く…	RM2-Step3
than that of	〜のそれより	RM2-Step3
than in control	コントロール〜においてより	RM2-Step3
than in those	それらにおいてより	RM2-Step3
than those	それらより	RM2-Step3
than did	〜したより	RM2-Step3

例文 The modulus of the PCM **was significantly lower than that** of the ECM in human, porcine, and murine articular cartilage, with a ratio of PCM to ECM properties of approximately 0.35 for all species. (Biophys J. 2010 98:2848)

訳 PCM の係数は，ECM のそれより有意に低かった

第二部：本編

B 実験結果を述べる表現

B-5 結果を追加するときのキーワード

（**RM2-Step5: 結果の追加対比**，DM2-Step2: 個々の結果）

キーワード	
名詞	addition（追加）
副詞	furthermore（さらに），moreover（さらに），also（また）

- 複数の結果を提示するためには，**追加表現**が重要である．

- **追加**を意味する**副詞**としては，furthermore，moreoverがよく使われる．

- **追加**を意味する**名詞**（addition）は，副詞句でよく使われる．

B-5 結果を追加するときのキーワード — addition / furthermore / moreover / also

addition〔追加〕

キーフレーズ

in addition,	加えて,	RM2-Step5, DM2-Step2
in addition to 名	〜に加えて	DM2-Step2

例文 **In addition,** we observed that the proximal promoter of the Numb gene had functional Tcf binding elements to which β-catenin was recruited in a manner enhanced by both nandrolone and Wnt3a. (J Biol Chem. 2013 288:17990)

訳 加えて，我々は〜ということを観察した

furthermore〔さらに〕

- 文頭で使われることが非常に多い．

例文 **Furthermore,** we found that at least 0.64% of mutations were beneficial and probably fixed due to positive selection. (Genetics. 2014 197:981)

訳 さらに，我々は〜ということを見つけた

moreover〔さらに〕

- 文頭で使われることが非常に多い．

例文 **Moreover,** we observed that tissue expression of Egr-1 was elevated in patients with scleroderma, which suggests that Egr-1 may be involved in tissue repair and fibrosis. (Am J Pathol. 2009 175:1041)

訳 さらに，我々は〜ということを観察した

also〔また〕

キーフレーズ

we also observed	我々は，また，〜を観察した	RM2-Step5
we also found	我々は，また，〜を見つけた	RM2-Step5

B-5 結果を追加するときのキーワード

we also detected	我々は，また，〜を観察した	RM2-Step5
also showed	〜は，また，…を示した	RM2-Step5
also resulted in	〜は，また，…という結果になった	RM2-Step5
also increased	また，増大した／また，…を増大させた	RM2-Step5
also reduced	また，低下した／また，…を低下させた	RM2-Step5
was/were also	〜は，また，…であった	RM2-Step5
was also observed	〜は，また，観察された	RM2-Step5
also significantly	また，有意に〜な	RM2-Step5

 We also observed that ER-alpha was up-regulated after SCI. (Brain Res. 2014 1561:11)

訳 我々は，また，〜ということを観察した

C

解釈／まとめ／概略を述べる表現

C-1 解釈を述べるときのキーワード
C-2 一致を述べるときのキーワード
C-3 可能性を述べるときのキーワード
C-4 まとめ／結論を述べるときのキーワード
C-5 本研究の概略を紹介するときのキーワード

解釈／まとめ／概略を述べる表現

　論文では，事実と意見（解釈）を分けて書くことが重要である．Resultsでは，RM2で提示する結果（B-1, B-2, B-3, B-4, B-5）すなわち事実の後に，RM3で解釈（C-1, C-2, C-3）やまとめ（C-4）を述べる．ここでは，主にResultsで示した結果に基づいて，意見（解釈）を述べるための表現をまとめる．ただし，Resultsだけでなく，Discussionでも同様の表現が使われることが多い．さらに，本研究の概略（C-5）は，Introduction（IM3）やDiscussion（DM1）で示される．このような意見（解釈）を述べる表現には決まったパターンが多いので，論文で積極的に活用すると分かりやすさが増すだろう．

　Discussion（DM2）では，必要に応じて背景情報や結果の再提示を行った後に，個々の実験の考察として様々な解釈（C-1, C-2, C-3）や可能性（C-3）を示し，さらに将来の課題（D-6）について述べることが多い．

C-1 解釈を述べるときのキーワード

（RM3-Step1: 結果の解釈, DM2-Step3: 個々の解釈, DM3-Step1: 本研究のまとめ,
IM3-Step2: 本研究のまとめと展望）

キーワード

動詞	suggest（示唆する）, suggested（示唆した）, indicate（示す）, indicated（示した）, show（示す）, showed（示した）, demonstrate（実証する）, reveal（明らかにする）, confirm（確認する）, establish（確立する）, provide（提供する／与える）, raise（提起する）, act（働く）, required（必要とされる）, suggesting（示唆している）, indicating（示している）, confirming（確信させる）
形容詞	due（せいで／原因で）, necessary（必要な）, sufficient（十分な）, critical（決定的な）, dependent（依存している）, independent（依存していない）, potential（潜在的な）
名詞／関係代名詞	results / result（結果）, data（データ）, findings（知見）, observations（観察）, studies（研究）, evidence（証拠）, fact（事実）, consequence（結果）, role（役割）, mechanism（機構）, absence（非存在）, case（場合／ケース）, which（このことは〜）
副詞	strongly（強く）, not（〜でない）, however（しかし）, nevertheless（にもかかわらず）, rather（〜よりむしろ）, further（さらに）, independently（独立して）
接続詞	although（〜だけれども）

- 解釈を述べるための**動詞**としては，suggest，indicate，demonstrate などがよく用いられる．**現在形**が使われることが多い．

- 解釈を述べるための文の**主語**となる**名詞**としては，results，data，findings，observations などが用いられることが多い．

- 解釈を述べる文の**目的語**としては，that 節が非常に多い．

- ここで示す**解釈**とは，Results（RM2）で提示した**実験結果**が，何を意味するのかの解釈のことで，RM3 で述べることが多い．

第二部：本編

C 解釈／まとめ／概略を述べる表現

C-1 解釈を述べるときのキーワード

- Discussion でも Results と同様に，実験結果を振り返って議論の中で**解釈**する．つまり，**DM2-Step2:個々の結果**で結果を提示し，引き続いて**DM2-Step3:個々の解釈**で**解釈**を述べるという形である．

- Introduction（**IM3-Step2:本研究のまとめと展望**）でも，**解釈**が述べられることがある．

- Results（RM3-Step1）では these を使い，Discussion（DM2-Step3, DM3-Step1）では our を使うことが多い．these results は直前に提示した結果を意味するのに対し，our results は本論文中で提示した様々な結果を意味するからであろう．

- Results（RM3）では，**文末の分詞構文**を使って**解釈**が述べられることが非常に多い．「, suggesting」「, indicating」「, confirming」などで始まる分詞構文である．文の前半に示した実験**結果**を受けての**解釈**となる．

- 「, suggesting that」は，「These results suggest that」などとほぼ同じ意味である．ただし，「, suggesting that」が文の前半部分で示した結果のみを受けるのに対して，「These results suggest that」は，直前の複数の文を受けることができるという違いがある．

- 「, which suggested that」は，「, suggesting that」とほぼ同じ意味である．which は，文の前半の内容を受ける．which の後の suggest は，**過去形**で使われることが多い．

- **原因**や**必要性**を述べるための**形容詞**としては，due, necessary, sufficient, critical がある．

- **依存性**を述べるための**形容詞**としては，dependent, independent がある．**副詞**としては，independently がある．

- **否定的な**解釈を述べるための**副詞**としては，not, however, nevertheless, rather がよく使われる．**接続詞**としては，although が使われる．

- (taken) together, collectively などの副詞を**文頭**に付けると，**まとめとしての解釈**を述べる表現になる（**C-4**参照）．

生命科学論文を書きはじめる人のための英語鉄板ワード＆フレーズ

― suggest

動詞

suggest〔示唆する〕

● 解釈・結論を述べるときは，現在形が使われることが多い．

キーフレーズ

suggest that	…は，〜ということを示唆する	RM3-Step1, DM2-Step3, DM3-Step1
these results suggest that	これらの結果は，〜ということを示唆する	RM3-Step1
these data suggest that	これらのデータは，〜ということを示唆する	RM3-Step1
these findings suggest that	これらの知見は，〜ということを示唆する	RM3-Step1
these observations suggest that	これらの観察は，〜ということを示唆する	RM3-Step1
this suggests that	これは，〜ということを示唆する	RM3-Step1
this 名 suggests that	この…は，〜ということを示唆する	RM3-Step1
this result suggests	この結果は，〜を示唆する	RM3-Step1
our 名 suggest that	我々の…は，〜ということを示唆する	DM2-Step3, RM3-Step1, DM3- Step1
our data suggest that	我々のデータは，〜ということを示唆する	DM2-Step3
our results suggest that	我々の結果は，〜ということを示唆する	DM2-Step3
our findings suggest that	我々の知見は，〜ということを示唆する	DM3-Step1
we suggest that	我々は，〜ということを示唆する	DM3-Step1
, which suggests that	このことは，〜ということを示唆する	RM3-Step1

例文 **These results suggest that** the age-associated decline in axonal regeneration results from diminished Schwann cell plasticity, leading to slower myelin clearance. (Brain Res. 2014 1561:11)

第二部：本編

C 解釈／まとめ／概略を述べる表現

C-1 解釈を述べるときのキーワード

訳 これらの結果は，～ということを示唆する

suggested〔示唆した〕

- 過去形のsuggestedは，**which**の後で使われることが多い．
- 先行研究を紹介するときには，現在完了形が使われる（**D-4**参照）．

キーフレーズ		
suggested that	…は，～ということを示唆した	RM3-Step1
, which suggested that	このことは，～ということを示唆した	RM3-Step1
these **名** suggested that	これらの…は，～ということを示唆した	RM3-Step1
these data suggested that	これらのデータは，～ということを示唆した	RM3-Step1
these results suggested that	これらの結果は，～ということを示唆した	RM3-Step1

例文 In tumors from former smokers, genome-doubling occurred within a smoking-signature context before subclonal diversification, **which suggested that** a long period of tumor latency had preceded clinical detection. (Science. 2014 346:251)

訳 このことは，～ということを示唆した

indicate〔示す〕

- 解釈・結論を述べるときは，現在形が使われることが多い．

キーフレーズ		
indicate that	…は，～ということを示す	RM3-Step1
these **名** indicate that	これらの…は，～ということを示す	RM3-Step1
these results indicate that	これらの結果は，～ということを示す	RM3-Step1
these data indicate that	これらのデータは，～ということを示す	RM3-Step1
these findings indicate that	これらの知見は，～ということを示す	RM3-Step1

—— suggested / indicate / indicated / show

our 名 indicate that	我々の…は，～ということを示す	RM3-Step1, DM3-Step1, IM3-Step2
our data indicate that	我々のデータは，～ということを示す	RM3-Step1
this indicates that	これは，～ということを示す	RM3-Step1
this result indicates that	この結果は，～ということを示す	RM3-Step1

例文 **These data indicate that** helminth-induced immunomodulation occurs independently of changes in the microbiota but is dependent on Yml. (Science. 2014 345:578)

訳 これらのデータは，～ということを示す

indicated 〔示した〕

キーフレーズ

indicated that	…は，‥～ということを示した	RM3-Step1
these data indicated that	これらのデータは，～ということを示した	RM3-Step1
these results indicated that	これらの結果は，～ということを示した	RM3-Step1
, which indicated that	このことは，～ということを示した	RM3-Step1

例文 **These data indicated that** LAB has a negative role in LPS-mediated responses. (J Immunol. 2012 188:2733)

訳 これらのデータは，～ということを示した

show 〔示す〕

- results, data が主語の時は，解釈を述べることが多い.
- we主語文の時は，本研究の概略を述べる (**C-5**参照).
- 解釈・結論を述べるときは，現在形が使われることが多い.

キーフレーズ

show that	…は，～ということを示す	RM3-Step1, IM3-Step1, DM1-Step2, DM2-Step2

第二部：本編

C 解釈／まとめ／概略を述べる表現

179

C-1 解釈を述べるときのキーワード

these 名 show that	これらの…は，〜ということを示す	RM3-Step1
these results show that	これらの結果は，〜ということを示す	RM3-Step1
these data show that	これらのデータは，〜ということを示す	RM3-Step1
our 名 show that	我々の…は，〜ということを示す	DM2-Step3
例 our results show that（我々の結果は，〜ということを示す）		

例文 **These results show that** PDZD8 regulates the uncoating of the HIV-1 capsid. (J Virol. 2014 88:4612)

訳 これらの結果は，〜ということを示す

showed〔示した〕

キーフレーズ

data showed	データは，〜を示した	RM3-Step1
these data showed that	これらのデータは，〜ということを示した	RM3-Step1

例文 **These data showed that** pore size was the governing factor in cell viability, independently of the laser irradiation regime. (Biophys J. 2013 105:862)

訳 これらのデータは，〜ということを示した.

demonstrate〔実証する〕

- results, data, findings が主語の時は，解釈を述べることが多い.
- these 〜が主語の時は，直前の結果の解釈を述べることが多い.
- our 〜が主語の時は，まとめとしての本研究の結果の解釈を述べることが多い（C-4参照）.
- we が主語の時は，本研究の概略を述べることが多い（C-5参照）.
- 解釈・結論を述べるときは，現在形が使われることが多い.

キーフレーズ

demonstrate that	…は，〜ということを実証する	RM3-Step1, DM3-Step1, IM3-Step1, DM1-Step2

—— showed / demonstrate / reveal / confirm

these results demonstrate that	これらの結果は，〜ということを実証する	RM3-Step1
these data demonstrate that	これらのデータは，〜ということを実証する	RM3-Step1
these findings demonstrate	これらの知見は，〜を実証する	RM3-Step1
our 名 demonstrate that	我々の…は，〜ということを実証する	DM3-Step1
例 our data demonstrate that （我々のデータは，〜ということを実証する）		
our results demonstrate	我々の結果は，〜を実証する	IM3-Step2

例文 **These results demonstrate that** a novel Nrf2-miR-29-Dsc2 axis controls desmosome function and cutaneous homeostasis. (Nat Commun. 2014 5:5099)

訳 これらの結果は，〜ということを実証する

reveal 〔明らかにする〕

● 解釈・結論を述べるときは，現在形が使われることが多い．

キーフレーズ

reveal that	…は，〜ということを明らかにする	RM3-Step1
these 名 reveal that	これらの…は，〜ということを明らかにする	RM3-Step1
these data reveal that	これらのデータは，〜ということを明らかにする	RM3-Step1

例文 **These data reveal that** NK cells are crucial for antifungal defense and indicate a role for IL-17 family cytokines in NK cell development. (Immunity. 2014 40:117)

訳 これらのデータは，〜ということを明らかにする

confirm 〔確認する〕

● 解釈・結論を述べるときは，現在形が使われることが多い．
● to不定詞句の用例も多い（**A-2**参照）．

キーフレーズ

confirm that	…は，〜ということを確認する	RM3-Step1, RM1-Step3

第二部：本編

C 解釈／まとめ／概略を述べる表現

these data confirm that	これらのデータは，〜ということを確認する	RM3-Step1
these results confirm	これらの結果は，〜を確認する	RM3-Step1

例文 **These data confirm that** TBSS is a sensitive tool for detecting global group-wise differences in FA in this population. (PLoS One. 2013 8:e67706)

訳 これらのデータは，〜ということを確認する

establish 〔確立する〕

● 解釈・結論を述べるときは，現在形が使われることが多い．

● to不定詞句の用例も多い（**A-2**参照）．

キーフレーズ

establish that	…は，〜ということを確立する	RM3-Step1

例文 These findings **establish that** UVB damage is detected by TLR3 and that self-RNA is a damage-associated molecular pattern that serves as an endogenous signal of solar injury. (Nat Med. 2012 18:1286)

訳 これらの知見は，〜ということを確立する

provide 〔提供する／与える〕

● Results（RM3-Step1）では，**結果の解釈**を述べるために使われる．

● Introduction（IM3-Step1）では，**本研究の概略**を述べるために使われる（**C-5**参照）．

● Discussion（DM3-Step2）では，**将来展望**を述べるために使われることが多い（**D-7** 参照）．

● 解釈・結論を述べるときは，現在形が使われることが多い．

キーフレーズ

these data provide	これらのデータは，〜を提供する	RM3-Step1
these **名** provide evidence that	これらの…は，〜という証拠を提供する	RM3-Step1
例 these studies provide evidence that （これらの結果は，〜という証拠を提供する）		
findings provide	知見は，〜を提供する	DM3-Step2

例文 **These results provide evidence that** hERG1 expression is sufficient to induce cellular transformation by a mechanism distinct from hEAG1. (Mol

182　生命科学論文を書きはじめる人のための英語鉄板ワード＆フレーズ

Pharmacol. 2014 86:211)

訳 これらの結果は，〜という証拠を提供する

raise 〔提起する〕

- 「高める」の意味でも使われる．
- **raise the possibility that** (〜は，…という可能性を提起する) とは，「…という可能性を示唆する」とほぼ同じ意味である．すなわち，本研究の結果から導かれる解釈を示している．

キーフレーズ		
raise the **名** that	〜は，…という‥を提起する	DM3-Step1
例 raise the possibility that （〜は，…という可能性を提起する）		

例文 Taken together, our results **raise the possibility that** CTLA4 targeting on melanoma cells may contribute to the clinical immunobiology of anti-CTLA4 responses. (Cancer Res. 2018 78:436)

訳 我々の結果は，〜という可能性を提起する

act 〔働く〕

act as の形で使われることも多い（**D-2**参照）．

キーフレーズ		
act in	〜は，…で働く	RM3-Step1

例文 These results suggest that D57N Rac2 may **act in** a dominant negative fashion in cells by sequestering endogenous guanine nucleotide exchange factors. (J Biol Chem. 2001 276:15929)

訳 D57N Rac2 は，ドミナントネガティブ様式で働くかもしれない

required 〔必要とされる〕

- 課題を述べるときにも使われる (**D-6**参照).

キーフレーズ		
is required for	…は，〜のために必要とされる	RM3-Step1, RM1-Step2
is required to **動**	…は，〜するために必要とされる	RM3-Step1

not required	必要とされない	RM3-Step1

例文 Together these data demonstrate that Hectd1 **is required for** development of multiple cell types within the junctional zone of the placenta. (Dev Biol. 2014 392:368)

訳 Hectd1 は，〜の発生のために必要とされる

suggesting 〔示唆している〕

キーフレーズ

, suggesting that	（このことは）〜ということを示唆している	RM3-Step1
, suggesting the **名** of	（このことは）〜の…を示唆している	RM3-Step1
例 , suggesting the existence of 〔（このことは）〜の存在を示唆している〕		
, suggesting a potential **名**	（このことは）潜在的な〜を示唆している	RM3-Step1
例 , suggesting a potential role 〔（このことは）潜在的な役割を示唆している〕		
, further suggesting	さらに，（このことは）〜を示唆している	RM3-Step1
, thus suggesting	それゆえ，（このことは）〜を示唆している	RM3-Step1/3

例文 The C5$^{-/-}$ mice displayed significantly reduced lumenal inflammatory infiltration and cytokine production in oviduct tissue**, suggesting that** C5 may contribute to chlamydial induction of hydrosalpinx by enhancing inflammatory responses. (Infect Immun. 2014 82:3154)

訳 このことは，〜ということを示唆している

indicating 〔示している〕

キーフレーズ

, indicating that	（このことは）〜ということを示している	RM3-Step1
, thus indicating that	それゆえ，（このことは）〜を示している	RM3-Step1/3

例文 Vaccination did not increase T cell responses to rhBZLF-1, an immediate early lytic phase antigen of rhLCV**, thus indicating that** increases of rhEBNA-1-specific responses were a direct result of vaccination. (J Virol.

—— suggesting / indicating / confirming / due / necessary

2014 88:4721)

訳 従って，このことは，〜ということを示している

confirming 〔確信させる〕

キーフレーズ		
, confirming that	（このことは）〜ということを確信させる	RM3-Step1

例文 The mixed disulfide conjugates of CPT and NPT showed potent inhibition of platelet aggregation after pretreatment with 1 mM GSH, **confirming that** the AM is responsible for the antiplatelet activity of clopidogrel. (Mol Pharmacol. 2013 83:848)

訳 このことは，〜ということを確信させる

形容詞

due 〔せいで／原因で〕

キーフレーズ		
is not due to **名**	〜は，…のせいではない	RM3-Step1

例文 These results suggest that the α effect **is not due to** an intrinsic property of the anion but instead due to a solvent effect. (J Am Chem Soc. 2009 131:8227)

訳 アルファ効果は，〜の内因性の性質のせいではない

necessary 〔必要な〕

キーフレーズ		
not necessary	必要ではない	RM3-Step1

例文 Thus, the N-terminal region is **not necessary** for fibril formation but modulates the pH dependence of PAPf39 fibril formation. (Biochemistry. 2012 51:10127)

訳 N 末端領域は，原線維形成に必要ではない

第二部：本編

C 解釈／まとめ／概略を述べる表現

sufficient 〔十分な〕

キーフレーズ

is sufficient to 動	～は，…するのに十分である	RM3-Step1
例 is sufficient to promote（～は，…を促進するのに十分である）		
sufficient for	～にとって十分な	RM3-Step1
is not sufficient	～は，十分なものではない	RM3-Step1

例文 These data indicate that reduced ATM kinase activity **is sufficient to** cause neurodegeneration in A-T. (Proc Natl Acad Sci USA. 2012 109:E656)

訳 ATM キナーゼ活性の低下は，神経変性を引き起こすのに十分である

critical 〔決定的な〕

● 重要性を強調するためにも使われる（**D-3**参照）.

キーフレーズ

critical for	～にとって決定的な	RM3-Step1
critical role	決定的な役割	RM3-Step1

例文 These results indicate that optimal processing of the E2-p7 junction site is **critical for** efficient HCV production. (J Virol. 2013 87:11255)

訳 E2-p7 接合部位の最適なプロセシングは，～にとって決定的である

dependent 〔依存している〕

キーフレーズ

dependent on	～に依存している	RM3-Step1
is dependent	～は，依存している	RM3-Step1

例文 These data indicate that helminth-induced immunomodulation occurs independently of changes in the microbiota but **is dependent on** Ym1. (Science. 2014 345:578)

訳 ～は，Ym1 に依存している

—— sufficient / critical / dependent / independent / potential / results / result

independent 〔依存していない〕

キーフレーズ		
is independent of	〜は，…に依存していない	RM3-Step1

例文 These data indicate that despite inherent differences in colonization, the influenza A virus exacerbation of experimental middle ear infection **is independent of** the pneumococcal phase. (Infect Immun. 2014 82:4802)

訳 〜は，肺炎球菌相に依存していない

potential 〔潜在的な〕

● 名詞としても使われる (**C-4**参照).

キーフレーズ		
, suggesting a potential **名**	（このことは）潜在的な〜を示唆している	RM3-Step1

例 , suggesting a potential role 〔（このことは）潜在的な役割を示唆している〕

例文 Nuclear export was blocked using leptomycin B**, suggesting a potential role** for p012 as a nuclear/cytoplasmic shuttling protein. (J Virol. 2015 89:1348)

訳 （このことは）〜の潜在的な役割を示唆している

名詞／関係代名詞

results ／ result 〔結果〕

● 直前に示した結果を意味する these results は Results (RM3) で使われ，本研究の結果を意味する our results は Discussion (DM2) などで使われることが多い.

キーフレーズ		
these results indicate that	これらの結果は，〜ということを示す	RM3-Step1
these results suggest that	これらの結果は，〜ということを示唆する	RM3-Step1
these results demonstrate that	これらの結果は，〜ということを実証する	RM3-Step1

第二部：本編

C 解釈／まとめ／概略を述べる表現

C-1　解釈を述べるときのキーワード

these results show that	これらの結果は，〜ということを示す	RM3-Step1
these results indicated that	これらの結果は，〜ということを示した	RM3-Step1
these results suggested that	これらの結果は，〜ということを示唆した	RM3-Step1
these results reveal	これらの結果は，〜を明らかにする	RM3-Step1
this result indicates that	この結果は，〜ということを示す	RM3-Step1
this result suggests	この結果は，〜を示唆する	RM3-Step1
our results suggest that	我々の結果は，〜ということを示唆する	DM2-Step3
our results demonstrate	我々の結果は，〜を実証する	IM3-Step2
our results reveal	我々の結果は，〜を明らかにする	IM3-Step2

例文 **These results indicate that** LIN-42 normally represses pri-let-7 transcription and thus the accumulation of let-7 miRNA. (Dev Biol. 2014 390:126)

訳 これらの結果は，〜ということを示す

data〔データ〕

キーフレーズ

these data suggest that	これらのデータは，〜ということを示唆する	RM3-Step1
these data indicate that	これらのデータは，〜ということを示す	RM3-Step1
these data demonstrate that	これらのデータは，〜ということを実証する	RM3-Step1
these data show that	これらのデータは，〜ということを示す	RM3-Step1
these data confirm that	これらのデータは，〜ということを確信させる	RM3-Step1
these data reveal that	これらのデータは，〜ということを明らかにする	RM3-Step1

—— data / findings

these data suggested that	これらのデータは，〜ということを示唆した	RM3-Step1
these data indicated that	これらのデータは，〜ということを示した	RM3-Step1
these data showed that	これらのデータは，〜ということを示した	RM3-Step1
these data provide	これらのデータは，〜を提供する	RM3-Step1
our data indicate that	我々のデータは，〜ということを示す	RM3-Step1
our data suggest that	我々のデータは，〜ということを示唆する	DM2-Step3

例文 **These data demonstrate that** LSD1 is a key component of the molecular circadian oscillator, which plays a pivotal role in rhythmicity and phase resetting of the circadian clock. (Mol Cell. 2014 53:791)

訳 これらのデータは，〜ということを実証する

findings 〔知見〕

● 複数形で用いることが多い.

キーフレーズ

these findings suggest that	これらの知見は，〜ということを示唆する	RM3-Step1
these findings indicate that	これらの知見は，〜ということを示す	RM3-Step1
these findings demonstrate	これらの知見は，〜を実証する	RM3-Step1
our findings suggest that	我々の知見は，〜ということを示唆する	DM3-Step1
findings provide	知見は，〜を提供する	DM3-Step2

例文 **These findings suggest that** Rad17 plays a critical role in the cellular response to DNA damage via regulation of the MRN/ATM pathway. (EMBO J. 2014 33:862)

訳 これらの知見は，〜ということを示唆する

第二部：本編

C 解釈／まとめ／概略を述べる表現

189

C-1 解釈を述べるときのキーワード

observations 〔観察〕

キーフレーズ		
these observations suggest that	これらの観察は，〜ということを示唆する	RM3-Step1

例文 **These observations suggest that** additional viral factors contribute to virulence. (J Virol. 2014 88:8579)

訳 これらの観察は，〜ということを示唆する

studies 〔研究〕

● 本研究を意味する **our studies** がよく用いられる．

キーフレーズ		
our studies	我々の研究	DM2-Step3, DM3-Step1

例文 **Our studies** suggest that galectin-3 may play an important role in the acute phase of human atopic dermatitis. (Am J Pathol. 2009 174:922)

訳 我々の研究は，〜ということを示唆する

evidence 〔証拠〕

● Results の RM3-Step1 などでは本研究が提示する証拠を意味し，**解釈を述べる**ために使われる．

● Introduction の IM3-Step1 や Discussion の DM1-Step2 では，**we主語**の文で本研究の概略を述べるために使われることが多い（**C-5**参照）．

● Introduction の IM1-Step2 や IM2-Step2 では，先行研究で示された証拠を意味する（**D-5**参照）．

● 後ろに**同格の that 節**を伴うことが多い．

キーフレーズ		
evidence that	〜という証拠	RM3-Step1, DM1-Step2
these **名** provide evidence that	これらの…は，〜という証拠を提供する	RM3-Step1
例 these studies provide evidence that（これらの結果は，〜という証拠を提供する）		
evidence for	〜の証拠	DM2-Step3

生命科学論文を書きはじめる人のための英語鉄板ワード＆フレーズ

—— observations / studies / evidence / fact / consequence / role

例文 **These results provide evidence that** hERG1 expression is sufficient to induce cellular transformation by a mechanism distinct from hEAG1. (Mol Pharmacol. 2014 86:211)

訳 これらの結果は，～という証拠を提供する

---

fact 〔事実〕

● 後ろに**同格の**that**節**を伴うことが多い．

キーフレーズ		
the fact that	～という事実	RM3-Step1/2

例文 We found that place cells representing the shock zone were reactivated, despite **the fact that** the animals did not enter the shock zone. (Nat Neurosci. 2017 20:571)

訳 動物がショックゾーンに入らなかったという事実にもかかわらず

---

consequence 〔結果〕

キーフレーズ		
a consequence of	～の結果	RM3-Step1

例 is a consequence of（…は，～の結果である）
as a consequence of（～の結果として）

例文 This **is a consequence of** the change in the relative rate of charge hopping compared with trapping of the radical cation. (Nucleic Acids Res. 2005 33:5133)

訳 これは，～の相対速度の変化の結果である

---

role 〔役割〕

● 研究対象の役割を見つけたときは，**a role for** を使う．
● 研究対象の役割を調べるときは，**the role of** を使う（**A-2**，**C-5** 参照）．
● **play a/an 形 role in** の形で**重要性を強調する**ために使われることも多い（**D-3**，**C-3** 参照）．

キーフレーズ		
a 形 role for	～の…な役割	RM3-Step1, IM3-Step2

第二部：本編

C 解釈／まとめ／概略を述べる表現

191

例 a potential role for（〜の潜在的な役割）		
a role for 固有名詞 in	〜における…の役割	RM3-Step1

例文 These findings support **a role for DC-HIL in** immune evasion within the melanoma microenvironment. (J Invest Dermatol. 2014 134:2675)

訳 これらの知見は，〜における DC-HIL の役割を支持する

mechanism〔機構〕

● 研究対象が働く仕組みなどを述べるために様々な文脈で使われる．

キーフレーズ

this mechanism	この機構	DM2-Step3
mechanism is	機構は，〜である	DM2-Step3
mechanism for	〜の機構	DM2-Step3/1

例文 **This mechanism is** conserved in mammalian cells and in Drosophila, and requires the orthologous transcription factors Gli2 and Ci, respectively. (Nat Commun. 2012 3:1200)

訳 この機構は，哺乳類細胞で保存されている

例文 Moreover, these findings provide a potential **mechanism for** a hypertensive locus recently identified within arhgap42 and provide a foundation for the future development of innovative hypertension therapies. (Nat Commun. 2013 4:2910)

訳 これらの知見は，〜の潜在的な機構を提供する

absence〔非存在〕

● 反対語である **presence** も，同様によく用いられる．

キーフレーズ

in the absence of	〜の非存在下において	RM3-Step1

例文 These findings indicate that BBB permeability changes can occur **in the absence of** neuropathology provided that cell invasion is restricted. (Proc Natl Acad Sci USA. 2008 105:15511)

—— mechanism / absence / case / which / strongly

> **訳** BBB 透過性の変化は，〜の非存在下において起こりうる

case〔場合／ケース〕

キーフレーズ		
in the case of	〜の場合には	DM2-Step3

例文 **In the case of** HPV31, PKA phosphorylation occurs within the core of the E6 protein and has no effect on PDZ interactions, and this demonstrates a surprising degree of heterogeneity among the different high-risk HPV E6 oncoproteins in how they are regulated by different cellular signaling pathways. (J Virol. 2015 89:1579)

> **訳** HPV31 の場合には，

which〔このことは〜〕

キーフレーズ		
, which suggested that	このことは，〜ということを示唆した	RM3-Step1
, which indicated that	このことは，〜ということを示した	RM3-Step1
, which suggests that	このことは，〜ということを示唆する	RM3-Step1

例文 Mutants defective in the polar flagellum biosynthesis FliAP sigma factor also outcompeted WBWlacZ but not to the same level as the rpoN mutant, **which suggested that** lack of motility is not the sole cause of the fitness effect. (Infect Immun. 2014 82:544)

> **訳** このことは，〜ということを示唆した

副詞

strongly〔強く〕

キーフレーズ		
strongly suggest	〜は，…を強く示唆する	RM3-Step1
results strongly 動	結果は，強く…する	RM3-Step1
data strongly 動	データは，強く…する	RM3-Step1

C-1 解釈を述べるときのキーワード

> **例文** **These results strongly suggest that** females have an increased etiological burden unlinked to rare deleterious variants on the X chromosome. (Am J Hum Genet. 2014 94:415)
>
> **訳** これらの結果は，〜ということを強く示唆する

---

not 〔〜でない〕

キーフレーズ

is not due to 名	〜は，…のせいではない	RM3-Step1
is not sufficient	〜は，十分ではない	RM3-Step1
not necessary for	〜に必要ではない	RM3-Step1
not required	必要とされない	RM3-Step1
is not simply	〜は，単に…ではない	RM3-Step1
not directly	直接〜ではない	RM3-Step1
is not a 名	〜は，…ではない	RM3-Step1
例 is not a consequence of（〜は，…の結果ではない）		
does not affect	〜は，…に影響しない	RM3-Step1

> **例文** Thus, antigen expression **is not sufficient** for cytotoxicity; antibody-induced hyperactivation of ERK and JNK mitogen activated protein kinase signaling pathways are also required. (Blood. 2010 115:5180)
>
> **訳** 抗原の発現は，細胞傷害性にとって十分なものではない

---

however 〔しかし〕

● 問題提起する際にも使われる（**D-5** 参照）.
● 変化の結果を示すときにも使われる（**B-3** 参照）.

キーフレーズ

however, our	しかし，我々の〜は	DM2-Step3
however, we	しかし，我々は	RM2-Step4/5

> **例文** **However, our** data indicate that RT0522 is secreted into the host cytoplasm. (J Bacteriol. 2010 192:3294)
>
> **訳** しかし，我々のデータは〜ということを示している

not / however / nevertheless / rather / further / independently

nevertheless 〔にもかかわらず〕

例文 **Nevertheless**, there is strong evidence that glutamine-induced osmotic swelling, especially in acute liver failure, is a contributing factor: the osmotic gliopathy theory. (Crit Care Med. 2011 39:2550)

訳 にもかかわらず，〜という強力な証拠がある

rather 〔むしろ〕

キーフレーズ		
rather than	〜よりむしろ	RM3-Step1, DM2-Step3

例文 Notably, although both the full-length and cleaved forms of TLR9 are capable of binding ligand, only the processed form recruits MyD88 on activation, indicating that this truncated receptor, **rather than** the full-length form, is functional. (Nature. 2008 456:658)

訳 この切断された受容体は，全長型よりむしろ機能的である

further 〔さらに〕

- to不定詞句の中で使われることが多い (**A-2**参照).
- 形容詞としても使われる (**D-6**参照).

キーフレーズ		
, further suggesting	(このことは) さらに〜を示唆している	RM3-Step1

例文 Moreover, Lis1, unlike dynein and dynactin, was absent from moving dynein cargos, **further suggesting** that Lis1 is not required for dynein-based cargo motility once it has commenced. (J Cell Biol. 2012 197:971)

訳 このことは，さらに〜ということを示唆している

independently 〔独立して〕

キーフレーズ		
independently of	〜とは独立に	RM3-Step1

例文 Finally, we found that reovirus-induced apoptosis occurred in Bax$^{-/-}$Bak$^{-/-}$ MEFs, indicating that reovirus-induced apoptosis occurs **independently of**

第二部：本編

C 解釈／まとめ／概略を述べる表現

the proapoptotic Bcl-2 family members Bax and Bak. (J Virol. 2011 85:296)

訳 レオウイルス誘導性のアポトーシスは，〜とは独立して起こる

接続詞

although〔〜だけれども〕

キーフレーズ

although we	我々は〜であるけれども	DM2-Step3
although it	それは〜であるけれども	DM2-Step3
although our	我々の…は〜であるけれども	DM2-Step3

例文 **Although it** was not possible to distinguish O157:H7 from O55:H7 from these six biomarkers, it was possible to distinguish E. coli O157:H7 from a nonpathogenic E. coli by top-down proteomics of the YahO and YbgS. (Anal Chem. 2010 82:2717)

訳 〜を区別することは可能ではなかったけれども

C-2 一致を述べるときのキーワード

（RM3-Step2: 結果の一致，DM2-Step3: 個々の解釈，RM2-Step3: 結果の比較）

キーワード

動詞	agree （一致する），support （支持する），supported （支持した／支持される），supporting （支持している）
形容詞	consistent （一致している），previous （以前の）
名詞／関係代名詞	results （結果），data （データ），findings （知見），observation （観察），notion （考え），idea （考え），hypothesis （仮説），conclusion （結論），model （モデル），agreement （一致），which （このことは～）

- ここでは，結果や解釈の**一致**について述べるときの表現を示す．

- Results （RM3-Step2）や Discussion （DM2-Step3）では，先行研究や仮説などとの**一致**を述べることがよくある．

- support や are consistent with の後に the **名** that （the notion that など）が続くときは，一致というよりも that 節の中に**解釈**を示していると考えると分かりやすい．

- support や are consistent with の主語としては，results，data，findings がよく使われる．

- Results で結果を提示する際に，文頭で「In agreement with」や「Consistent with」などを用いて，先行研究などと比較して**一致**を提示することがある．

C-2 一致を述べるときのキーワード

動詞

agree〔一致する〕

> **例** agree with（〜は…と一致する）

> **例文** These results **agree with** previous findings that mutations at EXT1 and multiple genetic events that include LOH at other loci may be required for the development of chondrosarcoma. (Am J Hum Genet. 1997 60:80)
>
> **訳** これらの結果は，以前の知見と一致する

support〔支持する〕

- support the 名 that の形で，後に**同格の**that**節**が使われることが多い．
- support the 名 that は，are consistent with the 名 that とほぼ同じ意味になる．
- 解釈・結論を述べるときは，現在形が使われることが多い．

キーフレーズ

these results support	これらの結果は，〜を支持する	RM3-Step2
these data support	これらのデータは，〜を支持する	RM3-Step2
together, these data support	まとめると，これらのデータは，〜を支持する	RM3-Step2
these findings support	これらの知見は，〜を支持する	RM3-Step2
support the conclusion that	…は，〜という結論を支持する	RM3-Step2
support the notion that	…は，〜という考えを支持する	RM3-Step2
these results support the notion that	これらの結果は，〜という考えを支持する	RM3-Step2
support the hypothesis that	…は，〜という仮説を支持する	RM3-Step2
these data support the hypothesis that	これらのデータは，〜という仮説を支持する	RM3-Step2

> **例文** Taken together, **these results support the conclusion that** N-terminal and central domain elements are closely apposed near the FKBP binding site within the RyR1 three-dimensional structure. (J Biol Chem. 2013 288:16073)
>
> **訳** まとめると，これらの結果は〜という結論を支持する

生命科学論文を書きはじめる人のための英語鉄板ワード＆フレーズ

—— agree / support / supported / supporting / consistent

supported 〔支持した／支持される〕

キーフレーズ		
these data supported	これらのデータは，〜を支持した	RM3-Step2
supported by	〜によって支持される	DM2-Step3

例文 This conclusion is **supported by** the observation that the ordering exhibited by the achiral LCs is specific to the enantiomers used to form the dipeptide-based monolayers. (J Am Chem Soc. 2012 134:548)

訳 この結論は，〜という観察によって支持される

supporting 〔支持している〕

例 supporting the hypothesis that 〔（このことは）…という仮説を支持している〕

例文 Measurement of replication fork progression in vivo showed that forks collapse more frequently in DeltarecD2 cells**, supporting the hypothesis that** RecD2 is important for normal replication fork progression. (J Bacteriol. 2014 196:1359)

訳 このことは，〜という仮説を支持している

形容詞

consistent 〔一致して〕

- is/are consistent with の用例が非常に多い.
- is/are consistent with the 名 that の形で，同格のthat節を後ろに伴う用例が多い.
- are consistent with the 名 that は，support the 名 that とほぼ同じ意味になる.

キーフレーズ		
is/are consistent with	…は，〜と一致している	RM3-Step2, DM2-Step3
these results are consistent with	これら結果は，〜と一致している	RM3-Step2
these data are consistent with	これらデータは，〜と一致している	RM3-Step2
these findings are consistent with	これら知見は，〜と一致している	RM3-Step2

第二部：本編

C 解釈／まとめ／概略を述べる表現

C-2　一致を述べるときのキーワード

this result is consistent with	この結果は，～と一致している	RM3-Step2
this observation is consistent with	この観察は，～と一致している	RM3-Step2
this is consistent with	これは，～と一致している	RM3-Step2
, which is consistent with	このことは，～と一致している	RM3-Step2
consistent with the idea that	～という考えと一致して	RM3-Step2
consistent with the 名 that	～という…と一致して	RM3-Step2

例 are consistent with the notion that（…は，～という考えと一致している）
are consistent with the hypothesis that（…は，～という仮説と一致している）
are consistent with the observation that（…は，～という観察と一致している）
are consistent with the possibility that（…は，～という可能性と一致している）
are consistent with the fact that（…は，～という事実と一致している）

consistent with previous	以前の～と一致して	RM2-Step3

例 consistent with previous reports（以前の報告と一致して）
consistent with previous studies（以前の研究と一致して）
consistent with previous observations（以前の観察と一致して）

Consistent with	～と一致して	RM2-Step3, RM3-Step2, DM2-Step3

例文 These results **are consistent with the hypothesis that** vertebrate GlyT1 and GlyT2 are, respectively, derived from GlyT1- and GlyT2-like genes in invertebrate deuterostomes. (J Mol Evol. 2014 78:188)

訳 これらの結果は，～という仮説と一致している

previous〔以前の〕

キーフレーズ

consistent with previous 名	以前の～と一致して	RM2-Step3

例文 **Consistent with previous** reports, we found that memory CD8 T cells declined when transferred into MHC class II-deficient mice. (J Immunol. 2010 185:3436)

訳 以前の報告と一致して，我々は～ということを見つけた

previous / results / result / data / findings

名詞／関係代名詞

results ／ result〔結果〕

キーフレーズ

these results support	これらの結果は，〜を支持する	RM3-Step2
these results support the notion that	これらの結果は，〜という考えを支持する	RM3-Step2
these results are consistent with	これら結果は，〜と一致している	RM3-Step2
this result is consistent with	この結果は，〜と一致している	RM3-Step2

例文 Together, **these results support the notion that** tubulin is a target of ITCs and that ITC-tubulin interaction can lead to downstream growth inhibition. (J Biol Chem. 2008 283:22136)

訳 これらの結果は，〜という考えを支持する

data〔データ〕

キーフレーズ

these data support	これらのデータは，〜を支持する	RM3-Step2
these data support the hypothesis that	これらのデータは，〜という仮説を支持する	RM3-Step2
these data supported	これらのデータは，〜を支持した	RM3-Step2
these data are consistent with	これらデータは，〜と一致している	RM3-Step2

例文 **These data support the hypothesis that** acute muscle loss occurs as a result of an imbalance between drivers of muscle atrophy and hypertrophy. (Crit Care Med. 2013 41:982)

訳 これらのデータは，〜という仮説を支持する

findings〔知見〕

キーフレーズ

these findings support	これらの知見は，〜を支持する	RM3-Step2

第二部：本編

C 解釈／まとめ／概略を述べる表現

C-2　一致を述べるときのキーワード

these findings are consistent with	これら知見は，〜と一致している	RM3-Step2

例文 **These findings are consistent with** the hypothesis that the activation or differentiation state of a monocyte may have a substantial effect on the cell's responsiveness to flagellum stimulation of cytokine synthesis. (Infect Immun. 1999 67:5176)

訳 これらの知見は，〜という仮説と一致している

observation 〔観察〕

キーフレーズ

this observation is consistent with	この観察は，〜と一致している	RM3-Step2

例文 **This observation is consistent with** the fact that the NH2-terminal domain is dispensable for activity. (J Biol Chem. 1996 271:7593)

訳 この観察は，〜という事実と一致している

notion 〔考え〕

● 後ろに**同格の** **that 節**を伴うことが多い.

キーフレーズ

the notion that	〜という考え	RM3-Step2
例 are consistent with the notion that（…は，〜という考えと一致している）		
support the notion that	…は，〜という考えを支持する	RM3-Step2
these results support the notion that	これらの結果は，〜という考えを支持する	RM3-Step2

例文 These data **are consistent with the notion that** increasing electrical excitation of VMN neurons can be a mechanism by which acute E exposure facilitates the lordosis-inducing genomic actions of estrogens. (Brain Res. 2005 1043:124)

訳 これらのデータは，〜という考えと一致している

observation / notion / idea / hypothesis / conclusion

idea 〔考え〕

● 後ろに同格のthat節を伴うことが多い.

キーフレーズ		
the idea that	～という考え	RM3-Step2
例 support the idea that（…は，～という考えを支持する）		
consistent with the idea that	～という考えと一致して	RM3-Step2

例文 This is **consistent with the idea that** G-CSF binding alters the conformation of the receptor, resulting in an increase in receptor-receptor interactions. (Biochemistry. 1996 35:4886)

訳 これは，～という考えと一致している

hypothesis 〔仮説〕

● 後ろに同格のthat節を伴うことが多い.

キーフレーズ		
the hypothesis that	～という仮説	RM3-Step2
例 are consistent with the hypothesis that（…は，～という仮説と一致している）		
support the hypothesis that	…は，～という仮説を支持する	RM3-Step2
these data support the hypothesis that	これらのデータは，～という仮説を支持する	RM3-Step2

例文 These findings **are consistent with the hypothesis that** HGF/SF may play a role in the HRPE mesenchymal transformation that typifies PVR. (Invest Ophthalmol Vis Sci. 2000 41:3085)

訳 これらの知見は，～という仮説と一致している

conclusion 〔結論〕

● 後ろに同格のthat節を伴うことが多い.

キーフレーズ		
support the conclusion that	…は，～という結論を支持する	RM3-Step2

例文 These results **support the conclusion that** histidine 675 is specifically involved in Fe^{2+} coordination. (Biochemistry. 1996 35:3957)

第二部：本編

C 解釈／まとめ／概略を述べる表現

C-2	一致を述べるときのキーワード	model / agreement / which

訳 これらの結果は，〜という結論を支持する

model〔モデル〕

キーフレーズ

a model in which	〜というモデル	RM3-Step2/1

例 consistent with a model in which（〜というモデルと一致して）
support a model in which（…は，〜というモデルを支持する）

例文 These results are **consistent with a model in which** the perimeters of the S105 holes are lined by the holin molecules present at the time of lysis. (J Bacteriol. 2014 196:3683)

訳 これらの結果は，〜というモデルと一致している

agreement〔一致〕

キーフレーズ

in agreement with	〜と一致して	RM2-Step3

例文 **In agreement with** previous reports, we found that certain substitutions abolished the phosphatase activity of EnvZ. (J Bacteriol. 1997 179:3729)

訳 以前の報告と一致して，我々は〜ということを見つけた

which〔このことは〜〕

キーフレーズ

, which is consistent with	このことは，〜と一致している	RM3-Step2

例文 These data suggest that direct inhibition of POMC neurons by Dyn A is mediated through the MOR, not the KOR-2, **which is consistent with previous studies** demonstrating that Dyn A can act at the μ-opioid receptor (MOR) when present in high concentrations. (J Physiol. 2014 592:4247)

訳 このことは，先行研究と一致している

C-3 可能性を述べるときのキーワード

（**DM2-Step3: 個々の解釈，RM3-Step1: 結果の解釈**）

キーワード

助動詞	may（〜するかもしれない），might（〜するかもしれない），could（〜しうる），cannot（〜できない）
動詞	be（〜である），is（〜である） seem（〜のように思われる），appear（〜のように思われる），speculate（推測する），explain（説明する），help（役立つ），reflect（反映する），exclude（除外する），contribute（寄与する）play（果たす）
形容詞	possible（可能な），likely（ありそうな），unlikely（〜しそうにない），surprising（驚くべき），due（せいである）
名詞／関係代名詞	possibility（可能性），explanation（説明），role（役割），which（このことは〜）
副詞	probably（おそらく），alternatively（代わりに），simply（単に）

- Discussion（DM2-Step3）では，考察として様々な**可能性**が論じられる．

- Results（RM3-Step1）では，結果の**解釈**としての**可能性**が示されることがある．

- Discussion（DM2-Step3）では，**可能性**を述べる**助動詞**（may, might, could, cannot），**形容詞**（likely, possible, unlikely），**副詞**（probably），**動詞**（appear, seem, speculate）がよく使われる．

- may や might に続く**動詞**表現としては，contribute to, explain, reflect, provide, be due to などがよく使われる．

- **可能性**を意味する**名詞**としては，possibility, explanation がよく使われる．

- Results（RM1）では，仮説を述べる際に**可能性**を意味する possibility, could, might が使われることがある．

第二部：本編

C 解釈／まとめ／概略を述べる表現

205

C-3 可能性を述べるときのキーワード

助動詞

may 〔～するかもしれない〕

キーフレーズ

may be	～は，…であるかもしれない	DM2-Step3, RM3-Step1, DM3-Step2/1
may be due to 名	～は，…のせいであるかもしれない	DM2-Step3
may explain	～は，…を説明するかもしれない	DM2-Step3
may contribute to 名	～は，…に寄与するかもしれない	DM2-Step3
may play a role in	～は，…において役割を果たすかもしれない	RM3-Step1
it may	それは，～するかもしれない	DM2-Step3
this may	これは，～するかもしれない	DM2-Step3
, which may	それは，～するかもしれない	DM2-Step3
may not	～は，…しないかもしれない	DM2-Step3

例文 These results suggest that CL CD8$^+$ T cells are more cytotoxic and **may be** involved in pathology. (Infect Immun. 2015 83:898)

訳 ～は，…に関与しているかもしれない

might 〔～するかもしれない〕

キーフレーズ

might be	～は，…であるかもしれない	DM2-Step3, RM1-Step2

例文 This **might be** due to sensitization of central neurons so that normally innocuous stimuli activate pain signalling neurons or cortical neurons might increase their receptive fields. (Brain Res. 2000 871:75)

訳 このことは，～のせいであるかもしれない

could 〔～しうる〕

キーフレーズ

could be	～は，…でありうる	DM2-Step3, DM3-Step2, RM1-Step2

206　生命科学論文を書きはじめる人のための英語鉄板ワード＆フレーズ

—— may / might / could / cannot / be

例文 This effect **could be** attributed to a more effective topological reconfiguration of the negatively supercoiled compared with positively supercoiled DNA by MukB. (J Biol Chem. 2013 288:7653)

訳 この効果は，〜のせいでありうる

cannot〔〜できない〕

キーフレーズ		
we cannot exclude	我々は，〜を除外できない	DM2-Step3

例 we cannot exclude the possibility that（我々は，〜という可能性を除外できない）
we cannot rule out the possibility that（我々は，〜という可能性を除外できない）

例文 Based on this clear-cut pharmacology, our data demonstrate that nonsynaptic glutamate release from astrocytes is not necessary for the generation of epileptiform activity in vitro, although **we cannot exclude the possibility that** it may modulate the strength of the ictal (seizure)-like event. (J Neurosci. 2006 26:9312)

訳 我々は〜という可能性を除外できないけれども

動詞

be〔〜である〕

キーフレーズ		
may be	〜は，…であるかもしれない	DM2-Step3, RM3-Step1, DM3-Step1/2
may be due to **名**	〜は，…のせいであるかもしれない	DM2-Step3
might be	〜は，…であるかもしれない	DM2-Step3
could be	〜は，…でありうる	DM2-Step3, DM3-Step2

例文 It **may be** possible to use PTP1B inhibitors to block trypanosomatid transmission. (J Cell Biol. 2006 175:293)

訳 〜を使うことは，可能であるかもしれない

第二部∷本編

C 解釈／まとめ／概略を述べる表現

207

C-3 可能性を述べるときのキーワード

is 〔～である〕

キーフレーズ

it is 形 that	～ということは…である	DM2-Step3, DM3-Step1
例 it is conceivable that（～ということはありそうである）		
it is possible that	～という可能性がある	DM2-Step3
it is likely that	～ということはありそうである	DM2-Step3
is likely to 動	～は，…しそうである	RM3-Step1, DM3-Step2
possibility is that	可能性は，～ということである	DM2-Step3

例文 Thus, **it is possible that** NPY may play a role in the enhanced intake of highly palatable diets by AP/mNTS-lesioned rats. (Brain Res. 1997 755:84)

訳 従って，～という可能性がある

seem 〔～のように思われる〕

例文 It **seems** likely that these bacterial species could serve as biological indicators of a developing overweight condition. (J Dent Res. 2009 88:519)

訳 ～でありそうに思われる

appear 〔～のように思われる〕

キーフレーズ

appear to be	～は，…であるように思われる	DM2-Step3, RM3-Step1
it appears	～のように思われる	DM2-Step3

例文 This altered resistance **appears to be** independent of classical immune pathways and opens new avenues of research on the role of injury during defense against infection. (Infect Immun. 2014 82:4380)

訳 この変化した抵抗性は，～に依存していないように思われる

speculate 〔推測する〕

● 現在形の **speculate** は，Discussion（DM2-Step3）で本研究の結果に基づく推測

208　生命科学論文を書きはじめる人のための英語鉄板ワード＆フレーズ

is / seem / appear / speculate / explain / help / reflect

を述べるときに使われる．過去形の **speculated** は，Results (RM1-Step2) で最初に立てた仮説を述べるために用いられる（**A-1**参照）．

キーフレーズ

we speculate that	我々は，～ということを推測する	DM2-Step3
speculate that	～ということを推測する	DM2-Step3

例 it is tempting to speculate that（～ということを推測することは魅力的である）

例文 **We speculate that** miR-99b-mediated NOX4 downregulation may protect the intestinal epithelium from oxidative stress-induced damage. (J Virol. 2015 89:1168)

訳 我々は，～ということを推測する

---

explain 〔説明する〕

キーフレーズ

may explain	～は，…を説明するかもしれない	DM2-Step3
explain why	～は，なぜ…かを説明する	DM2-Step3

例文 This **may explain why** Th17 cells develop within an ongoing Th2 inflammatory response. (J Immunol. 2012 188:4023)

訳 このことは，なぜ～かを説明するかもしれない

---

help 〔役立つ〕

● help (to) **動** の形で使われことが非常に多い．その際に，to は省略されることの方が多い．

例文 This finding may **help** explain the superior clinical outcome seen in the subset of high-affinity CD16 polymorphism lymphoma patients treated with single-agent rituximab. (Blood. 2011 118:3347)

訳 この知見は，～を説明するのに役立つかもしれない

---

reflect 〔反映する〕

例文 This likely **reflects** the loss of pericytes in the mutant mice. (FASEB J. 2003 17:440)

C-3 可能性を述べるときのキーワード

> **訳** このことは，おそらく〜を反映している

exclude 〔除外する〕

キーフレーズ		
we cannot exclude	我々は，〜を除外できない	DM2-Step3
例 we cannot exclude the possibility that (我々は，〜という可能性を除外できない)		

例文 However, **we cannot exclude the possibility that** some subtle systematic effect may have influenced the analysis, given the low signal-to-noise ratio of our spectrum. (Nature. 2009 460:717)

> **訳** しかし，我々は〜という可能性を除外できない

contribute 〔寄与する〕

キーフレーズ		
contribute to **名**	〜は，…に寄与する	DM2-Step3, RM3-Step1, IM2-Step2
may contribute to **名**	〜は，…に寄与するかもしれない	DM2-Step3

例文 Activity-dependent synaptic modification **may contribute to** changes in hair cell innervation that occur during development, and in the aged or damaged cochlea. (J Physiol. 2014 592:3393)

> **訳** 活性依存性シナプス修飾は，〜の変化に寄与するかもしれない

play 〔果たす〕

● play a role in の形で**重要性を強調する**ために使われることが多い．

キーフレーズ		
may play a role in	〜は，…の際に役割を果たすかもしれない	RM3-Step1

例文 These findings suggest that these novel ORFs **may play a role in** recombination in these two closely related bacteria. (J Bacteriol. 2014 196:1608)

> **訳** これらの新規の ORF は，組換えにおいて役割を果たすかもしれない

210 生命科学論文を書きはじめる人のための英語鉄板ワード＆フレーズ

exclude / contribute / play / possible / likely / unlikely

形容詞

possible〔可能な〕

キーフレーズ

it is possible that	～という可能性がある	DM2-Step3
one possible 名	一つの可能な～	DM2-Step3
possible explanation	可能な説明	DM2-Step3

例文 **It is possible that** inhibition of this pathway may improve treatments for ATL. (J Virol. 2014 88:13482)

訳 ～という可能性がある

likely〔ありそうな〕

● 副詞としても使われる（**D-7**参照）.

キーフレーズ

it is likely that	～ということはありそうである	DM2-Step3
is likely to 動	～は，…しそうである	RM3-Step1, DM3-Step2

例文 **It is likely that** novel pharmacological approaches require counteracting pharmacoresistance to improve therapeutic efficacy. (Brain Res. 2015 1607:1)

訳 ～ということはありそうである

unlikely〔～しそうにない〕

キーフレーズ

unlikely to 動	～しそうにない	RM3-Step1

例文 Thus, modulation of miRNA target abundance is **unlikely to** cause significant effects on gene expression and metabolism through a ceRNA effect. (Mol Cell. 2014 54:766)

訳 従って，miRNA 標的の存在量の調節は，～に対する有意な影響を引き起こしそうにない

C-3 可能性を述べるときのキーワード

surprising〔驚くべき〕

- 「not surprising」の用例が多い.「驚くべきことではない」とは,想定の範囲にあるという**可能性**の考察であろう.

キーフレーズ		
not surprising	驚くべきことではない	DM2-Step3

例文 This is **not surprising**, as the model system Drosophila melanogaster has an extremely reduced extraembryonic component, the amnioserosa. (Dev Biol. 2008 313:471)

訳 〜なので,これは驚くべきことではない

due〔せいで／原因で〕

キーフレーズ		
due to **名**	…のせいで	DM2-Step3, RM3-Step1
may be due to **名**	〜は,…のせいであるかもしれない	DM2-Step3

例文 The observed increase in ROS **may be due to** a decrease in cellular antioxidant activity, as we found that E6* expression also led to decreased expression of superoxide dismutase isoform 2 and glutathione peroxidase. (J Virol. 2014 88:6751)

訳 観察された ROS の増大は,細胞抗酸化活性の低下のせいであるかもしれない

名詞／関係代名詞

possibility〔可能性〕

- ここでは,**解釈としての可能性**の意味で使われる.
- **仮説としての可能性**の意味でも使われる(**A-1**, **A-2**参照).
- 後ろに**同格のthat節**を伴うことが多い.

キーフレーズ		
possibility is that	可能性は,〜ということである	DM2-Step3
例 One possibility is that(一つの可能性は,〜ということである) Another possibility is that(もう一つの可能性は,〜ということである)		
the possibility that	〜という可能性	RM3-Step1/2, RM1-Step2/3

生命科学論文を書きはじめる人のための英語鉄板ワード＆フレーズ

surprising / due / possibility / explanation / role

例 , raising the possibility that 〔(このことは) ～という可能性を提起している〕

例文 **One possibility is that** RSP is involved in forming associations between multiple sensory stimuli. (Behav Neurosci. 2011 125:578)

訳 一つの可能性は，～ということである

例文 These findings reveal that protons mediate lateral inhibition in the retina, **raising the possibility that** protons are unrecognized retrograde messengers elsewhere in the nervous system. (Nat Neurosci. 2014 17:262)

訳 このことは，～という可能性を提起している

---

explanation 〔説明〕

● possible, potential, alternative などと組み合わせて使われることが多い.

キーフレーズ		
possible explanation	可能性のある説明	DM2-Step3

例文 One **possible explanation** for the elevated oxylipins is that frataxin deficiency results in increased COX activity. (Hum Mol Genet. 2014 23:6838)

訳 上昇したオキシリピンの一つの可能性のある説明は，～ということである

---

role 〔役割〕

● play a role in の形で**重要性を強調する**ために使われることが多い.
● 研究対象の役割を意味することも多い (**A-2**, **C-1**, **C-5**参照).

キーフレーズ		
may play a role in	～は，…の際に役割を果たすかもしれない	RM3-Step1
a **形** role in	～の際に…な役割を…	RM3-Step1, DM2-Step3, IM1-Step1
例 a critical role in（～の際に決定的な役割を…）		
role in regulating	～を制御する際に役割を…	RM3-Step1

例文 These findings suggest that MBP **may play a role in regulating** the deposition of Abeta42 and thereby also may regulate the early formation of amyloid plaques in Alzheimer's disease. (Biochemistry. 2009 48:4720)

訳 MBP は，Abeta42 の沈着を制御する際に役割を果たすかもしれない

第二部：本編

C 解釈／まとめ／概略を述べる表現

213

C-3　可能性を述べるときのキーワード

which〔このことは〜〕

キーフレーズ

, which may	このことは，〜かもしれない	DM2-Step3

例文 These findings provide a direct mechanistic link between apicobasal polarity and the cell cycle**, which may** explain how proliferation is favored over differentiation in polarized neural stem cells. (Dev Cell. 2014 31:559)

　訳 このことは，どのように〜かを説明するかもしれない

副詞

probably〔おそらく〕

例文 The main determinant of biological efficacy appears to be the conjugation site, **probably** because of molecular conformation. (J Med Chem. 2011 54:7464)

　訳 おそらく分子立体構造のせいで

alternatively〔代わりに〕

- 文頭で使われることが多い．

例文 **Alternatively**, mutations may perturb functions such as the recruitment of telomerase to telomeres, which are essential in vivo but not revealed by simple enzyme assays. (Nucleic Acids Res. 2013 41:8969)

　訳 代わりに，変異は機能を攪乱させるかもしれない

simply〔単に〕

- 「not simply」の形で，異なる可能性を述べるために使われることが多い．

キーフレーズ

is not simply	〜は，単に…ではない	RM3-Step1

例 is not simply due to（〜は，単に…のせいではない）
is not simply a consequence of（〜は，単に…の結果ではない）

例文 This observation suggests that this interaction **is not simply due to** crystallographic packing but is enforced by elements of the myosin

214　生命科学論文を書きはじめる人のための英語鉄板ワード＆フレーズ

which / probably / alternatively / simply /

heads. (J Mol Biol. 2003 329:963)

訳 この相互作用は，単に結晶学的充填のせいではない

第二部：本編

C 解釈／まとめ／概略を述べる表現

C-4 まとめ／結論を述べるときのキーワード

（**RM3-Step3: 結果のまとめ，DM3-Step1: 本研究のまとめ**，IM3-Step2: 本研究の
まとめと展望，DM2-Step3: 個々の解釈）

キーワード

副詞	together (まとめると)，altogether (まとめると)，collectively (まとめると)，overall (まとめると)，thus (それゆえ／従って)，therefore (それゆえ／従って)，hence (それゆえ／従って)，only (単に)
名詞／代名詞	conclusion (結論)，summary (まとめ)，results (結果)，data (データ)，findings (知見)，study (研究)，work (研究)，potential (潜在能)，we (我々)
動詞	indicate (示す)，indicated (示した)，suggest (示唆する)，suggested (示唆した)，show (示す)，demonstrate (実証する)，demonstrated (実証した)，reveal (明らかにする)，support (支持する)，conclude (結論する)，propose (提唱する)，considering (考慮に入れる)，taken together (まとめると)
形容詞	consistent (一致している)
接続詞	but (しかし)，than (〜より)

- まとめを述べる際には，**文頭の副詞 (句) 表現**がポイントとなる．

- **文頭**を (taken) together, altogether, collectively, overall などの**副詞**で始めて，まとめを述べる表現が，Results (RM3-Step3) などでよく使われる．副詞に続く部分は，**解釈を述べる表現**（**C-1**参照）が使われること多い．

- (taken) together, altogether, collectively, overall は，**解釈**（**C-1**参照）や**一致**（**C-2**参照）を示す表現と組み合わされることが多い．

- **因果関係**を意味する**副詞**としては，thus, therefore, hence がよく使われる．

- In conclusion ／ In summary は，**DM3の冒頭**で**全体のまとめ**を述べるための定番表現である．

- **結論**を述べる**動詞**としては，conclude がよく用いられる．Results (RM3-Step3) で

使われることが多い.

- propose は,「we propose that」の形で Discussion（DM2-Step3, DM3-Step1）で用いられ，本研究の**結論**に近いものを示す.
- **全体のまとめ**は Discussion（DM3）で述べるが，**個々の結果のまとめ**は Results（RM3）で述べる.
- Discussion（DM3）では，まとめから**将来展望**（**D-7**参照）へと展開することが多い.

第二部：本編

C 解釈／まとめ／概略を述べる表現

C-4 まとめ／結論を述べるときのキーワード

副詞

together〔まとめると〕

● together と taken together は，ほぼ同じ意味である．

キーフレーズ

(taken) together, these results indicate that	まとめると，これらの結果は〜ということを示す	RM3-Step3
(taken) together, these results suggest that	まとめると，これらの結果は〜ということを示唆する	RM3-Step3
(taken) together, these results show that	まとめると，これらの結果は〜ということを示す	RM3-Step3
(taken) together, these results demonstrate that	まとめると，これらの結果は〜ということを実証する	RM3-Step3
(taken) together, these data indicate that	まとめると，これらのデータは〜ということを示す	RM3-Step3
(taken) together, these data suggest that	まとめると，これらのデータは〜ということを示唆する	RM3-Step3
(taken) together, these data show that	まとめると，これらのデータは〜ということを示す	RM3-Step3
(taken) together, these data demonstrate that	まとめると，これらのデータは〜ということを実証する	RM3-Step3
(taken) together, these data suggested that	まとめると，これらのデータは〜ということを示唆した	RM3-Step3
(taken) together, these data indicated that	まとめると，これらのデータは〜ということを示した	RM3-Step3
(taken) together, these 名 demonstrated that	まとめると，これらの…は〜ということを実証した	RM3-Step3
(taken) together, these 名 reveal that	まとめると，これらの…は〜ということを明らかにする	RM3-Step3
(taken) together, these data support	まとめると，これらのデータは〜を支持する	RM3-Step3
(taken) together, these data are consistent with	まとめると，これらのデータは〜と一致している	RM3-Step3

—— together / altogether / collectively

(taken) together, these findings 動 that	まとめると，これらの知見は〜ということを…する	RM3-Step3
(taken) together, our data indicate that	まとめると，我々のデータは〜ということを示す	RM3-Step3
(taken) together, our results 動 that	まとめると，我々の結果は〜ということを…する	RM3-Step3
(taken) together, our	まとめると，我々の〜は	RM3-Step3, DM3-Step1, IM3-Step2

例文 **Together, these results suggest that** phosphorylation of MuV-P-T101 plays a negative role in viral RNA synthesis. (J Virol. 2014 88:4414)

訳 まとめると，これらの結果は〜ということを示唆する

altogether 〔まとめると〕

キーフレーズ

altogether, these results 動 that	まとめると，これらの結果は〜ということを…する	RM3-Step3

例 Altogether, these results demonstrate that（まとめると，これらの結果は〜ということを実証する）

例文 **Altogether, these results demonstrate that** SNX31 is an endosomal regulator of β integrins with a restricted expression pattern. (J Mol Biol. 2014 426:3180)

訳 まとめると，これらの結果は〜ということを実証する

collectively 〔まとめると〕

キーフレーズ

collectively, these data suggest that	まとめると，これらのデータは〜ということを示唆する	RM3-Step3
collectively, these results suggest that	まとめると，これらの結果は〜ということを示唆する	RM3-Step3
collectively, these results indicate	まとめると，これらの結果は〜を示す	RM3-Step3

第二部：本編

C 解釈／まとめ／概略を述べる表現

219

C-4 まとめ／結論を述べるときのキーワード

collectively, these 名 indicate that	まとめると，これらの…は〜ということを示す	RM3-Step3
collectively, these 名 demonstrate that	まとめると，これらの…は〜ということを実証する	RM3-Step3
collectively, these findings 動 that	まとめると，これらの知見は〜ということを…する	RM3-Step3
these results collectively	まとめると，これらの結果は	RM3-Step3
collectively, our	まとめると，我々の〜は	RM3-Step3

例文 **Collectively, these data suggest that** MK2 is a key downstream effector of p38 that can modulate PV autoantibody pathogenicity. (J Invest Dermatol. 2014 134:68)

訳 まとめると，これらのデータは〜ということを示唆する

overall 〔まとめると〕

キーフレーズ

overall, these data	まとめると，これらのデータは	RM3-Step3
overall, our	まとめると，我々の〜は	DM3-Step1

例 Overall, our results indicate that（まとめると，我々の結果は〜ということを示す）

例文 **Overall, these data indicate that** CrgA is a novel member of the cell division complex in mycobacteria and possibly facilitates septum formation. (J Bacteriol. 2011 193:3246)

訳 まとめると，これらのデータは〜ということを示す

thus 〔それゆえ／従って〕

キーフレーズ

thus, we conclude that	それゆえ，我々は〜であると結論する	RM3-Step3
these results thus	それゆえ，これらの結果は	RM3-Step3
these data thus	それゆえ，これらのデータは	RM3-Step3
, thus indicating that	それゆえ，（このことは）〜を示している	RM3-Step3/1

生命科学論文を書きはじめる人のための英語鉄板ワード＆フレーズ

overall / thus / therefore / hence / only

, thus suggesting	それゆえ，（このことは）〜を示唆している	RM3-Step3/1

例文 **Thus, we conclude that** Bmi1 deficiency impairs the progression and maintenance of small intestinal tumors in a cell autonomous and highly Arf-dependent manner. (Oncogene. 2014 33:3742)

訳 それゆえ，我々は〜であると結論する

therefore〔それゆえ／従って〕

キーフレーズ

we therefore conclude that	それゆえ，我々は〜であると結論する	RM3-Step3

例文 **We therefore conclude that** HIPK2 is a potential target for anti-fibrosis therapy. (Nat Med. 2012 18:580)

訳 それゆえ，我々は〜であると結論する

hence〔それゆえ／従って〕

例文 **Hence,** these results suggest that poroelasticity was the dominant mechanism underlying the frequency-dependent mechanical behavior observed at these nanoscale deformations. (Biophys J. 2011 101:2304)

訳 それゆえ，これらの結果は〜ということを示唆する

only〔単に〕

● 少ないことを強調するためにも使われる（**B-2**参照）.

キーフレーズ

not only ... (but also)	…だけでなく（〜もまた）	DM3-Step1

例文 Thus, Src kinases **not only** mediate acute BBB injury **but also** mediate chronic BBB repair after thrombin-induced injury. (Ann Neurol. 2010 67:526)

訳 Src キナーゼは，急性の BBB 傷害を媒介するだけでなく，慢性の BBB 修復もまた媒介する

C-4 まとめ／結論を述べるときのキーワード

名詞／代名詞

conclusion 〔結論〕

キーフレーズ

In conclusion,	結論として,	DM3-Step1
In conclusion, our study	結論として, 我々の研究は	DM3-Step1
In conclusion, we	結論として, 我々は	DM3-Step1
In conclusion, we have	結論として, 我々は〜した	DM3-Step1

例文 **In conclusion, our study** demonstrates that H. pylori activates TLR2 and TLR4, leading to the secretion of distinct cytokines by macrophages. (Infect Immun. 2007 75:2408)

訳 結論として, 我々の研究は〜ということを実証する

summary 〔まとめ〕

キーフレーズ

In summary,	まとめると,	DM3-Step1, RM3-Step3
In summary, our 名 provide	まとめると, 我々の…は, 〜を提供する	DM3-Step1
In summary, our findings	まとめると, 我々の知見は	DM3-Step1
In summary, our data	まとめると, 我々のデータは	DM3-Step1
In summary, we	まとめると, 我々は	DM3-Step1
In summary, we have	まとめると, 我々は〜した	DM3-Step1

例文 **In summary, our findings** provide novel mechanistic insights into protein conformational dynamics and substrate binding kinetics of a high fidelity B-family DNA polymerase. (J Biol Chem. 2013 288:11590)

訳 まとめると, 我々の知見は〜への新規の機構的洞察を与える

conclusion / summary / result / data

results 〔結果〕

キーフレーズ		
(taken) together, these results indicate that	まとめると，これらの結果は〜ということを示す	RM3-Step3
(taken) together, these results suggest that	まとめると，これらの結果は〜ということを示唆する	RM3-Step3
(taken) together, these results show that	まとめると，これらの結果は〜ということを示す	RM3-Step3
(taken) together, these results demonstrate that	まとめると，これらの結果は〜ということを実証する	RM3-Step3
(taken) together, our results 動 that	まとめると，我々の結果は〜ということを…する	RM3-Step3
altogether, these results 動 that	まとめると，これらの結果は〜ということを…する	RM3-Step3
collectively, these results suggest that	まとめると，これらの結果は〜ということを示唆する	RM3-Step3
collectively, these results indicate	まとめると，これらの結果は〜を示す	RM3-Step3
these results collectively	まとめると，これらの結果は	RM3-Step3
these results thus	それゆえ，これらの結果は	RM3-Step3

例文 **Together, these results indicate that** APHs play a previously unrecognized role in RHD membrane curvature stabilization. (Proc Natl Acad Sci USA. 2015 112:E639)

訳 まとめると，これらの結果は〜ということを示す

data 〔データ〕

キーフレーズ		
(taken) together, these data indicate that	まとめると，これらのデータは〜ということを示す	RM3-Step3
(taken) together, these data suggest that	まとめると，これらのデータは〜ということを示唆する	RM3-Step3

第二部：本編

C 解釈／まとめ／概略を述べる表現

C-4 まとめ／結論を述べるときのキーワード

(taken) together, these data show that	まとめると，これらのデータは〜ということを示す	RM3-Step3
(taken) together, these data demonstrate that	まとめると，これらのデータは〜ということを実証する	RM3-Step3
(taken) together, these data suggested that	まとめると，これらのデータは〜ということを示唆した	RM3-Step3
(taken) together, these data indicated that	まとめると，これらのデータは〜ということを示した	RM3-Step3
(taken) together, these data support	まとめると，これらのデータは〜を支持する	RM3-Step3
(taken) together, these data are consistent with	まとめると，これらのデータは〜と一致している	RM3-Step3
(taken) together, our data indicate that	まとめると，我々のデータは〜ということを示す	RM3-Step3
collectively, these data suggest that	まとめると，これらのデータは〜ということを示唆する	RM3-Step3
overall, these data	まとめると，これらのデータは	RM3-Step3
these data thus	それゆえ，これらのデータは	RM3-Step3
in summary, our data	まとめると，我々のデータは	DM3-Step1

例文 **Together, these data demonstrate that** glutaminolysis is a critical component of myofibroblast metabolic reprogramming that regulates myofibroblast differentiation. (J Biol Chem. 2018 293:1218)

訳 まとめると，これらのデータは〜ということを実証する

findings 〔知見〕

キーフレーズ

(taken) together, these findings 動 that	まとめると，これらの知見は〜ということを…する	RM3-Step3
collectively, these findings 動 that	まとめると，これらの知見は〜ということを…する	RM3-Step3
in summary, our findings	まとめると，我々の知見は	DM3-Step1

例文 **Collectively, these findings suggest that** analysis of drivers of protein findings / study / work / potential

translation could facilitate the identification of cancer lesions that confer resistance to PI3K pathway-targeted drugs. (Proc Natl Acad Sci USA. 2011 108:E699)

🔴訳 まとめると，これらの知見は～ということを示唆する

study〔研究〕

- 本研究を意味することが多い．
- 本研究の概略を示すときに使われることが非常に多い（**C-5**参照）．
- 動詞としても使われる（**A-2**参照）．

キーフレーズ		
in conclusion, our study	結論として，我々の研究は	DM3-Step1
study provides	研究は，～を提供する	DM3-Step1

🔴例文 **In conclusion, our study** identifies the three amino acid positions at the epitope-binding groove of HLA-DRbeta1 that are responsible for most of the association between SLE and MHC. (Nat Commun. 2014 5:5902)

🔴訳 結論として，我々の研究は，～を同定する

work〔研究〕

キーフレーズ		
our work 動 that	我々の研究は，～ということを…する	DM3-Step1
例 our work suggests that（我々の研究は，～ということを示唆している）		

🔴例文 Taken together, **our work demonstrates that** the p23 chaperone serves a broad physiological network and functions both in conjunction with and sovereign to Hsp90. (Mol Cell. 2011 43:229)

🔴訳 我々の研究は，～ということを実証する

potential〔潜在能〕

- 形容詞としても使われる（**C-1**参照）．

キーフレーズ		
potential to 動	～する潜在能	DM3-Step1

第二部：本編

C 解釈／まとめ／概略を述べる表現

C-4 まとめ／結論を述べるときのキーワード

> **例** the potential to improve（〜を改善する潜在能）

> **例文** This general strategy has **the potential to** identify therapeutic targets within amplicons through an integrated use of genomic data sets. (Nat Genet. 2014 46:1051)
>
> **訳** この一般的な戦略は，〜を同定する潜在能を持つ

---

we〔我々〕

キーフレーズ

we conclude that	我々は，〜であると結論する	RM3-Step3
thus, we conclude that	それゆえ，我々は〜であると結論する	RM3-Step3
we therefore conclude that	それゆえ我々は，〜であると結論する	RM3-Step3
we propose that	我々は，〜ということを提唱する	DM3-Step1, DM2-Step3
In conclusion, we	まとめると，我々は	DM3-Step1
In conclusion, we have	まとめると，我々は〜した	DM3-Step1
In summary, we	まとめると，我々は	DM3-Step1
In summary, we have	まとめると，我々は〜した	DM3-Step1

> **例文** **We therefore conclude that** tgp1$^+$ is regulated by transcriptional interference. (Nat Commun. 2014 5:5576)
>
> **訳** 従って，我々は〜であると結論する

動詞

indicate〔示す〕

● 解釈・結論を述べるときは，現在形が使われることが多い．

キーフレーズ

indicate that	…は，〜ということを示す	RM3-Step3/1
(taken) together, these **名** indicate that	まとめると，これらの…は〜ということを示す	RM3-Step3
(taken) together, these results indicate that	まとめると，これらの結果は〜ということを示す	RM3-Step3

———— we / indicate / indicated / suggest

(taken) together, these data indicate that	まとめると，これらのデータは〜ということを示す	RM3-Step3
(taken) together, our 名 indicate that	まとめると，我々の…は〜ということを示す	RM3-Step3
(taken) together, our data indicate that	まとめると，我々のデータは〜ということを示す	RM3-Step3
collectively, these 名 indicate that	まとめると，これらの…は〜ということを示す	RM3-Step3
collectively, these results indicate	まとめると，これらの結果は〜を示す	RM3-Step3

例文 **Taken together, these data indicate that** the catalytic activity of NPR-B is tightly coupled to its phosphorylation state and that dephosphorylation is a mechanism of desensitization. (Biochemistry. 1998 37:2422)

訳 まとめると，これらのデータは〜ということを示す

indicated 〔示した〕

キーフレーズ

indicated that	…は，〜ということを示した	RM3-Step3/1
(taken) together, these 名 indicated that	まとめると，これらの…は〜ということを示した	RM3-Step3
(taken) together, these data indicated that	まとめると，これらのデータは〜ということを示した	RM3-Step3

例文 **Taken together, these data indicated that** the BM of our BM-SCID-hu and Liv-SCID-hu mice became engrafted with retrovirally transduced human hematopoietic precursors that undergo the normal human hematopoietic program and populate the mouse PB with human cells containing integrated retroviral sequences. (Blood. 1997 89:1800)

訳 まとめると，これらのデータは〜ということを示した

suggest 〔示唆する〕

● 解釈・結論を述べるときは，現在形が使われることが多い．

C-4 まとめ／結論を述べるときのキーワード

キーフレーズ

suggest that	…は，〜ということを示唆する	RM3-Step3/1, DM3-Step1, DM2-Step3
(taken) together, these 名 suggest that	まとめると，これらの…は〜ということを示唆する	RM3-Step3
(taken) together, these results suggest that	まとめると，これらの結果は〜ということを示唆する	RM3-Step3
(taken) together, these data suggest that	まとめると，これらのデータは〜ということを示唆する	RM3-Step3
collectively, these 名 suggest that	まとめると，これらの…は〜ということを示唆する	RM3-Step3
collectively, these data suggest that	まとめると，これらのデータは〜ということを示唆する	RM3-Step3
collectively, these results suggest that	まとめると，これらの結果は〜ということを示唆する	RM3-Step3

例文 **Together, these data suggest that** activation of FoxO1 is an important mediator of diabetic cardiomyopathy and is a promising therapeutic target for the disease. (J Clin Invest. 2012 122:1109)

訳 まとめると，これらのデータは〜ということを示唆する

suggested 〔示唆した〕

キーフレーズ

suggested that	…は，〜ということを示唆した	RM3-Step3/1
(taken) together, these 名 suggested that	まとめると，これらの…は〜ということを示唆した	RM3-Step3
(taken) together, these data suggested that	まとめると，これらのデータは〜ということを示唆した	RM3-Step3

例文 **Taken together, these data suggested that** the proposed helix-turn-helix domain of Msh2p was unlikely to be involved in mismatch recognition. (Mol Cell Biol. 1997 17:2436)

訳 まとめると，これらのデータは〜ということを示唆した

suggested / show / demonstrate

show 〔示す〕

● 解釈・結論を述べるときは，現在形が使われることが多い．

キーフレーズ

show that	…は，〜ということを示す	RM3-Step3/1, IM3-Step1, DM1-Step2, DM2-Step2
(taken) together, these 名 show that	まとめると，これらの…は〜ということを示す	RM3-Step3
(taken) together, these results show that	まとめると，これらの結果は〜ということを示す	RM3-Step3
(taken) together, these data show that	まとめると，これらのデータは〜ということを示す	RM3-Step3

例文 **Together, these results show that** Bcr is a direct target of the KSHV miRNA miR-K6-5. (J Virol. 2015 89:4249)

訳 まとめると，これらの結果は〜ということを示す

demonstrate 〔実証する〕

● **we**が**主語**の時は，**本研究の概略**を述べることが多い (**C-5**参照).
● 解釈・結論を述べるときは，現在形が使われることが多い．

キーフレーズ

demonstrate that	…は，〜ということを実証する	RM3-Step3/1, DM3-Step1, IM3-Step1, DM1-Step2
(taken) together, these 名 demonstrate that	まとめると，これらの…は〜ということを実証する	RM3-Step3
(taken) together, these results demonstrate that	まとめると，これらの結果は〜ということを実証する	RM3-Step3
(taken) together, these data demonstrate that	まとめると，これらのデータは〜ということを実証する	RM3-Step3
altogether, these 名 demonstrate that	まとめると，これらの…は〜ということを実証する	RM3-Step3
collectively, these 名 demonstrate that	まとめると，これらの…は〜ということを実証する	RM3-Step3

第二部：本編

C 解釈／まとめ／概略を述べる表現

229

our 名 demonstrate that	我々の…は，〜ということを実証する	DM3-Step1
our results demonstrate	我々の結果は，〜を実証する	IM3-Step2

例文 **Taken together, these results demonstrate that** the B2 receptor is a delayed early response gene for PDGF in vascular smooth muscle cells. (J Biol Chem. 1996 271:13324)

訳 まとめると，これらの結果は〜ということを実証する

demonstrated〔実証した〕

- we が主語の**現在完了形**の文が，本研究のまとめを述べるためによく使われる.
- DM1 では，本研究の概略を述べるときに，過去形がよく使われる（**C-5** 参照）.
- studies を主語とする**現在完了形**の文は，先行研究を紹介するときに使われる（**D-4** 参照）.

キーフレーズ

(taken) together, these 名 demonstrated that	まとめると，これらの…は〜ということを実証した	RM3-Step3
we have demonstrated	我々は，〜ということを実証した	DM3-Step1

例文 In conclusion, **we have demonstrated that** two-chain processing of SorCS2 enables neurons and glia to respond differently to proneurotrophins. (Neuron. 2014 82:1074)

訳 結論として，我々は〜ということを実証した

reveal〔明らかにする〕

- 解釈・結論を述べるときは，現在形が使われることが多い.

キーフレーズ

reveal that	…は〜ということを明らかにする	RM3-Step3
(taken) together, these 名 reveal that	まとめると，これらの…は〜ということを明らかにする	RM3-Step3

例文 **Together, these findings reveal that** CD73-generated adenosine promotes epithelial integrity and suggest why loss of CD73 in endometrial cancer allows for tumor progression. (J Clin Invest. 2016 126:220)

—— demonstrated / reveal / support / conclude / propose

> **訳** まとめると，これらの知見は〜ということを明らかにする

support 〔支持する〕

● 解釈・結論を述べるときは，現在形が使われることが多い．

キーフレーズ

these **名** support	これらの…は，〜を支持する	RM3-Step3/2
(taken) together, these **名** support	まとめると，これらの…は〜を支持する	RM3-Step3
(taken) together, these data support	まとめると，これらのデータは〜を支持する	RM3-Step3
our **名** support	我々の…は，〜を支持する	DM3-Step1

> **例** our data support （我々のデータは，〜を支持する）

例文 **Together, these data support** a model in which arginine methylation acts as a switch that regulates T. brucei gene expression. (Nucleic Acids Res. 2015 43:5501)

> **訳** まとめると，これらのデータは〜というモデルを支持する

conclude 〔結論する〕

キーフレーズ

we conclude that	我々は，〜であると結論する	RM3-Step3
thus, we conclude that	それゆえ，我々は〜であると結論する	RM3-Step3
we therefore conclude that	それゆえ我々は，〜であると結論する	RM3-Step3

例文 **We conclude that** prdm12b is required for V1 interneuron specification and that these neurons control swimming movements in zebrafish. (Dev Biol. 2014 390:247)

> **訳** 我々は，〜であると結論する

propose 〔提唱する〕

● 現在形の **propose** は，本研究での **提唱** を示すために Discussion (DM3-Step1, DM2-Step3) で使われる．

C-4 まとめ／結論を述べるときのキーワード

- 現在完了形の受動態の has/have been proposed は，先行研究での**提唱**を示すために Introduction（IM2-Step1）や Discussion（DM2-Step1）で使われる（**D-4**参照）．

キーフレーズ		
we propose that	我々は，〜ということを提唱する	DM3-Step1, DM2-Step3

例文 **We propose that** TFAM dimerization enhances mitochondrial DNA compaction by promoting looping of the DNA. (Nat Commun. 5:3077)
訳 我々は，〜ということを提唱する

considering〔考慮に入れる〕

- 文頭で使われることが多い．

キーフレーズ		
Considering that	〜ということを考慮に入れると／〜ということを考慮に入れて	DM3-Step1

例文 **Considering that** NPCs receive signals from other SVZ cells, these findings further suggest that NPCs act as transducers of neurometabolic coupling in the SVZ. (J Neurosci. 2012 32:16435)
訳 〜ということを考慮に入れると

taken together〔まとめると〕

- taken together は，together 単独とほぼ同じ意味である．

キーフレーズ		
taken together,	まとめると，	RM3-Step3
taken together, these results indicate that	まとめると，これらの結果は〜ということを示す	RM3-Step3
taken together, these results suggest that	まとめると，これらの結果は〜ということを示唆する	RM3-Step3
taken together, these results show that	まとめると，これらの結果は〜ということを示す	RM3-Step3
taken together, these data indicate that	まとめると，これらのデータは〜ということを示す	RM3-Step3

considering / taken together / consistent / but

taken together, these data suggest that	まとめると，これらのデータは〜ということを示唆する	RM3-Step3
taken together, these data show that	まとめると，これらのデータは〜ということを示す	RM3-Step3
taken together, these findings 動 that	まとめると，これらの知見は〜ということを…する	RM3-Step3
taken together, our	まとめると，我々の〜は	RM3-Step3

例文 **Taken together, these results indicate that** S. aureus hyaluronidase is a CodY-regulated virulence factor. (Infect Immun. 2014 82:4253)

訳 まとめると，これらの結果は〜ということを示す

形容詞

consistent〔一致している〕

キーフレーズ

is/are consistent with	…は，〜と一致している	RM3-Step2/3, DM2-Step3
(taken) together, these 名 are consistent with	まとめると，これらの…は〜と一致している	RM3-Step2/3
(taken) together, these data are consistent with	まとめると，これらのデータは〜と一致している	RM3-Step2/3

例文 **Together, these data are consistent with** the hypothesis that CD163 either acts as a TWEAK scavenger in pathological conditions or serves as an alternate receptor for TWEAK in cells lacking Fn14/TweakR. (J Immunol. 2007 178:8183)

訳 まとめると，これらのデータは〜という仮説と一致している

接続詞

but〔しかし〕

- butは，文頭では使わない．
- Resultsでは，変化のない結果を述べるときによく使われる (B-3参照)．

C-4 まとめ／結論を述べるときのキーワード — than

キーフレーズ		
(not only …) but also	(…ばかりでなく) 〜もまた	DM3-Step1

例文 These findings are important **not only** for the design of recombinant filoviruses **but also** for the design of other replicon systems widely used as surrogate systems to study the filovirus replication cycle under low biosafety levels. (J Virol. 2015 90:1898)

> **訳** これらの知見は，組換えフィロウイルスの設計にとってだけでなく，他のレプリコンシステムの設計にとっても重要である

---

than〔〜より〕

● 「形容詞の比較級 + than」の形で，比較を述べるためにも使われる (**B-4**参照).

キーフレーズ		
than previously **過去分詞**	以前に〜されたより	DM3-Step1

例文 On the basis of these observations, we suggest that PCAF may play a more central role in nuclear receptor function **than previously** anticipated. (Genes Dev. 1998 12:1638)

> **訳** PCAF は，核内受容体の機能において，以前に予測されたより中心的な役割を果たすかもしれない

C-5 本研究の概略を紹介するときのキーワード

（**IM3-Step1: 本研究の概略**，**DM1-Step2: 成果の概略**，IM3-Step2: 本研究のまとめと展望）

キーワード	
副詞	here（ここで），also（また）
名詞／代名詞	study（研究），work（研究），article（論文），evidence（証拠），role（役割），model（モデル），approach（アプローチ），identification（同定），we（我々），this（この〜）
動詞	show（示す），shown（示した），report（報告する），describe（述べる），demonstrate（実証する），demonstrated（実証した），provide（提供する／与える），present（提示する），found（見つけた），find（見つける），identify（同定する），establish（確立する），investigate（精査する／調べる），investigated（精査した／精査される），address（取り組む），focus on（〜に焦点を当てる），use（使用する），used（使用した），exploited（開発した／活用した），combined（組み合わせた），hypothesized（仮説を立てた）
形容詞	present（現在の），current（現在の）

- 本研究の概略は，まずIntroduction（IM3）で示されるが，ResultsやDiscussionで示す本研究の結果や結論を踏まえた上での概略であることを意識しよう．

- Introduction（IM3-Step1:本研究の概略）では，本研究の紹介としての概略を述べる．

- Discussion（DM1-Step2:成果の概略）でも，本研究の概略を述べることが多い．また，DM3で述べることもある．

- "Here we"や"In this study, we"などの表現は，IM3-Step1:本研究の概略を述べる際に特に重要なsignpost（手がかり）である．文頭の副詞句の中の名詞としては，study以外に，work，articleなどがよく使われる．

- Introduction（IM3-Step1:本研究の概略）では，we主語文が非常に多い．

- 本研究の概略を述べるための**動詞**としては，show，shown，report，describe，demonstrate，demonstrated，provide，present，find，found，focus on，use，used，establish，address，investigate，investigated，identify，exploited，combined，hypothesizedがよく使われる．
- 本研究の概略を述べるときの**目的語**として，that節がよく使われる．
- 本研究の概略を述べるときに**目的語**となる**名詞**としては，evidence，role，modelがよく使われる．

C-5 本研究の概略を紹介するときのキーワード ーーーーーーーーーー here / also

副詞

here〔ここで〕

キーフレーズ

here we	ここで，我々は	IM3-Step1, DM1-Step2
here we report	ここで，我々は〜を報告する	IM3-Step1
here we report that	ここで，我々は〜ということを報告する	IM3-Step1
here we show that	ここで，我々は〜ということを示す	IM3-Step1
here we describe	ここで，我々は〜を述べる	IM3-Step1
here we found that	ここで，我々は〜ということを見つけた	IM3-Step1
here we provide evidence that	ここで，我々は〜という証拠を提供する	IM3-Step1
here we investigated	ここで，我々は〜を精査した	IM3-Step1
here we present	ここで，我々は〜を提示する	IM3-Step1
here we use	ここで，我々は〜を使う	IM3-Step1
here we demonstrate	ここで，我々は〜を実証する	DM1-Step2
here we have	ここで，我々は〜した	DM1-Step2, IM3-Step1

例文 **Here we found that** iNKT cells in adipose tissue had a unique transcriptional program and produced interleukin 2 (IL-2) and IL-10. (Nat Immunol. 2015 16:85)

訳 ここで，我々は〜ということを見つけた

also〔また〕

キーフレーズ

we also show that	我々は，また，〜ということを示す	IM3-Step1
we also demonstrate	我々は，また，〜を実証する	DM1-Step2

例文 **We also show that** the glucose-lowering activity of FGF1 can be dissociated from its mitogenic activity and is mediated predominantly via FGF receptor 1 signalling. (Nature. 2014 513:436)

第二部：本編

C 解釈／まとめ／概略を述べる表現

C-5 本研究の概略を紹介するときのキーワード

> **訳** 我々は，また，〜ということを示す

名詞／代名詞

study 〔研究〕

- 本研究を意味することが多い．
- 動詞としても使われる（**A-2**参照）．

キーフレーズ

in this study, we	この研究において，我々は	IM3-Step1, DM1-Step2
in this study, we show that	この研究において，我々は〜ということを示す	DM1-Step2
in this study, we have	この研究において，我々は〜した	DM1-Step2
of this study	この研究の〜	DM1-Step2
the present study	現在の研究	IM3-Step1, DM1-Step2, DM2-Step2
in the present study, we	現在の研究において，我々は	IM3-Step1
in the current study, we	現在の研究において，我々は	IM3-Step1
study, we report	〜研究…，我々は	IM3-Step1
study, we demonstrated	〜研究…，我々は〜を実証した	DM1-Step2

> **例文** **In the present study, we report** a novel interaction between a key member of the novel PKC family, protein kinase Cδ (PKCδ), and TH, in which the kinase modulates dopamine synthesis by negatively regulating TH activity via protein phosphatase 2A (PP2A). (J Neurosci. 2007 27:5349)
>
> **訳** 現在の研究において，我々は〜の間の新規の相互作用を報告する

work 〔研究〕

キーフレーズ

in this work, we	この研究において，我々は	IM3-Step1

> **例文** **In this work, we** demonstrate that the reduction of an arene by SmI2-water proceeds through an initial proton-coupled electron transfer. (J Am

Chem Soc. 2015 137:11526)

訳 この研究において，我々は〜ということを実証する

article 〔論文〕

キーフレーズ		
this article, we	この論文〜，我々は	IM3-Step1

例文 In **this article, we** report that TDB/TDM caused only weak Syk-phosphorylation in resting macrophages, consistent with low basal Mincle expression. (J Immunol. 2014 193:3664)

訳 この論文において，我々は〜ということを報告する

evidence 〔証拠〕

- Introduction（IM3-Step1）や Discussion（DM1-Step2）では，**we** が**主語**の文で使われることが多い．
- Results（RM3-Step1）などでは本研究が提示する証拠を意味し，**解釈**を述べるために使われる（**C-1**参照）．
- Introduction の IM1-Step2 や IM2-Step2 では，先行研究で示された**証拠**を意味する（**D-5**参照）．

キーフレーズ		
provide evidence	〜は，証拠を提供する	IM3-Step1, DM1-Step2
here we provide evidence that	ここで，我々は〜という証拠を提供する	IM3-Step1
evidence that	〜という証拠	DM1-Step2, RM3-Step1
evidence for	〜の証拠	DM2-Step3

例文 **Here, we provide evidence that** the marine streptomycete strain CNQ-525 can reduce MnO2 via a diffusible mechanism. (Environ Microbiol. 2017 19:2182)

訳 ここで，我々は〜という証拠を提供する

C-5 本研究の概略を紹介するときのキーワード

role 〔役割〕

- 研究対象の役割を調べるときは，**the role of** を使う．
- 研究対象の役割を見つけたときは，**a role for** を使う（**C-1** 参照）．
- **play a role in** の形で**重要性を強調する**ために使われることも多い（**D-3**，**C-3** 参照）．

キーフレーズ		
here we 動 the role of	ここで，我々は〜の役割を…する	IM3-Step1
例 here we investigate the role of（ここで，我々は〜の役割を精査する）		

> 例文 **Here we investigate the role of** Pkd2, whose role remains unclear in craniofacial development and growth. (Hum Mol Genet. 2013 22:1873)
> 訳 ここで，我々は Pkd2 の役割を精査する

model 〔モデル〕

キーフレーズ		
a mouse model	マウスモデル	IM3-Step1

> 例文 Here, we generated **a mouse model** of STIM1 overexpression in skeletal muscle to determine whether this type of Ca^{2+} entry could induce muscular dystrophy. (Hum Mol Genet. 2014 23:3706)
> 訳 我々は，STIM1 過剰発現のマウスモデルを作成した

approach 〔アプローチ〕

キーフレーズ		
our approach	我々のアプローチ	IM3-Step1

> 例文 **Our approach** employs the incorporation of aldehyde precursors of different lengths into complementary strands and ICL formation using a double reductive amination with a variety of amines. (Nucleic Acids Res. 2014 42:7429)
> 訳 我々のアプローチは，〜の取り込みを利用する

— role / model / approach / identification / we

identification 〔同定〕

キーフレーズ		
the identification of	～の同定	DM1-Step2, DM3-Step2

例文 In addition to helping elucidate the role of B cells in MS, our approach allows **the identification of** target antigens of OCB antibodies in other neuroinflammatory diseases and the production of therapeutic antibodies in infectious CNS diseases. (Proc Natl Acad Sci USA. 2016 113:7864)

訳 我々のアプローチは，OCB 抗体の標的抗原の同定を可能にする

we 〔我々〕

キーフレーズ		
we show	我々は，～を示す	IM3-Step1, DM1-Step2, DM2-Step2
we report	我々は，～を報告する	IM3-Step1
we describe	我々は，～を述べる	IM3-Step1
we demonstrate	我々は，～を実証する	IM3-Step1, DM1-Step2
we demonstrated	我々は，～を実証した	DM1-Step2
we provide	我々は，～を提供する	IM3-Step1, DM1-Step2
we present	我々は，～を提示する	IM3-Step1
we found	我々は，～を見つけた	IM3-Step1, RM2-Step1
we find	我々は，～を見つける	IM3-Step1
we identify	我々は，～を同定する	IM3-Step1
we establish	我々は，～を確立する	IM3-Step1
we investigate	我々は，～を精査する	IM3-Step1
we investigated	我々は，～を精査した	IM3-Step1, RM1-Step4
we address	我々は，～に取り組む	IM3-Step1
we focus on	我々は，～に焦点を当てる	IM3-Step1
we use	我々は，～を使う	IM3-Step1
we exploited	我々は，～を開発した	IM3-Step1

第二部：本編

C 解釈／まとめ／概略を述べる表現

C-5 本研究の概略を紹介するときのキーワード

we combined	我々は，〜を組み合わせた	IM3-Step1
we hypothesized that	我々は，〜という仮説を立てた	IM3-Step1, RM1-Step2
we have shown	我々は，〜を示した	DM1-Step2
we have used	我々は，〜を使った	DM1-Step2
here we	ここで，我々は	IM3-Step1, DM1-Step2
in this study, we	この研究において，我々は	IM3-Step1, DM1-Step2
in this work, we	この研究において，我々は	IM3-Step1
this article, we	この論文〜，我々は	IM3-Step1
in the present study, we	現在の研究において，我々は	IM3-Step1
in the current study, we	現在の研究において，我々は	IM3-Step1

例文 **Here, we show** that S6K2 binds and phosphorylates hnRNPA1 on novel Ser4/6 sites, increasing its association with BCL-XL and XIAP mRNAs to promote their nuclear export. (Nucleic Acids Res. 2014 42:12483)

訳 ここで，我々は〜ということを示す

this〔この〜〕

● 本研究を意味することが多い.

キーフレーズ

in this study, we	この研究において，我々は	IM3-Step1, DM1-Step2
in this study, we show that	この研究において，我々は〜ということを示す	DM1-Step2
in this study, we have	この研究において，我々は〜した	DM1-Step2
of this study	この研究の〜	DM1-Step2
in this work, we	この研究において，我々は	IM3-Step1
this article, we	この論文〜，我々は	IM3-Step1

例文 **In this study, we show that** MITF expression is suppressed by oncogenic B-RAF in immortalized mouse and primary human melanocytes. (J Cell Biol. 2005 170:703)

訳 この研究において，我々は〜ということを示す

— this / show / shown / report

動詞

show〔示す〕

● 本研究の概略の紹介では，現在形が使われることが多い.

キーフレーズ

we show	我々は，〜を示す	IM3-Step1, DM1-Step2, DM2-Step2
we show that	我々は，〜ということを示す	IM3-Step1, DM1-Step2, DM2-Step2
here we show that	ここで，我々は〜ということを示す	IM3-Step1
in this study, we show that	この研究において，我々は，〜ということを示す	DM1-Step2
we also show that	我々は，また，〜ということを示す	IM3-Step1

例文 **Here we show that** BCX4430, a novel synthetic adenosine analogue, inhibits infection of distinct filoviruses in human cells. (Nature. 2014 508:402)

訳 ここで，我々は〜ということを示す

shown〔示した〕

● show は，現在形の用例が多いが，DM1では**現在完了形**も比較的多い.
● studies を主語とする現在完了形の文は，先行研究を紹介するときに使われる（**D-5**参照）.

キーフレーズ

we have shown that	我々は，〜ということを示した	DM1-Step2

例文 Here **we have shown that** a chronic T. gondii infection can prevent Plasmodium berghei ANKA-induced experimental cerebral malaria (ECM) in C57BL/6 mice. (Infect Immun. 2014 82:1343)

訳 ここで，我々は〜ということを示した

report〔報告する〕

● 本研究の概略の紹介では，現在形が使われることが多い.
● 名詞としても使われる（**D-4**参照）.

第二部：本編

C 解釈／まとめ／概略を述べる表現

243

C-5 本研究の概略を紹介するときのキーワード

キーフレーズ

we report	我々は，〜を報告する	IM3-Step1
we report that	我々は，〜ということを報告する	IM3-Step1, DM1-Step2
we report the 名 of	我々は，〜の…を報告する	IM3-Step1
例 we report the use of（我々は，〜の使用を報告する）		
here we report	ここで，我々は〜を報告する	IM3-Step1
here we report that	ここで，我々は〜ということを報告する	IM3-Step1
study, we report	〜研究…，我々は〜を報告する	IM3-Step1

例文 **Here we report that** endogenous transcript RNA mediates homologous recombination with chromosomal DNA in yeast Saccharomyces cerevisiae. (Nature. 2014 515:436)

訳 ここで，我々は〜ということを報告する

describe〔述べる〕

● 本研究の概略の紹介では，現在形が使われることが多い．

キーフレーズ

we describe	我々は，〜を述べる	IM3-Step1
here we describe	ここで，我々は〜を述べる	IM3-Step1

例文 **Here we describe** a protocol for constructing a CoSMoS micromirror total internal reflection fluorescence microscope (mmTIRFM). (Nat Protoc. 2014 9:2317)

訳 ここで，我々は〜を述べる

demonstrate〔実証する〕

● we が主語の時は，**本研究の概略**を述べることが多い．
● results, data, findings が**主語**の時は，**解釈**を述べることが多い（**C-1**, **C-4**参照）．
● 本研究の概略の紹介では，現在形が使われることが多い．

キーフレーズ

we demonstrate that	我々は，〜ということを実証する	IM3-Step1, DM1-Step2

244 生命科学論文を書きはじめる人のための英語鉄板ワード＆フレーズ

—— describe / demonstrate / demonstrated / provide

here we demonstrate	ここで，我々は〜を実証する	DM1-Step2
we also demonstrate	我々は，また，〜を実証する	DM1-Step2

例文 **Here, we demonstrate that** the X-linked inhibitory apoptosis protein (XIAP) associates with the C terminus of Ptch1 (Ptch1-C) in primary cilia to inhibit Ptch1-mediated cell death. (Hum Mol Genet. 2015 24:698)

訳 ここで，我々は〜ということを実証する

demonstrated 〔実証した〕

- **DM1** では，本研究の概略を述べるために**過去形**が使われることが比較的多い．
- **DM3** では，本研究の結論を述べるときに**現在完了形**がよく使われる (**C-4**参照).
- studiesを主語とする現在完了形の文は，先行研究を紹介するときに使われる (**D-4**参照).

キーフレーズ

we demonstrated that	我々は，〜ということを実証した	DM1-Step2
study, we demonstrated	〜研究…，我々は〜を実証した	DM1-Step2

例文 In this study, **we demonstrated that** an ssaB mutant accumulates less manganese and iron than its parent. (Mol Microbiol. 2014 92:1243)

訳 本研究において，我々は〜ということを実証した

provide 〔提供する／与える〕

- 本研究の概略の紹介では，現在形が使われることが多い．
- **Introduction** (IM3-Step1) では，**本研究の概略**を述べるために**we主語の文**が使われる．
- **Introduction** (IM3-Step2) では，**本研究のまとめや展望**を述べるために**results などが主語となる文**が使われる．
- **Results** (RM3-Step1) では，**結果の解釈**を述べるために使われる (**C-1**参照).
- **Discussion** (DM3-Step2) では，**将来展望**を述べるために使われることが多い (**D-7**参照).

キーフレーズ

we provide	我々は，〜を提供する	IM3-Step1, DM1-Step2

245

here we provide evidence that	ここで，我々は〜という証拠を提供する	IM3-Step1
results provide	結果は，〜を提供する	IM3-Step2

例文 **Here we provide evidence that** activation of the Nrf2 pathway reduces the levels of phosphorylated tau by induction of an autophagy adaptor protein NDP52 (also known as CALCOCO2) in neurons. (Nat Commun. 2014 5:3496)

訳 ここで，我々は〜という証拠を提供する

present 〔提示する〕

● 本研究の概略の紹介では，現在形が使われることが多い．
● 形容詞としても使われる（**B-1**，**C-5** 250ページ参照）．

キーフレーズ

we present	我々は，〜を提示する	IM3-Step1
here we present	ここで，我々は〜を提示する	IM3-Step1

例文 **Here we present** evidence that ion movement occurs within the channel stem (but is stopped, of course, at the phenylalanine clamp) during protein translocation. (J Mol Biol. 2015 427:1211)

訳 ここで，我々は〜を提示する

found 〔見つけた〕

● 本研究の結果を示すときによく使われる（**B-1**参照）．

キーフレーズ

we found	我々は，〜を見つけた	IM3-Step1, RM2-Step1
here we found that	ここで，我々は〜ということを見つけた	IM3-Step1

例文 **Here we found that** TRPV1 was functionally expressed in CD4$^+$ T cells, where it acted as a non-store-operated Ca^{2+} channel and contributed to T cell antigen receptor (TCR)-induced Ca^{2+} influx, TCR signaling and T cell activation. (Nat Immunol. 2014 15:1055)

訳 ここで，我々は〜ということを見つけた

—— present / found / find / identify / establish

find 〔見つける〕

● find は，過去形 (found) の用例が圧倒的に多いが，本研究の概略の紹介では現在形も使われる．

キーフレーズ		
we find	我々は，〜を見つける	IM3-Step1

例文 **We find** that the GlcNAcylation state of Milton is altered by extracellular glucose and that OGT alters mitochondrial motility in vivo. (Cell. 2014 158:54)

訳 我々は，〜ということを見つける

identify 〔同定する〕

● identify は，過去形の用例が多いが，本研究の概略の紹介では現在形が使われることが比較的多い．
● to**不定詞句**の用例も多い (**A-2**参照)．

キーフレーズ		
we identify	我々は，〜を同定する	IM3-Step1

例文 Here **we identify** USP11 as a PML regulator by RNAi screening. (Nat Commun. 2014 5:3214)

訳 ここで，我々は〜を同定する

establish 〔確立する〕

● 本研究の概略の紹介では，現在形が使われることが多い．
● to**不定詞句**の用例も多い (**A-2**参照)．

キーフレーズ		
we establish	我々は，〜を確立する	IM3-Step1

例文 Here **we establish** a role for auxin transport in patterning along the medio-lateral axis of the gynoecial ovary. (Dev Biol. 2010 346:181)

訳 ここで，我々は〜の役割を確立する

第二部：本編

C 解釈／まとめ／概略を述べる表現

C-5 本研究の概略を紹介するときのキーワード

investigate 〔精査する／調べる〕

- investigateは，過去形の用例が圧倒的に多いが，本研究の概略の紹介では現在形が使われることが比較的多い.
- to不定詞句の用例も多い（**A-2**参照）.

キーフレーズ

we investigate	我々は，〜を精査する	IM3-Step1

例文 Here **we investigate** the potential role of subunit interactions in C-type inactivation of hERG1 channels. (J Physiol. 2014 592:4465)

　　訳 ここで，我々は〜を精査する

investigated 〔精査した／精査される〕

- investigateは，過去形の用例が圧倒的に多い．特に，実験の実施について述べるときに使われる（**A-3**参照）.

キーフレーズ

we investigated	我々は，〜を精査した	IM3-Step1, RM1-Step4
here we investigated	ここで，我々は〜を精査した	IM3-Step1

例文 **Here we investigated** the role of SMN in muscle development using muscle cell lines and primary myoblasts. (Hum Mol Genet. 2014 23:4745)

　　訳 ここで，我々は SMN の役割を精査した

address 〔取り組む〕

- 本研究の概略の紹介では，現在形が使われることが多い.
- to不定詞句の用例も多い（**A-2**参照）.

キーフレーズ

we address	我々は，〜に取り組む	IM3-Step1

例文 Here **we address** this question using a novel integrative approach that combines quantitative measurements of morphogen-induced gene expression at single-mRNA resolution with mathematical modelling of the induction process. (Nat Commun. 2015 6:7053)

　　訳 ここで，我々は〜を使ってこの疑問に取り組む

248　生命科学論文を書きはじめる人のための英語鉄板ワード＆フレーズ

— investigate / investigated / address / focus on / use / used

focus on 〔〜に焦点を当てる〕

キーフレーズ

we focus on	我々は，〜に焦点を当てる	IM3-Step1

例文 Here **we focus on** the glycoprotein's internal fusion loop (FL), critical for low-pH-triggered fusion in the endosome. (J Virol. 2014 88:6636)

訳 ここで，我々は〜に焦点を当てる

use 〔使用する〕

● use は，過去形の用例が圧倒的に多いが (**A-3**参照)，本研究の概略の紹介では現在形も使われる．

キーフレーズ

we use	我々は，〜を使用する	IM3-Step1

例文 Here, **we use** CRISPR-Cas technology to create antimicrobials whose spectrum of activity is chosen by design. (Nat Biotechnol. 2014 32:1141)

訳 ここで，我々は CRISPR-Cas テクノロジーを使用する

used 〔使った〕

● use は，過去形の用例が圧倒的に多いが (**A-3**参照)，DM1 では現在完了形も使われる．

キーフレーズ

we have used	我々は，〜を使った	DM1-Step2

例文 In this study, **we have used** embryonic stem cells to generate primitive neural stem cells and have used these to model HCMV infection of the fetal central nervous system (CNS) in vitro. (J Virol. 2014 88:4021)

訳 本研究で，我々は胚性幹細胞を使用した

exploited 〔開発した／活用した〕

キーフレーズ

we exploited	我々は，〜を開発した	IM3-Step1

第二部：本編

C 解釈／まとめ／概略を述べる表現

C-5 本研究の概略を紹介するときのキーワード

例文 Here, **we exploited** a lentiviral transduction system to allow the unequivocal identification of live murine corticotrophs in culture. (J Physiol. 2011 589:5965)

訳 ここに，我々はレンチウイルス形質導入システムを開発した

combined〔組み合わせた〕

キーフレーズ		
we combined	我々は，〜を組み合わせた	IM3-Step1

例文 Here **we combined** single-cell gene-expression analyses with 'machine-learning' approaches to trace the transcriptional 'roadmap' of individual $CD8^+$ T lymphocytes throughout the course of an immune response in vivo. (Nat Immunol. 2014 15:365)

訳 ここで，我々は単細胞遺伝子発現分析を〜と組み合わせた

hypothesized〔仮説を立てた〕

● 仮説は，Introduction (IM3) よりも Results (RM1) で示されることの方が多い (**A-1** 参照)．

キーフレーズ		
we hypothesized that	我々は，〜という仮説を立てた	IM3-Step1, RM1-Step2

例文 Given the evidence of plasticity subsequent to both neural damage and tactile experience, **we hypothesized that** somatosensory damage could lead to increased levels of experience-dependent tactile plasticity. (Curr Biol. 2014 24:677)

訳 我々は，〜という仮説を立てた

形容詞

present〔現在の〕

● 「存在する」という意味でも使われる (**B-1** 参照)．
● 動詞としても使われる (**C-5** 246ページ参照)．

250　生命科学論文を書きはじめる人のための英語鉄板ワード＆フレーズ

exploited / combined / hypothesized / present / current /

> **キーフレーズ**

the present study	現在の研究	IM3-Step1, DM1-Step2, DM2-Step2
in the present study, we	現在の研究において，我々は	IM3-Step1

例文 **In the present study, we** investigated the impact of conditionally expressing a FLAG-tagged version of IncD in C. trachomatis. (Infect Immun. 2014 82:2037)

訳 現在の研究において，我々は〜を精査した

current 〔現在の〕

> **キーフレーズ**

in the current study, we	現在の研究において，我々は	IM3-Step1

例文 **In the current study, we** examined the mechanistic role of TGF-β1 in complement activation-mediated airway epithelial injury in IPF pathogenesis. (FASEB J. 2014 28:4223)

訳 現在の研究において，我々は〜を調べた

第二部：本編

C 解釈／まとめ／概略を述べる表現

D

背景情報／課題／展望を述べる表現

- **D-1** 研究対象を紹介／定義づけするときのキーワード
- **D-2** 研究対象を特徴づけするときのキーワード
- **D-3** 重要性を強調するときのキーワード
- **D-4** 先行研究を紹介するときのキーワード
- **D-5** 問題／課題を述べるときのキーワード
- **D-6** 将来の課題を述べるときのキーワード
- **D-7** 将来展望（成果の価値）を述べるときのキーワード

背景情報／課題／展望を述べる表現

　ここでは，研究の背景にある様々な状況や課題，および研究成果の価値や残された課題を述べるための表現を示す．論文では，**事実と意見（解釈）を分けて書く**ことが重要であるが，事実を述べるのは Results だけではない．Introduction では，IM1/2-Step1 で**事実**である**背景情報**（D-1, D-2, D-3, D-4）を述べた後に，IM1/2-Step2 で**意見**である**問題・課題**（D-5）を提示する．**背景情報**や**先行研究**の紹介は Introduction（IM1-Step1, IM2-Step1）で述べることが一般的であるが，Discussion（DM2-Step1）などで触れることもある．さらに Discussion では，得られた研究成果を踏まえて，**将来の課題**（D-6）や**将来展望**（D-7）を述べることが多い．これらを述べるときの表現や内容の一部は，Introduction の内容と類似している．

D-1 研究対象を紹介／定義づけするときのキーワード

（IM1-Step1：背景情報，IM2-Step1: 先行研究）

キーワード	
動詞	is（～である）
形容詞	complex（複雑な），fundamental（基礎的な），common（一般的な），leading（主要な）
名詞	process（過程），cause（原因）
副詞	most（最も），worldwide（世界中で）

- Introductionの冒頭（IM1-Step1）は，"～ is a/an ..."のような表現を用いて，**研究対象を紹介／定義づけする表現**で始まることが多い.

- 研究対象の定義に使われる**名詞**としては，process，step，regulator，complex，factor，receptor，diseaseなどがある.

- 定義に使われる名詞の前には，**重要性**を強調する**形容詞**（important, critical, key, essential：**D-3**参照）が付くことも多い. **研究対象の重要性を強調しつつ定義する**わけである.

- **副詞**は，**重要性を強調しつつ定義する**ときに使われる

第二部：本編

D 背景情報／課題／展望を述べる表現

D-1 研究対象を紹介／定義づけするときのキーワード

動詞

is 〔〜である〕

キーフレーズ

is a/an	〜は，…である	IM1-Step1, IM2-Step1, RM3-Step1
is a complex 名	〜は，複雑な…である	IM1-Step1
例 is a complex process（〜は，複雑な過程である）		
is a fundamental 名	〜は，基礎的な…である	IM1-Step1
例 is a fundamental step（〜は，基礎的な段階である）		
is the	〜は，…である	IM1-Step1, IM2-Step1
is the most	〜は，最も…な…である	IM1-Step1
例 is the most common form of（〜は，最も一般的な型の…である）		
is the second	〜は，2番目に…な…である	IM1-Step1
例 is the second leading cause of（〜は，…の2番目に主要な原因である）		
is the/a leading cause of	〜は，…の主要な原因である	IM1-Step1
cancer is	癌は，〜である	IM1-Step1
is essential for	〜は，…のために必須である	IM1-Step1, RM3-Step1
is critical	〜は，決定的である	IM1-Step1
is now	〜は，今，…である	IM1-Step1

例文 Activation of the Wnt/β-catenin pathway **is a critical step** in the development of colorectal cancers.（Oncogene. 2013 32:3520）

訳 Wnt/βカテニン経路の活性化は，〜の発生における決定的な段階である

形容詞

complex 〔複雑な〕

● 名詞としても使われる．

256　生命科学論文を書きはじめる人のための英語鉄板ワード＆フレーズ

—— is / complex / fundamental / common / leading

キーフレーズ

is a complex 名	～は，複雑な…である	IM1-Step1
例 is a complex process（～は，複雑な過程である）		

例文 Cell migration **is a complex process** that requires the integration of signaling events that occur in distinct locations within the cell. (Mol Biol Cell. 2012 23:1486)

訳 細胞遊走は，～の統合を必要とする複雑な過程である

fundamental〔基礎的な〕

キーフレーズ

is a fundamental 名	～は，基礎的な…である	IM1-Step1
例 is a fundamental process（～は，基礎的な過程である）		

例文 Membrane protein assembly **is a fundamental process** in all cells. (J Cell Biol. 2012 199:303)

訳 膜タンパク質構築は，すべての細胞における基礎的な過程である

common〔一般的な〕

キーフレーズ

most common	最も一般的な	IM1-Step1

例文 Lung cancer is the **most common** cause of cancer-related mortality worldwide. (Oncogene. 2011 30:3328)

訳 肺癌は，癌関連死の最も一般的な原因である

leading〔主要な〕

● **leading to** の形で，現在分詞として使われることも多い（**D-2**参照）．

キーフレーズ

is the/a leading cause of	～は，…の主要な原因である	IM1-Step1

例文 Hepatocellular carcinoma (HCC) **is the leading cause of** death in patients with cirrhosis. (Hepatology. 2017 65:1237)

第二部：本編

D 背景情報／課題／展望を述べる表現

D-1	研究対象を紹介／定義づけするときのキーワード

訳 肝細胞癌（HCC）は，肝硬変患者における主要な死の原因である

名詞

process〔過程〕

キーフレーズ

is a 形 process	～は，…な過程である	IM1-Step1
例 is a key process（～は，鍵となる過程である）		

例文 Branching morphogenesis **is a key process** in the formation of vascular networks. (Dev Cell. 2006 10:783)

訳 分枝形態形成は，血管網の形成における鍵となる過程である

その他のフレーズ

biological process	生物学的過程
in this process	この過程において
in the process of	～の過程において
in a process called	～と呼ばれる過程において
during this process	この過程の間に
during the process of	～の過程の間に

cause〔原因〕

キーフレーズ

is the/a leading cause of	～は，…の主要な原因である	IM1-Step1
is the 形 cause of	～は，…の…な原因である	IM1-Step1

例文 Cardiac arrest **is a leading cause of** death worldwide. (J Neurosci. 2011 31:3446)

訳 心停止は，死の主要な原因である

most〔最も〕

キーフレーズ		
is the most	〜は，最も…な…である	IM1-Step1
most common	最も一般的な	IM1-Step1

例文 Nonalcoholic fatty liver disease (NAFLD) **is the most common** form of liver disease. (Nat Genet. 2014 46:352)
訳 非アルコール性脂肪性肝疾患（NAFLD）は，最も一般的な型の肝疾患である

worldwide〔世界中で〕

例文 Epilepsy affects 65 million people **worldwide** and entails a major burden in seizure-related disability, mortality, comorbidities, stigma, and costs. (Lancet. 2015 385:884)
訳 世界中で6500万の人々が，てんかんを発症している

D-2 研究対象を特徴づけするときのキーワード

（**IM1-Step1: 背景情報**，**IM2-Step1: 先行研究**，DM2-Step1: 背景情報，RM1-Step1: 背景情報）

キーワード

動詞／助動詞	characterized（特徴づけられる），associated（関連している），implicated（関係している），involved（関与している），regulate（制御する），promote（促進する），enhance（増強する／高める），prevent（防止する），act（働く），emerged（現れた），thought（考えられる），known（知られている），referred（呼ばれる），lead to（〜を導く），leading to〔（このことは）〜を導く〕，resulting in〔（このことは）〜という結果になる〕，can（〜しうる）
形容詞	such（のような）
名詞	hallmark（特徴），activity（活性），translation（翻訳）
副詞	often（しばしば），frequently（しばしば），typically（典型的に），commonly（一般的に），ultimately（最終的に），now（今）

- Introduction（IM1-Step1, IM2-Step1）などでは，研究対象の**特徴を説明する表現**がよく用いられる.

- 研究対象を主語とするときの**動詞表現**には，**受動態表現**と**能動態表現**とがあり，どちらを選択するかによって文の形がかなり異なるので注意しよう.

- **受動態の動詞**としては，characterized, associated, implicated, involvedがよく使われる.

- **自動詞**としては，act, emergedがよく使われる.

- 後に**to不定詞を伴う受動態の動詞**としては，thought, knownがよく使われる.

- **文末の分詞構文**を作るresulting in, leading toがよく使われる.

- **特徴を意味する名詞**としては，hallmarkがよく使われる.

- **副詞**としては，often, frequently, typically, commonlyがよく使われる.

D-2 研究対象を特徴づけするときのキーワード — characterized / associated / implicated

動詞／助動詞

characterized〔特徴づけられる〕

キーフレーズ

characterized by	～によって特徴づけられる	IM1-Step1
is characterized	～は，特徴づけられる	IM1-Step1

例文 Alzheimer's disease **is characterized by** the accumulation of amyloid deposits in the brain and the progressive loss of cognitive functions. (Brain. 2014 137:553)

訳 アルツハイマー病は，～の蓄積で特徴づけられる

その他のフレーズ

characterized as	～として特徴づけられる
been well characterized	よく特徴づけられてきた
well-characterized **名**	よく特徴づけられた～

例 a well-characterized function of（～のよく特徴づけられた機能）

associated〔関連している〕

キーフレーズ

associated with	～と関連している	IM1-Step1
been associated with	～と関連している	IM2-Step1

例文 Vitamin D deficiency has **been associated with** increased risk of colorectal cancer (CRC), but causal relationship has not yet been confirmed. (PLoS One. 2013 8:e63475)

訳 ビタミン D 欠乏症は，結腸直腸癌のリスクの増大と関連している

implicated〔関係している〕

● 現在完了形の用例が非常に多い.

キーフレーズ

been implicated in	～と関係している	IM2-Step1

第二部：本編

D 背景情報／課題／展望を述べる表現

D-2 研究対象を特徴づけるときのキーワード

例文 Golgins have **been implicated in** the maintenance of Golgi architecture. (Curr Biol. 2009 19:R253)

訳 ゴルジンは，ゴルジ構造の維持に関係している

その他のフレーズ

been implicated as	～として関連している
studies have implicated	研究は，～を関連づけている

involved 〔関与している〕

キーフレーズ

involved in	～に関与している	IM2-Step1, DM2-Step1/3

例文 DJ-1 **is involved in** oxidative stress-mediated responses and in mitochondrial maintenance; however, its specific function remains vague. (Mol Cell Biol. 2014 34:3024)

訳 DJ-1 は，酸化ストレス仲介応答に関与している

その他のフレーズ

genes involved in	～に関与している遺伝子
factors involved in	～に関与している因子
proteins involved in	～に関与しているタンパク質
involved in regulating	～を制御することに関与している

regulate 〔制御する〕

キーフレーズ

that regulates	～を制御する…	IM2-Step1

例文 SGK1 is an AGC kinase **that regulates the expression of** membrane sodium channels in renal tubular cells in a manner dependent on the metabolic checkpoint kinase complex mTORC2. (Nat Immunol. 2014 15:457)

訳 SGK1 は，～の発現を制御する AGC キナーゼである

—— involved / regulate / promote / enhance / prevent / act

その他のフレーズ	
regulate the expression of	〜は，…の発現を制御する
been shown to regulate	〜を制御すると示されている
is regulated by	〜は，…によって制御される

promote 〔促進する〕

例 promote the expression of（〜は，…の発現を促進する）

例文 Met is a receptor tyrosine kinase that **promotes** cancer progression. (Oncogene. 2015 34:1083)

訳 Met は，癌の進行を促進する受容体型チロシンキナーゼである

enhance 〔増強する／高める〕

例 has been shown to enhance（〜は，…を増強すると示されている）

例文 Thymosin β4 (Tβ4) **has been shown to enhance** the survival of cultured cardiomyocytes. (Circulation. 2013 128:S32)

訳 サイモシンβ4 (Tβ4) は，培養された心筋細胞の生存を高めると示されている

prevent 〔防止する〕

キーフレーズ		
can prevent infection	〜は，感染を防止できる	IM1-Step1

例文 Broadly neutralizing antibodies (bNAbs) to HIV-1 **can prevent infection** and are therefore of great importance for HIV-1 vaccine design. (Cell. 2013 153:126)

訳 HIV-1 に対する広域中和抗体 (bNAbs) は，感染を防止できる

act 〔働く〕

キーフレーズ		
act as	〜は，…として働く	IM2-Step1

第二部：本編

D 背景情報／課題／展望を述べる表現

263

D-2	研究対象を特徴づけするときのキーワード

例文 Indole has been proposed to **act as** an extracellular signal molecule influencing biofilm formation in a range of bacteria. (J Bacteriol. 2009 191:3504)

訳 インドールは，〜に影響する細胞外シグナル分子として働くと提唱されてきた

emerged 〔現れた〕

● 現在完了形の用例が非常に多い.

キーフレーズ

has emerged	〜は現れた	IM2-Step1

例文 Calcification **has emerged** as a significant predictor of cardiovascular morbidity and mortality, challenging previously held notions that calcifications stabilize atherosclerotic plaques. (Curr Opin Lipidol. 2014 25:327)

訳 石灰化は，〜の有意な予測因子として現れた

その他のフレーズ

has emerged as	〜は，…として現れた
has emerged as a key **名** of	〜の鍵となる…として現れた

例 has emerged as a key regulator of（〜は，…の鍵となる制御因子として現れた）

thought 〔考えられる〕

キーフレーズ

is/are thought to **動**	〜は，…すると考えられる	IM2-Step1, IM1-Step1
thought to be	〜であると考えられる	IM2-Step1

例文 GTPase accumulation **is thought to** involve positive feedback, such that active GTPase promotes further delivery and/or activation of more GTPase in its vicinity. (Curr Biol. 2014 24:753)

訳 GTPase の蓄積は，正のフィードバックに関わると考えられる

—— emerged / thought / known / referred / lead to / leading to

known 〔知られている〕

キーフレーズ		
is known to 動	～は，…すると知られている	RM1-Step1
known as	～として知られている	IM2-Step1

例文 The DDR machinery **is known to** play important roles in developmental processes such as gametogenesis. (Cell. 2014 157:869)

訳 DDR 機構は，～において重要な役割を果たすことが知られている

referred 〔呼ばれる〕

キーフレーズ		
referred to as	～と呼ばれる	IM1-Step1

例文 Pantothenate, commonly **referred to as** vitamin B5, is an essential molecule in the metabolism of living organisms and forms the core of coenzyme A. (J Bacteriol. 2013 195:965)

訳 一般的にビタミン B5 と呼ばれるパントテン酸は，～の代謝における必須分子である

lead to 〔～を導く〕

● lead は，他動詞としても使われる (**A-1**参照).

キーフレーズ		
can lead to 名	～は，…を導きうる	IM1-Step1

例文 Defects in chromosome segregation result in aneuploidy, which **can lead to** disease or cell death. (Curr Biol. 2012 22:296)

訳 染色体分配の欠陥は異数性という結果になり，それは疾患や細胞死を導きうる

leading to 〔～を導く〕

● leading は，形容詞としても使われる (**D-1**参照).

キーフレーズ		
, leading to 名	(このことは) ～を導く	IM1-Step1

第二部：本編

D 背景情報／課題／展望を述べる表現

D-2 研究対象を特徴づけするときのキーワード

例文 Mechanistically, miR-155 inhibits PU.1 expression, **leading to** Pax5 down-regulation and the initiation of the plasma cell differentiation pathway. (J Exp Med. 2014 211:2183)

訳 このことは，Pax5 の発現低下を導く

その他のフレーズ

, leading to enhanced 名	（このことは）増強された〜を導く
例 , leading to enhanced invasion 〔（このことは）増強された浸潤を導く〕	
, leading to increased 名	（このことは）増大した〜を導く
, thus leading to 名	それゆえ，（このことは）〜を導く
, thereby leading to 名	そのため，（このことは）〜を導く

resulting in 〔〜という結果になる〕

キーフレーズ

, resulting in	（このことは）〜という結果になる	IM2-Step1

例文 GII.4 noroviruses undergo a pattern of epochal evolution, **resulting in** the emergence of new strains with altered antigenicity over time, complicating vaccine design. (J Virol. 2014 88:7256)

訳 このことは，〜の出現という結果になる

その他のフレーズ

, resulting in decreased 名	（このことは）低下した〜という結果になる
, resulting in increased 名	（このことは）増大した〜という結果になる
例 , resulting in increased levels 〔（このことは）増大したレベルという結果になる〕	

can 〔〜しうる〕

キーフレーズ

can be	〜は，…でありうる	IM2-Step1, DM3-Step2
can prevent infection	〜は，感染を防ぎうる	IM1-Step1
can lead to 名	〜は，…を導きうる	IM1-Step1

266　生命科学論文を書きはじめる人のための英語鉄板ワード＆フレーズ

resulting in / can / such

例文 Passive transfer of neutralizing antibodies against HIV-1 **can prevent infection** in macaques and seems to delay HIV-1 rebound in humans. (Proc Natl Acad Sci USA. 2012 109:15859)

訳 HIV-1 に対する中和抗体の受動移送は，感染を防ぎうる

その他のフレーズ

can result in	～は，…という結果になりうる
can give rise to **名**	～は，…を生じうる
can be explained by	～は，…によって説明されうる
can be modulated by	～は，…によって修飾されうる
can be used to **動**	～は，…するために使われうる
can be attributed to **名**	～は，…のせいでありうる
can be applied to **名**	～は，…に適用されうる
can be found in	～は，…において見つけられうる
can be detected in	～は，…において検出されうる
can be interpreted as	～は，…として解釈されうる
, which can be	（このことは）～でありうる

形容詞

such 〔のような〕

キーフレーズ

such as	～のような	IM1-Step1, IM2-Step1, DM2-Step1, DM3-Step1
disorders such as	～のような疾患	IM1-Step1

例文 Abnormal D2R signaling has been implicated in psychiatric **disorders such as** schizophrenia. (Nat Neurosci. 2013 16:1627)

訳 異常な D2R シグナル伝達は，統合失調症のような精神疾患と関係づけられてきた

D-2 研究対象を特徴づけるときのキーワード

名詞

hallmark 〔特徴〕

- [類語] feature（特徴）

キーフレーズ		
a hallmark of	～の特徴	IM1-Step1

例文 Genome instability is **a hallmark of** cancer cells. (Oncogene. 2015 34:4019)

訳 ゲノム不安定性は，癌細胞の特徴である

activity 〔活性〕

キーフレーズ		
the activity of	～の活性	IM2-Step1

例文 Calmodulin (CaM) is a multifunctional Ca^{2+}-binding protein that regulates **the activity of** many enzymes in response to changes in the intracellular Ca^{2+} concentration. (J Mol Biol. 2005 346:1351)

訳 カルモジュリン (CaM) は，多くの酵素の活性を制御する多機能性の Ca^{2+} 結合タンパク質である

translation 〔翻訳〕

キーフレーズ		
the translation of	～の翻訳	IM2-Step1

例文 FMRP is thought to regulate **the translation of** target mRNAs, including its own transcript. (Proc Natl Acad Sci USA. 2003 100:14374)

訳 FMRP は，標的 mRNA の翻訳を制御すると考えられている

副詞

often 〔しばしば〕

例 are often associated with（～は，しばしば…と関連している）

例文 Recent studies have shown that EZH2 mutations **are often associated**

268　生命科学論文を書きはじめる人のための英語鉄板ワード＆フレーズ

with RUNX1 mutations in MDS patients, although its pathological function remains to be addressed. (Nat Commun. 2014 5:4177)

訳 EZH2 の変異は，RUNX1 の変異としばしば関連している

frequently 〔しばしば〕

例文 Vascular permeability is **frequently** associated with inflammation and is triggered by a cohort of secreted permeability factors such as vascular endothelial growth factor (VEGF). (Cell. 2014 156:549)

訳 血管透過性は，しばしば炎症と関連している

typically 〔典型的に〕

例 typically associated with（典型的には〜と関連している）

例文 The RelA/p65 subunit of NF-κB is **typically associated with** transcriptional activation. (Oncogene. 2012 31:1143)

訳 NF-κB の RelA/p65 サブユニットは，典型的には転写活性化と関連している

commonly 〔一般的に／通常〕

例 are commonly used to **動**（…するために，〜が通常使われる）

例文 Several inhibitors **are commonly used to** study CaMKII function, but these inhibitors all lack specificity. (Mol Biol Cell. 2007 18:5024)

訳 CaMKII 機能を研究するために，いくつかの阻害剤が通常使われる

ultimately 〔最終的に〕

例 ultimately leads to **名**（最終的に〜を導く）

例文 Impaired CPC-dependent reparative remodeling **ultimately leads to** continuous decline of cardiac function in Fn knockout animals. (Circ Res. 2013 113:115)

訳 CPC 依存性修復的リモデリングの障害は，〜の持続性低下に最終的につながる

D-2 研究対象を特徴づけするときのキーワード ――――― now

now〔今〕

キーフレーズ

is now	～は，今，…である	IM1-Step1

例文 **It is now well established that** Myc levels are in part regulated by ubiquitin-dependent proteasomal degradation. (Development. 2013 140:4776)

訳 ～ということは，今やよく確立されている

その他のフレーズ

it is now well established that	～ということは，今やよく確立されている
it is now clear that	～ということは，今や明らかである

D-3 重要性を強調するときのキーワード

（**IM1-Step1: 背景情報**，**IM2-Sttep1: 先行研究**，**DM1-Step3: 本研究の意義**，
DM1-Step1: 背景情報，DM2-Step1: 背景情報，DM2-Step3: 個々の解釈）

キーワード	
動詞	is（〜である），play（果たす）
形容詞	important（重要な），critical（決定的な），essential（必須の），key（鍵となる），interesting（興味深い），major（主要な），first（最初の）
名詞	role（役割），knowledge（知識）

- 研究対象を紹介／定義する際には，同時に，その**重要性を強調**することが多い（IM1-Step1: 背景情報，IM2-Sttep1: 先行研究）．（**D-1**参照）

- Discussionでは，**研究結果の重要性**を強調する場合も多い．

- **研究の意義**を述べる際に，**重要性を強調**する表現が使われることもある（**DM1-Step3: 本研究の意義**）．

- **強調表現**として，**[play+role]**との組み合わせがよく使われる．「役割を果たす」とは，「重要である」とほぼ同義なのである．

- [play+role]の用例でも，**重要性**を**強調**する**形容詞**が使われる．play a/an (important/critical/essential) role inの形である．

第二部：本編

D 背景情報／課題／展望を述べる表現

D-3 重要性を強調するときのキーワード

動詞

is 〔～である〕

キーフレーズ

is essential for	～は，…にとって必須である	IM1-Step1, RM3-Step1
is critical	～は，決定的である	IM1-Step1
is important	～は，重要である	DM1-Step1, DM2-Step1/2/3
it is essential	必須である	IM1-Step1
it is 形 to 動	～することは，…である	DM2-Step3

例 it is important to note that（～ということに言及することは重要である）
it is interesting to note that（～ということに言及することは興味深い）
it is tempting to speculate that（～と推測することは魅力的である）

例文 **It is important to note that** all-cause mortality also was significantly
reduced by candesartan (642 [28.0%] versus 708 [31.0%]; HR 0.88 [95% CI
0.79 to 0.98]; P=0.018). (Circulation. 2004 110:2618)
訳 ～ということに言及することは重要である

play 〔果たす〕

● play a role inの形で重要性を強調するために使われることが多い.

キーフレーズ

play an important role in	～は，…の際に重要な役割を果たす	IM1-Step1, IM2-Step1
to play	～を果たすと…	IM1-Step1

例 have been proposed to play a role in（～は，…の際に役割を果たすと提唱され
てきた）

例文 Histone methylation **plays an important role in** regulating gene
expression. (Genes Dev. 2011 25:263)
訳 ヒストンのメチル化は，遺伝子発現を調節する際に重要な役割を果たす

—— is / play / important / critical

形容詞

important 〔重要な〕

● 将来の課題を述べるためにも使われる（**D-6**参照）.

キーフレーズ		
play an important role in	～は，…の際に重要な役割を果たす	IM1-Step1, IM2-Step1
important for	～にとって重要である	IM2-Step1, DM2-Step1
shown to be important for	～にとって重要であると示される	IM2-Step1
important to **動**	～するのは重要な	DM2-Step3/4, DM3-Step2
is important	～は，重要である	DM1-Step1, DM2-Step1/2/3

例文 The dynactin protein complex **is important for** dynein activity in vivo, but its precise role has been unclear. (Science. 2014 345:337)

訳 ダイナクチンタンパク質複合体は，ダイニン活性にとって重要である

critical 〔決定的な〕

● 結果の解釈を述べるためにも使われる（**C-1**参照）.
● is critical toの後には，動詞（不定詞）が続く場合と名詞が続く場合とがある.

キーフレーズ		
is critical	～は，決定的である	IM1-Step1

例 is critical for the development of（～は，…の開発にとって決定的である）
is critical to cell growth（～は，細胞増殖に決定的である）
is critical to enhance（～は，…を増強するために決定的である）
it is critical to study（～を研究することが決定的である）

例文 Regulated protein localization **is critical for** many cellular processes. (Nat Commun. 2014 5:5475)

訳 制御されたタンパク質の局在は，多くの細胞過程にとって決定的である

essential 〔必須の〕

● is essential toの後には，動詞（不定詞）が続く場合と名詞が続く場合とがある.

D-3 重要性を強調するときのキーワード

キーフレーズ

is essential for	～は，…にとって必須である	IM1-Step1, RM3-Step1
is essential to 名	～は，…に必須である	IM1-Step1
例 is essential to the maintenance of（～は，…の維持に必須である）		
is essential to 動	～するために必須である	IM1-Step1
例 is essential to maintain（～は，…を維持するために必須である）		
it is essential	必須である	IM1-Step1
例 it is essential to understand（～を理解することが必須である）		

例文 Vitamin B-12 **is essential for** the development and maintenance of a healthy nervous system. (PLoS One. 2012 7:e51084)

訳 ビタミン B-12 は，～の発達と維持にとって必須である

key〔鍵となる〕

例文 Lipid A is a **key** component of the outer membrane of Gram-negative bacteria and stimulates proinflammatory responses via the Toll-like receptor 4 (TLR4)-MD2-CD14 pathway. (Infect Immun. 2012 80:3215)

訳 リピド A は，～の外膜の鍵となる構成成分である

interesting〔興味深い〕

キーフレーズ

interesting to 動	～することは興味深い	DM2-Step3/4
例 it is interesting to note that（～ということに言及することは興味深い）		

例文 **It is interesting to note that** JAK kinases (JAK1, JAK2, JAK3, and Tyk2) were not consistently activated in Bcr/Abl-positive cells. (J Exp Med. 1996 183:811)

訳 ～ということに言及することは興味深い

major〔主要な〕

例文 Alternative splicing is the **major** source of proteome diversity in humans and thus is highly relevant to disease and therapy. (Nat Biotechnol. 2004 22:535)

訳 選択的スプライシングは，プロテオーム多様性の主要な源である

essential / key / interesting / major / first / role / knowledge

first 〔最初の〕

- for the first time は，文頭より文中が多い．
- 副詞としても使われる（**A-3**参照）．

キーフレーズ		
for the first time	初めて	DM1-Step3

例文 Here, we demonstrate **for the first time** the utility of a simple millifluidic chip for an in situ real time analysis of morphology and dimension-controlled growth of gold nano- and microstructures with a time resolution of 5 ms. (J Am Chem Soc. 2013 135:5450)

訳 ここで我々は，初めて，〜の有用性を実証する

名詞

role 〔役割〕

- play a role in の形で**重要性を強調する**ために使われる．
- 研究対象の役割を意味することも多い（**A-2**, **C-1**, **C-5**参照）．

キーフレーズ		
play an important role in	〜は，…の際に重要な役割を果たす	IM1-Step1, IM2-Step1
a 形 role in	〜の際に…な役割	IM1-Step1, DM2-Step3, RM3-Step1

例文 Adipose tissue insulin resistance **plays a key role in** the development of metabolic and histological abnormalities of obese patients with NAFLD. (Hepatology. 2012 55:1389)

訳 脂肪組織のインスリン抵抗性は，〜の発症において鍵となる役割を果たす

knowledge 〔知識〕

例文 To our **knowledge**, this is the first study to present genetic evidence of sexual coercion as an adaptive strategy in a social mammal. (Curr Biol. 2014 24:2855)

訳 我々の知る限り，これは〜する最初の研究である

第二部：本編

D 背景情報／課題／展望を述べる表現

275

D-4 先行研究を紹介するときのキーワード

（**IM2-Step1: 先行研究**，**IM1-Step1: 背景情報**，**DM2-Step1: 背景情報**，RM1-Step1: 背景情報）

キーワード

動詞	have（現在完了形），been（完了形），shown（示される／示した），reported（報告される／報告した），demonstrated（実証した／実証される），suggested（示唆される／示唆した），proposed（提唱される），found（見つけられる），identified（同定される），revealed（明らかにした），used（使われる），developed（開発される）
形容詞	recent（最近の），several（いくつかの），previous（以前の）
名詞	studies（研究），reports（報告），mechanism（機構），models（モデル）
副詞	recently（最近）

- Introduction（IM1-Step1, IM2-Step1）では，**背景情報**を提示することが重要である．原則として背景情報は，すべて**先行研究**に基づくものでなければならい．**文献を引用**すれば，先行研究に基づくことは分かる．しかし，**重要な先行研究**を引用する際には，studies や reports を用いたり，**現在完了形**を使用したりして強調することがよくある．

- 能動態の文では，studies が**主語**となることが多い．一方，受動態の文では，**研究対象が主語**となることが多い．

- **着眼点**となるような重要な先行研究を紹介する場合には，recent や recently を用いて強調することがよくある．

- 先行研究の紹介では，**現在完了形**がよく使われる．

- 現在完了形で使われる suggested や proposed は，先行研究で「示唆」されたり「提唱」されたりしていることを意味する．一方，現在形の suggest や propose は，本研究の中で「示唆（予想）」したり「提唱」したりすることを意味する．

- 現在完了形の shown は，先行研究を紹介するときだけでなく，本研究に言及するときにも使われる．本研究の一連の流れの中で「示している」という意味の現在

生命科学論文を書きはじめる人のための英語鉄板ワード＆フレーズ

完了形である.

- studies と組み合わせる**形容詞**として，recent, several, previous がよく使われる.

- Discussion（DM2-Step1）でも**先行研究**に言及する．recent studies や several studies が主に Introduction で使われるのに対して，previous studies や previous reports は Discussion で使われることが多い.

- Discussion（DM2-Step1）では，先行研究は**比較**のために紹介されることが多い.

- **現在完了形**で使われる**動詞（過去分詞）**としては，shown, demonstrated, suggested, proposed, found, identified, revealed, used, developed がよく使われる.

- **主語**として使われる**名詞**としては，studies, reports, mechanism がよく使われる.

- 特に重要な先行研究を紹介するときの**副詞**としては，recently がよく使われる.

D-4 先行研究を紹介するときのキーワード

動詞／助動詞

have（現在完了形）

● 先行研究の紹介では，**現在完了形**が非常によく使われる．

例文 Recent studies **have** revealed multiple functions for these molecules and suggest that a precise balance of their activity is crucial. (Curr Opin Neurobiol. 2011 21:17)

訳 最近の研究は，〜に対する複数の機能を明らかにしている

been（完了形）

● 先行研究の紹介では，**現在完了形**が非常によく使われる．

キーフレーズ

has/have been shown to **動**	〜は，…すると示されている	IM2-Step1, DM2-Step1
been shown to be	〜であると示されている	IM2-Step1
has been used to **動**	〜は，…するために使われてきた	IM2-Step1
have been identified in	〜は，…において同定されている	IM2-Step1, IM1-Step1
has/have been proposed to **動**	〜は，…すると提唱されてきた／…するために提唱されてきた	IM2-Step1
has been suggested to **動**	〜は，…すると示唆されている	IM2-Step1
been demonstrated	実証されている	IM2-Step1
been found in	〜において見つけられている	IM2-Step1
been developed	開発されている	IM2-Step1
been implicated in	〜と関係している	IM2-Step1
been associated with	〜と関連している	IM2-Step1
it has been	…されている	DM2-Step1, IM2-Step1
it has been **過去分詞** that	〜ということが…されている	DM2-Step1
it has been reported that	〜ということが報告されている	DM2-Step1
mechanisms have been	機構は，〜されている	IM2-Step1
have also been	〜は，また，…されている	IM2-Step1

生命科学論文を書きはじめる人のための英語鉄板ワード＆フレーズ

—————— have / been / shown / reported

previously been	以前に，〜されている	RM1-Step1

例文 Nicotinic receptor systems **have been shown to be** important for working memory. (Brain Res. 2006 1081:72)

訳 ニコチン受容体システムは，作業記憶にとって重要であると示されている

shown 〔示される／示した〕

● 先行研究の紹介では，**現在完了形の受動態**がよく使われる．
● 現在完了形のwe主語文は，本研究の概略を示すときに使われる（**C-5**参照）．

キーフレーズ

has/have been shown to **動**	〜は，…すると示されている	IM2-Step1, DM2-Step1
been shown to be	〜であると示されている	IM2-Step1
shown to be important for	〜にとって重要であると示される	IM2-Step1
was shown to **動**	〜は，…すると示された	IM2-Step1
studies have shown that	研究は，〜ということを示している	IM2-Step1

例文 Several ribosomal proteins **have been shown to** induce and activate p53 via inhibition of MDM2. (J Biol Chem. 2011 286:22730)

訳 いくつかのリボソームタンパク質は，〜を誘導すると示されている

reported 〔報告される／報告した〕

● 先行研究の紹介では，**現在完了形の受動態**がよく使われる．

キーフレーズ

reported that	〜ということが報告される／〜ということを報告した	DM2-Step1, IM2-Step1
been reported	報告されている	DM2-Step1
reported to	〜すると報告される	DM2-Step1
has/have been reported	〜は，報告されている	DM2-Step1
it has been reported that	〜ということが報告されている	DM2-Step1

例文 Recently, a dominant negative mutation of Rac2, D57N, **has been reported to** be associated with a human phagocytic immunodeficiency. (J Biol Chem.

第二部：本編

D 背景情報／課題／展望を述べる表現

2001 276:15929)

> **訳** Rac2 のドミナントネガティブ変異 D57N は，ヒトの食細胞性免疫不全と関連
> していると報告されている

demonstrated〔実証した／実証される〕

- studies を主語とする**現在完了形**の文が多い.
- we を主語とする現在完了形の文は，本研究の結論や概略を示すときに使われる
  (**C-4**, **C-5**参照).

キーフレーズ		
have demonstrated	～は，…を実証している	IM2-Step1
demonstrated that	～ということを実証した	IM2-Step1
been demonstrated	実証されている	IM2-Step1

> **例文** Recent studies **have demonstrated that** plant pathogens rely on epigenetic
> processes for this purpose. (Trends Microbiol. 2013 21:575)
>
> > **訳** 最近の研究は，～ということを実証している

suggested〔示唆される／示唆した〕

- 先行研究の紹介のために**現在完了形**がよく使われる.
- 過去形は，結果の解釈を示すときに使われる (**C-1**参照).

キーフレーズ		
has been suggested to **動**	～は，…すると示唆されている	IM2-Step1
例 has been suggested to play a role in （～は，…において役割を果たすと示唆されている）		
studies have suggested	研究は，～を示唆している	IM2-Step1
have suggested that	～は，…ということを示唆している	IM2-Step1

> **例文** Recent **studies have suggested that** mucosal antiviral immune responses
> play an important role in preventing systemic infection after exposure to
> the virus. (J Virol. 2014 88:7962)
>
> > **訳** 最近の研究は，～ということを示唆している

—— demonstrated / suggested / proposed / found / identified

proposed 〔提唱される〕

- 先行研究の紹介のために**現在完了形の受動態**がよく使われる.
- 現在形の**propose**は本研究での**提唱**を示すために使われる（**C-4**参照）.

キーフレーズ		
has/have been proposed to 動	～は，…すると提唱されてきた／…するために提唱されてきた	IM2-Step1
例 has been proposed to regulate（～は，…を制御すると提唱されてきた） has been proposed to account for（～が，…を説明するために提唱されてきた）		

例文 MyoD **has been proposed to** facilitate terminal myoblast differentiation by binding to and inhibiting phosphorylation of the retinoblastoma protein (pRb). (EMBO J. 1999 18:6983)

訳 MyoD は，～を促進すると提唱されてきた

found 〔見つけられる〕

- 先行研究の紹介のために**現在完了形の受動態**がよく使われる.
- we主語の過去形の文は，本研究の結果や概略を述べるときに使われる（**B-1**, **C-5**参照）.

キーフレーズ		
been found in	～において見つけられている	IM2-Step1

例文 Overexpression of EGFR **has** also **been found in** more than 70% of carcinomas of the cervix. (J Nucl Med. 2008 49:1472)

訳 EGFR の過剰発現は，また，子宮頸部の癌の 70% 以上で見つけられている

その他のフレーズ	
has/have been found to 動	～は，…することが見つけられている

identified 〔同定される〕

- 先行研究の紹介のために**現在完了形の受動態**がよく使われる.

キーフレーズ		
have been identified in	～は，…において同定されている	IM2-Step1

D-4 先行研究を紹介するときのキーワード

> **例文** Five morphological types of ipRGCs, M1-M5, **have been identified in mice.** (J Physiol. 2014 592:1619)
>
> **訳** 5つの形態学的タイプの ipRGCs，M1-M5，がマウスで同定されている

revealed 〔明らかにした〕

● 先行研究の紹介のために**現在完了形の受動態**がよく使われる．

キーフレーズ		
have revealed	〜は，…を明らかにしている	IM2-Step1

> **例文** Recent studies **have revealed** that TAZ/YAP activity is regulated by mechanical and cytoskeletal cues as well as by various extracellular factors. (Development. 2014 141:1614)
>
> **訳** 最近の研究は，〜ということを明らかにしている

used 〔使われる〕

● 先行研究の紹介のために**現在完了形の受動態**がよく使われる．

キーフレーズ		
has been used to **動**	〜は，…するために使われてきた	IM2-Step1
例 has been used to identify（〜は，…を同定するために使われてきた）		

> **例文** Psi-analysis **has been used to identify** interresidue contacts in the transition state ensemble (TSE) of ubiquitin and other proteins. (J Mol Biol. 2009 386:920)
>
> **訳** Psi 分析は，〜を同定するために使われてきた

developed 〔開発される〕

● 先行研究の紹介のために**現在完了形の受動態**がよく使われる．

キーフレーズ		
been developed	開発されてきた	IM2-Step1

> **例文** Several techniques have **been developed** for experimental control over protein localization, including chemically induced and light-induced dimerization, which both provide temporal control. (Nat Commun. 2014

5:5475)

訳 いくつかの技術が，〜のために開発されてきた

形容詞

recent 〔最近の〕

● study/studies と組み合わせて使われることが非常に多い.

キーフレーズ		
recent studies have 過去分詞 that	最近の研究は，〜ということを…している	IM2-Step1
例 recent studies have shown that（最近の研究は，〜ということを示している）		
a recent study 過去形 that	最近の研究は，〜ということを…した	DM2-Step1
例 a recent study showed that（最近の研究は，〜ということを示した）		
more recent 名	より最近の	IM2-Step1
例 a more recent study（より最近の研究）		

例文 **Recent studies have shown that** certain types of transformed cells are extruded from an epithelial monolayer. (Nat Commun. 2014 5:4428)

訳 最近の研究は，〜ということを示している

several 〔いくつかの〕

キーフレーズ		
several studies have	いくつかの研究は，〜している	IM2-Step1
several mechanisms	いくつかの機構	IM1-Step1

例文 **Several studies have** demonstrated that dose alterations with MMF are associated with poorer graft outcomes. (Transplantation. 2010 89:446)

訳 いくつかの研究は，〜ということを実証している

previous 〔以前の〕

● Introduction (IM2) ではなく，Discussion (DM2) で使われることが多い.

D-4 先行研究を紹介するときのキーワード

キーフレーズ		
previous studies	以前の研究	DM2-Step1
a previous study	以前の研究	DM2-Step1

例文 **Previous studies** reported increased resistance to LPS-induced lethality in CCR4 $^{-/-}$ mice compared with wild-type mice. (J Immunol. 2006 177:7531)

訳 以前の研究は，抵抗性の増大を報告した

名詞

studies 〔研究〕

● 先行研究の紹介のために，**現在完了形の文**で主語として使われることが多い.

キーフレーズ		
studies have 過去分詞 that	研究は，〜ということを…している	IM2-Step1, DM2-Step1
studies have shown that	研究は，〜ということを示している	IM2-Step1
studies have suggested	研究は，示唆している	IM2-Step1
studies suggest that	研究は，〜ということを示唆する	IM2-Step1
recent studies have	最近の研究は，〜している	IM2-Step1
several studies have	いくつかの研究は，〜している	IM2-Step1
studies have	研究は，〜している	IM1-Step1, IM2-Step1, DM2-Step1
recent studies	最近の研究	IM2-Step1
previous studies	以前の研究	DM2-Step1
studies showing	〜を示している研究	DM2-Step1
other studies	他の研究	DM2-Step1

例文 **Recent studies have shown that** blood memory Tfh cells are composed of phenotypically and functionally distinct subsets. (Trends Immunol. 2014 35:436)

訳 最近の研究は，〜ということを示している

studies / study / reports / mechanism / models

study〔研究〕

キーフレーズ		
a recent study 過去形 that	最近の研究は，～ということを…した	DM2-Step1
例 a recent study showed that（最近の研究は，～ということを示した）		
a previous study	以前の研究	DM2-Step1

例文 **A previous study showed that** HIF-1 mediates some of the IH-evoked physiological responses. (Proc Natl Acad Sci USA. 2009 106:1199)

訳 以前の研究は，～ということを示した

reports〔報告〕

● 動詞としても使われる（**C-5**参照）．

例文 Previous **reports** showed that Wip1 was transcriptionally induced by p53 at the early stage of the DNA damage response. (Cancer Res. 2010 70:7176)

訳 以前の報告は，～ということを示した

mechanism〔機構〕

● 研究対象が働く仕組みなどを述べるために様々な文脈で使われる．

キーフレーズ		
mechanisms have been	機構は，～であった	IM2-Step1
several mechanisms	いくつかの機構	IM1-Step1
mechanism for	～のための機構	DM2-Step1/3

例文 **Several mechanisms have been** proposed to account for the development of steatosis and fatty liver during HCV infection. (J Virol. 2014 88:4195)

訳 いくつかの機構が，～を説明するために提唱されてきた

models〔モデル〕

キーフレーズ		
animal models	動物モデル	IM1-Step1
mouse models	マウスモデル	IM2-Step1

第二部：本編

D 背景情報／課題／展望を述べる表現

例文 Experiments in **animal models** are often conducted to infer how humans will respond to stimuli by assuming that the same biological pathways will be affected in both organisms. (Bioinformatics. 2015 31:501)

訳 動物モデルにおける実験が，しばしば行われている

recently〔最近〕

キーフレーズ

more recently	さらに最近（では）	IM2-Step1
recently, we	最近，我々は	IM2-Step1

例文 **Recently, we** showed that minor injury produces long-term sensitization of behavioral and neuronal responses in squid, Doryteuthis pealei. (Curr Biol. 2014 24:1121)

訳 最近，我々は～ということを示した

D-5 問題／課題を述べるときのキーワード

（**IM1-Step2: 問題・課題**, **IM2-Step2: 問題・課題**, DM2-Step4: 個々の課題, DM2-Step1: 背景情報）

キーワード

動詞	remain（〜のままである）, is（〜である）, known（知られている）
形容詞	unclear（不明である）, unknown（知られていない）, controversial（議論の余地がある）, unresolved（未解明の）, emerging（新たな）
名詞	mechanism（機構）, little（ほとんどないこと）, question（疑問）, evidence（証拠）, understanding（理解）
副詞	however（しかし）, yet（まだ）, not（〜でない）, poorly（不十分に）, urgently（緊急に）
接続詞	whether（〜かどうか）

- 課題には，**本研究の課題**と**将来の課題**の2種類がある．ここでは，主にIntroductionで示される**本研究の課題**を取り上げる．一方，Discussionで示される**将来の課題**については別項でまとめる（**D-6**参照）．

- 問題／課題を提示する文では，**否定的な意味の名詞**（little），**形容詞**（unclear, unknown, controversial, unresolved），**副詞**（however, yet, not, poorly）が用いられることが多い．

- **否定的な表現**と組み合わせる**動詞**として，remain，knownがある．

- **逆接的なつなぎ表現**（however, nevertheless, although）が使われることも多い．

- 問題／課題を提示する文で特徴的な**名詞**としては，mechanism，question，evidence，understandingが用いられる．

- Introduction（IM1-Step2, IM2-Step2）では，**予想**や**必要性**も，課題の提示と捉えるべきである．

D-5 問題／課題を述べるときのキーワード

動詞

remain 〔～のままである〕

キーフレーズ		
remain poorly understood	～は，十分には分かっていないままである	IM1-Step2
remain(s) unclear	～は，明らかでないままである	IM2-Step2
remains unknown	～は，不明なままである	IM2-Step2

例文 However, the molecular mechanisms mediating these effects **remain poorly understood**. (FASEB J. 2014 28:2191)

訳 しかし，これらの効果を仲介する分子機構は十分には分かっていないままである

is 〔～である〕

キーフレーズ		
little is known about	～についてはほとんど知られていない	IM2-Step2
is not known	～は，知られていない	IM2-Step2
it is unclear	不明である	IM2-Step2
it is unclear/unknown whether	～かどうかは，不明である／知られていない	IM2-Step2
it is not clear/known whether	～かどうかは，明らかでない／知られていない	IM2-Step2
however, it is	しかし，～は…である	IM2-Step2
there is	～がある	IM1-Step2

例文 **However, it is not clear whether** BRCA1 expression affects alcohol-induced transcription of Pol III genes. (Gene. 2015 556:74)

訳 しかし，～かどうかは明らかでない

known 〔知られている〕

キーフレーズ		
little is known about	～についてはほとんど知られていない	IM2-Step2

生命科学論文を書きはじめる人のための英語鉄板ワード＆フレーズ

is not known	〜は，知られていない	IM2-Step2

例文 However, **little is known about** its connection to enterovirus 71 (EV71). (J Virol. 2014 88:9830)

訳 しかし，〜についてはほとんど知られていない

形容詞

unclear 〔不明である〕

キーフレーズ

it is unclear	〜は，不明である	IM2-Step2
unclear whether	〜かどうかは不明である	IM2-Step2
例 it is unclear whether （〜かどうかは不明である）		
remain(s) unclear	〜は，不明なままである	IM2-Step2
例 it remains unclear whether （〜かどうかは不明なままである）		

例文 However, **it is unclear whether** countervailing mechanisms are engaged in these states. (Nat Commun. 2014 5:5316)

訳 しかし，〜かどうかは不明である

---

unknown 〔知られていない〕

キーフレーズ

remains unknown	〜は，知られていないままである	IM2-Step2

例文 The mechanism underlying this lineage restriction **remains unknown**. (Nat Commun. 2014 5:4978)

訳 この系列制限の根底にある機構は，知られていないままである

---

controversial 〔議論の余地がある〕

例文 The hippocampus is critical for human episodic memory, but its role remains **controversial**. (Neuron. 2014 81:1165)

訳 しかし，それの役割は議論の余地があるままである

D-5 問題／課題を述べるときのキーワード

unresolved〔未解明の〕

例文 The molecular details for the mechanism of membrane remodeling by Sar1 remain **unresolved**. (J Mol Biol. 2014 426:3811)

訳 Sar1 による膜リモデリングの機構の分子的詳細は，未解明のままである

emerging〔新たな〕

キーフレーズ		
emerging evidence	新たな証拠	IM2-Step2

例文 **Emerging evidence** indicates that statins exert multiple effects on lipoprotein metabolism, including chylomicrons and HDLs. (Curr Opin Lipidol. 2013 24:221)

訳 新たな証拠は，〜ということを示している

名詞

mechanism〔機構〕

● 研究対象が働く仕組みなど，未解明の機構を述べるために様々な文脈で使われる．

キーフレーズ		
however, the mechanism	しかし，機構は	IM2-Step2
例 However, the mechanism by which（しかし，〜である機構は） However, the mechanism of（しかし，〜の機構は）		
mechanism of	〜の機構	IM2-Step2

例文 **However, the mechanism by which** this occurs is unknown. (Oncogene. 2015 34:1432)

訳 しかし，これが起こる機構は知られていない

little〔ほとんどないこと〕

● 形容詞としても使われる（ B-3 参照）．

キーフレーズ		
little is known about	〜についてはほとんど知られていない	IM2-Step2

290　生命科学論文を書きはじめる人のための英語鉄板ワード＆フレーズ

—— unresolved / emerging / mechanism / little / question / evidence / understanding

例文 **Little is known about** the role of skeletal muscle during systemic influenza A virus infection in any host and particularly avian species. (J Virol. 2015 89:2494)

訳 ～についてはほとんど知られていない

question 〔疑問〕

例 raised the question of whether（～は，…かどうかという疑問を提起した）

例文 This **raised the question of whether** drug-resistant tumors are more readily recognized by MHC-restricted CTLs. (Cancer Res. 1998 58:4790)

訳 これは，～かどうかという疑問を提起した

evidence 〔証拠〕

● IM1-Step2やIM2-Step2では，先行研究で示された証拠を意味する.

● それ以外では，本研究で提示する証拠を意味することが多い（**C-1**，**C-5**参照）.

キーフレーズ		
evidence suggests	証拠は，～を示唆する	IM1-Step2
emerging evidence	新たな証拠	IM2-Step2

例文 **Emerging evidence suggests** that the ribosome has a regulatory function in directing how the genome is translated in time and space. (Nature. 2015 517:33)

訳 新たな証拠は，～ということを示唆している

understanding 〔理解〕

● 動名詞としてもよく使われる.

キーフレーズ		
understanding of	～に関する理解	IM1-Step2, IM2-Step2, DM3-Step2

例文 A better **understanding of** the CRISPR/Cas9 specificity is needed to minimize off-target cleavage in large mammalian genomes. (Nucleic Acids Res. 2014 42:7473)

訳 CRISPR/Cas9 の特異性に関するより良い理解が，オフターゲット切断を最小化するために必要とされる

第二部：本編

D 背景情報／課題／展望を述べる表現

D-5 問題／課題を述べるときのキーワード

副詞

however〔しかし〕

- 問題提起の際に使われることが多い.
- 変化なし結果を示すときにも使われる (**B-3** 参照).
- 結果の解釈を対比的に述べるときにも使われる (**C-1** 参照).

キーフレーズ		
however, it is	しかし, ～は…である	IM2-Step2
however, the mechanism	しかし, 機構は	IM2-Step2

例文 **However, it is** unclear whether this association reflects causal processes. (Nat Genet. 2013 45:1345)

訳 しかし, ～かどうかは不明である

yet〔まだ〕

キーフレーズ		
not yet	まだ～でない	IM2-Step2

例文 However, the mechanisms that cause a distal eQTL to modulate gene expression are **not yet** clear. (Nucleic Acids Res. 2014 42:87)

訳 遠位の eQTL に遺伝子発現を調節させる機構は, まだ明らかでない

その他のフレーズ	
has yet to be 過去分詞	～は, まだ…されていない (～は, まだ…されるべきである)

not〔～でない〕

キーフレーズ		
is not known	～は, 知られていない	IM2-Step2
has not been	～は, …されていない	IM2-Step2
not yet	まだ～でない	IM2-Step2

例文 However, the underlying neural circuitry of these effects **has not yet been** investigated. (Brain. 2015 138:217)

292　生命科学論文を書きはじめる人のための英語鉄板ワード＆フレーズ

—— however / yet / not / poorly / urgently / whether

訳 これらの効果の根底にある神経回路網は，まだ，精査されていない

poorly 〔不十分に〕

キーフレーズ		
remain poorly understood	～は，十分には分かっていないままである	IM1-Step2

例文 However, the role of claudin-7 in the regulation of colon tumorigenesis **remains poorly understood**. (Oncogene. 2015 34:4570)

訳 結腸腫瘍発生の調節におけるクローディン7の役割は，十分には分かっていないままである

urgently 〔緊急に〕

例文 Biomarkers and methods for early diagnosis of DR are **urgently** needed. (FASEB J. 2014 28:3942)

訳 DRの早期診断のためのバイオマーカーと方法が，緊急に必要とされる

接続詞

whether 〔～かどうか〕

キーフレーズ		
it **動** unclear whether	～かどうかは不明な…	IM2-Step2
例 it remains unclear whether（～かどうかは不明なままである）		
it is **形** whether	～かどうかは…である	IM2-Step2
例 it is unclear whether（～かどうかは不明である） it is unknown whether（～かどうかは知られていない）		
it is not **形**/**過去分詞** whether	～かどうかは…でない	IM2-Step2
例 it is not clear whether（～かどうかは明らかでない） it is not known whether（～かどうかは知られていない）		

例文 However, **it is unclear whether** the essential function of Lst8 is linked to TORC1, TORC2, or both. (Genetics. 2012 190:1325)

訳 しかし，～かどうかは不明である

第二部：本編

D 背景情報／課題／展望を述べる表現

293

D-6 将来の課題を述べるときのキーワード

（DM2-Step4: 個々の課題，DM3-Step2: 将来展望）

キーワード	
助動詞	will（～であろう），would（～であろう） should（～すべきである）
動詞	remain（～のままである），determined（決定した／決定される）， investigated（精査される），needed（必要とされる）， required（必要とされる），understand（理解する），be（～である）
形容詞	future（将来の），further（さらなる），important（重要な）， interesting（興味深い）
名詞	studies（研究），investigation（研究／検討）
副詞	currently（現在）

- 将来の課題は，Discussion（DM2/3）で述べることが多い．
- 未来を意味する助動詞（will, would）や形容詞（future, further）が使われることが多い．
- 未来に関する記述は，残された課題を示すものが多い．will/would be important/interesting（重要であろう／興味深いであろう）とは，「将来調べるべきだ」とほぼ同義である．
- 将来の研究を述べるときの名詞として，studies, investigationがよく使われる．
- 将来の研究を述べるときの動詞として，determined, investigatedがよく使われる．
- 必要性を述べるときの動詞として，needed, requiredがよく使われる．
- 課題には，将来の課題だけでなく，本研究の課題もある．本研究の課題については別項でまとめる（**D-5** 参照）．

D-6　将来の課題を述べるときのキーワード　　　　　　　　　　　**will / would / should**

助動詞

will 〔～であろう〕

キーフレーズ		
will be	～は，…であろう	DM3-Step2, DM2-Step4
it will be	…であろう	DM3-Step2, DM2-Step4
it will be 形 to 動	～することは，…であろう	DM3-Step2
it will be important to 動	～することは重要であろう	DM3-Step2
studies will	研究は，～するであろう	DM2-Step4

例文 **It will be important to** examine these kinases with respect to sex differences and developmental brain anomalies in future studies. (J Neurosci. 2012 32:593)

訳 ～を調べることは重要であろう

would 〔～であろう〕

キーフレーズ

キーフレーズ		
would be	～であろう	DM2-Step4
it would	～であろう	DM2-Step4
例 it would be interesting to determine（～を決定することは興味深いであろう）		

例文 Bush babies have had a long history of nocturnal life and **it would be interesting to** know whether their color vision genes have become degenerate. (J Mol Evol. 1997 45:610)

訳 ～かどうかを知ることは興味深いであろう

should 〔～すべきである〕

● will や would とは違って，単に残された課題を述べる場合が多い.

キーフレーズ		
should be 過去分詞	～は，…されるべきである	DM2-Step4, DM3-Step2

第二部：本編

D 背景情報／課題／展望を述べる表現

295

D-6 将来の課題を述べるときのキーワード

> 例 it should be noted that（～ということは指摘されるべきである）
> should be considered（～は，考慮されるべきである）

例文 **It should be noted that** such polymeric surfactants are not easily
crystallized. (Anal Chem. 1999 71:1252)

> 訳 ～ということは指摘されるべきである

動詞

remain 〔～のままである〕

● remain to be 過去分詞 は，直訳すると「～されるべきままである」となるが，
ここでは意訳して「～されていないままである」とする．

キーフレーズ		
remains to be determined	～は，決定されていないままである	DM2-Step4
remains to be investigated	～は，精査されていないままである	DM3-Step2

例文 However, it **remains to be determined** whether H3ph is involved in RNA
Pol III transcription. (Oncogene. 2011 30:3943)

> 訳 H3ph が RNA Pol III 転写に関与しているかどうかは決定されないままである

determined 〔決定した／決定される〕

キーフレーズ		
remains to be determined	～は，決定されていないままである	DM2-Step4

例文 Whether this effect of tau removal is specific to Aβ mouse models **remains
to be determined**. (J Neurosci. 2013 33:1651)

> 訳 tau 除去のこの効果が Aβ マウスモデルに特異的であるかどうかは，決定され
> ていないままである

investigated 〔精査される〕

キーフレーズ		
remains to be investigated	～は，精査されていないままである	DM3-Step2

例文 Whether synchronization of $[Ca^{2+}]i$ oscillations relates to neurosecretion

生命科学論文を書きはじめる人のための英語鉄板ワード＆フレーズ

remain / determined / investigated / needed / required / understand

remains to be investigated. (J Neurosci. 1999 19:5898)

訳 [Ca²⁺]i の振動の同期が神経分泌に関連するかどうかは，精査されていないままである

needed〔必要とされる〕

キーフレーズ		
studies are needed to 動	研究は，〜するために必要とされる	DM2-Step4
例 studies are needed to determine（研究は，〜を決定するために必要とされる）		

例文 Further **studies are needed to** better elucidate short and long-term effects of FLACS on the corneal endothelium. (Curr Opin Ophthalmol. 2015 26:22)

訳 さらなる研究が，〜するために必要とされる

required〔必要とされる〕

キーフレーズ		
be required to 動	〜するために必要とされる	DM2-Step4
例 will be required to understand（〜は，…を理解するために必要とされるであろう）		

例文 Future studies **will be required to** determine the exact functions of Wolbachia-like peptides and proteins in O. flexuosa and to assess their roles in worm biology. (PLoS One. 2012 7:e45777)

訳 将来の研究が，〜を決定するために必要とされるであろう

understand〔理解する〕

キーフレーズ		
to understand	〜を理解すること	DM3-Step2

例文 It will be important **to understand** how the exoenzyme S regulon contributes to pathogenesis and whether these factors could serve as potential therapeutic targets. (Mol Microbiol. 1997 26:621)

訳 どのように〜かを理解することは重要であろう

第二部：本編　D 背景情報／課題／展望を述べる表現

D-6 将来の課題を述べるときのキーワード

be〔〜である〕

キーフレーズ

will be	〜は，…であろう	DM3-Step2, DM2-Step4
it will be	…であろう	DM3-Step2, DM2-Step4
it will be 形 to 動	〜することは，…であろう	DM3-Step2
it will be important to 動	〜することは重要であろう	DM3-Step2
would be	〜であろう	DM2-Step4
should be 過去分詞	〜は，…されるべきである	DM2-Step4, DM3-Step2

例文 **It will be important to** investigate the effect of inhibiting cleavage of BEHAB/brevican in these cells and to determine the therapeutic potential of inhibiting BEHAB/brevican cleavage in gliomas. (Cancer Res. 2001 61:7056)

訳 〜の影響を精査することは，重要であろう

形容詞

future〔将来の〕

● 名詞としても使われる.

キーフレーズ

future studies	将来の研究	DM3-Step2, DM2-Step4

例文 **Future studies** will be required to clearly identify the source of these lenses. (Dev Biol. 2013 374:281)

訳 将来の研究が，〜を明確に同定するために必要とされるであろう

further〔さらなる〕

● 副詞としても使われる (**A-2**, **A-3**, **C-1**参照).

キーフレーズ

further studies	さらなる研究	DM2-Step4

例文 **Further studies** are needed to explore the usefulness of targeting HIF-1α/HSP27 pathway in preeclampsia. (FASEB J. 2014 28:4324)

生命科学論文を書きはじめる人のための英語鉄板ワード＆フレーズ

be / future / further / important / interesting / studies

訳 さらなる研究が，〜を探索するために必要とされる

important〔重要な〕

● 重要性を強調するためにも使われる（**D-3**参照）．

キーフレーズ		
important to **動**	〜するのは重要な	DM3-Step2, DM2-Step4
it will be important to **動**	〜することは重要であろう	DM3-Step2
例 it will be important to determine （〜を決定することは重要であろう）		

例文 **It will be important to determine** in future studies whether neuron loss in the amygdala is a consistent characteristic of autism and whether cell loss occurs in other brain regions as well. (J Neurosci. 2006 26:7674)

訳 〜を決定することは重要であろう

interesting〔興味深い〕

● 重要性を強調するためにも使われる（**D-3**参照）．

キーフレーズ		
interesting to **動**	〜することは興味深い	DM2-Step4/3
例 it will be interesting to determine （〜を決定することは興味深いであろう）		

例文 **It will be interesting to determine** whether the protein encoded by this gene interacts with the pre-B cell receptor signal transduction pathway or is involved in a new pathway. (J Clin Invest. 2003 112:1636)

訳 〜かどうかを決定することは，興味深いであろう

名詞

studies〔研究〕

キーフレーズ		
studies are needed to **動**	研究は，〜するために必要とされる	DM2-Step4
future studies	将来の研究	DM3-Step2, DM2-Step4
further studies	さらなる研究	DM2-Step4

第二部：本編

D 背景情報／課題／展望を述べる表現

D-6 将来の課題を述べるときのキーワード ──────── study / investigation / currently

studies will	研究は，〜するであろう	DM2-Step4

例文 **Further studies are needed to** explore the usefulness of targeting HIF-1alpha/HSP27 pathway in preeclampsia. (FASEB J. 2014 28:4324)

訳 さらなる研究が，〜の有用性を探索するために必要とされる

study 〔研究〕

キーフレーズ

of our study	我々の研究の〜	DM2-Step4

例文 A limitation **of our study** is that our search was conducted in only four languages. (Lancet. 2015 385 Suppl 2:S42)

訳 我々の研究の限界は，〜ということである

investigation 〔研究／検討〕

例文 Thus, the BG505 Env protein warrants further **investigation** as an HIV vaccine candidate, as a stand-alone protein, or as a component of a vaccine vector. (J Virol. 2013 87:5372)

訳 BG505 Env タンパク質は，さらなる研究を必要とする

副詞

currently 〔現在〕

● 文中で使うことが多い．

例文 The molecular basis of this condition is **currently** unknown. (Hum Mol Genet. 2014 23:5009)

訳 この条件の分子基盤は，現在知られていない

生命科学論文を書きはじめる人のための英語鉄板ワード＆フレーズ

D-7 将来展望（成果の価値）を述べるときのキーワード

（**DM3-Step2: 将来展望**，DM1-Step2: 成果の概略，IM3-Step2: 本研究のまとめと
展望）

キーワード	
助動詞	will（〜するであろう），may（〜するかもしれない），could（〜しうる），can（〜しうる）
動詞	provide（提供する／与える），offer（提供する），open（開く），facilitate（促進する），improve（改善する），anticipate（期待する／予測する），used（使われる），developed（開発される），be（〜である）
形容詞	new（新しい），novel（新規の），promising（有望な），beneficial（有益な），therapeutic（治療上の），likely（ありそうな）
名詞	insight（洞察），way（道），implication（意味），understanding（理解），approach（アプローチ），treatment（治療），pathogenesis（病因），mechanism（機構）
副詞	likely（おそらく／〜しそうな）

- 将来展望（成果の価値）について，Discussion（DM3/2）で述べることが多い．

- 将来への期待を述べる表現には，決まり文句が多い．次のような表現である：
  provide insight into, opens new avenues for, pave the way for.

- 特に将来における意義を述べる表現が多い．

- 展望を述べるときの形容詞として，new, novel, promising, beneficial, therapeutic がよく使われる．

- 展望を述べるときの名詞として，approach, insight, way, implication, understanding, treatment, mechanism がよく使われる．

第二部：本編

D 背景情報／課題／展望を述べる表現

D-7 将来展望（成果の価値）を述べるときのキーワード

助動詞

will 〔～するであろう〕

キーフレーズ

will provide	～は，…を提供するであろう	DM3-Step2
will likely 動	～は，おそらく…するであろう	DM3-Step2

例文 Further studies **will provide** insight into the estrogen-like actions of tamoxifen in select tissues and breast tumors and identify a significant mechanism of drug resistance to tamoxifen. (Cancer Res. 2000 60:5097)

訳 さらなる研究は，～への洞察を与えるであろう

may 〔～するかもしれない〕

キーフレーズ

may be	～は，…であるかもしれない	DM3-Step2/1, DM2-Step3, RM3-Step1
may provide	～は，…を提供するかもしれない	DM3-Step2

例文 Thus, manipulation of this commensal-regulated pathway **may provide** new opportunities for enhancing mucosal immunity and treating autoimmune disease. (Cell. 2009 139:485)

訳 この片利共生調節経路の操作は，粘膜免疫を強化し，自己免疫疾患を治療するための新たな機会を提供するかもしれない

could 〔～しうる〕

キーフレーズ

could be	～は，…でありうる	DM3-Step2, DM2-Step3, RM1-Step2
例 could be used（～は，使われうる）		

例文 Furthermore, loss of JAM-A **could be used** as a biomarker for aggressive breast cancer. (Cancer Res. 2008 68:2194)

訳 JAM-A の喪失は，～に対するバイオマーカーとして使われうる

— will / may / could / can / provide

can 〔～しうる〕

キーフレーズ		
can be	～は，…でありうる	DM3-Step2, IM2-Step1
例 can be used（～は，使われうる）		

例文 Our approach **can be used** to develop design strategies for better neutron radiation-tolerant materials, thus paving the way for organic semiconductors to enter avionics and space applications. (Sci Rep. 2017 7:41013)

訳 我々のアプローチは，～を開発するために使われうる

動詞

provide 〔提供する／与える〕

● **Discussion**（DM3-Step2）では，**成果の価値を述べる**ために使われることが多い．
● **Introduction**（IM3-Step2）でも**将来展望**を述べることがある．
● **Results**（RM3-Step1）では，**結果の解釈を述べる**ために使われる（**C-1**参照）．
● **Introduction**（IM3-Step1）では，**本研究の概略を述べる**ために使われる（**C-5**参照）．

キーフレーズ		
provide insight into	～は，…への洞察を与える	DM3-Step2
may provide	～は，…を提供するかもしれない	DM3-Step2
will provide	～は，…を提供するであろう	DM3-Step2
study provides	研究は，～を提供する	DM3-Step2/1
findings provide	知見は，～を提供する	DM3-Step2
our **名** provide	我々の…は，～を提供する	DM3-Step2
例 our findings provide insight into（我々の知見は，～への洞察を与える）		

例文 **Our findings provide new insights into** the evolutionary forces shaping mammalian regulatory DNA landscapes. (Science. 2014 346:1007)

訳 我々の知見は，～への新たな洞察を与える

D-7 将来展望（成果の価値）を述べるときのキーワード

offer 〔提供する〕

例 offer a new approach（〜は，新しいアプローチを提供する）

例文 Overall, the DAA **offers a new approach** to systemizing ageing resources, providing a manually-curated and readily accessible source of age-related changes. (Nucleic Acids Res. 2015 43:D873)

訳 DAA は，〜への新しいアプローチを提供する

open 〔開く〕

例 open the door（〜は，扉を開く）
open the possibility（〜は，可能性を開く）
open new avenues（〜は，新しい道を開く）

例文 Our study **opens new avenues** for studying itch and developing anti-pruritic therapies. (Nat Neurosci. 2013 16:174)

訳 我々の研究は，〜のための新しい道を開く

facilitate 〔促進する〕

例文 The identification of new genes will **facilitate** better elucidation of pathogenetic mechanisms and possible corrective therapies. (Curr Opin Neurol. 2014 27:468)

訳 新しい遺伝子の同定は，〜を促進するであろう

improve 〔改善する〕

例 strategy to improve（〜を改善する戦略）

例文 Infusions of PF4-rich platelets may be an effective **strategy to improve** outcome in this setting. (Blood. 2007 110:1903)

訳 PF4 に富む血小板の注入は，結果を改善する効果的な戦略であるかもしれない

— offer / open / facilitate / improve / anticipate / used / developed / be

anticipate 〔期待する／予測する〕

キーフレーズ

| we anticipate that | 我々は，〜ということを期待する | DM3-Step2 |

例文 **We anticipate that** this approach can be used to systematically dissect the complex catalogue of mutations identified in cancer genome sequencing studies. (Nature. 2014 516:428)

訳 我々は，〜ということを期待する

used 〔使われる〕

キーフレーズ

| be used | 使われる | DM3-Step2 |

例 could be used to（〜は…するために使われうる）

例文 Our findings **could be used to** identify prostate cancer patients who could benefit from stress reduction or from pharmacological inhibition of stress-induced signaling. (J Clin Invest. 2013 123:874)

訳 我々の知見は，〜を同定するために使われうる

developed 〔開発される〕

キーフレーズ

| be developed | 開発される | DM3-Step2 |

例文 Therapeutic strategies could **be developed** to activate this intrinsic apoptotic activity of c-Myc to inhibit tumorigenesis. (Proc Natl Acad Sci USA. 2013 110:978)

訳 治療技術は開発されうる

be 〔〜である〕

キーフレーズ

| may be | 〜は，…であるかもしれない | DM3-Step2/1, DM2-Step3, RM3-Step1 |
| could be | 〜は，…でありうる | DM3-Step2, DM2-Step3, RM1-Step2 |

第二部：本編

D 背景情報／課題／展望を述べる表現

can be	〜は，…でありうる	DM3-Step2, IM2-Step1

例文 The use of miR-31-3p mimics **may be** a promising approach for colitis treatment. (Am J Pathol. 2018 188:586)

訳 miR-31-3p 模倣物の使用は，大腸炎治療のための有望なアプローチであるかもしれない

形容詞

new 〔新しい〕

キーフレーズ

new insights	新たな洞察	DM3-Step2

例文 This work provides **new insights** into the molecular mechanisms of norovirus RNA synthesis and the sequences that determine the recognition of viral RNA by the RNA-dependent RNA polymerase. (J Virol. 2015 89:1218)

訳 本研究は，〜の分子機構への新たな洞察を与える

novel 〔新規の〕

例文 Our findings provide a **novel** mechanism for regulating actin polymerization and branching for effective membrane protrusion during cell morphogenesis and migration. (Curr Biol. 2012 22:1510)

訳 我々の知見は，〜を調節するための新規の機構を提供する

promising 〔有望な〕

例文 Malaria transmission-blocking vaccines (TBVs) represent a **promising** approach for the elimination and eradication of this disease. (Infect Immun. 2014 82:818)

訳 マラリア感染防止ワクチン（TBVs）は，〜のための有望なアプローチとなる

new / novel / promising / beneficial / therapeutic / likely

beneficial 〔有益な〕

キーフレーズ		
be beneficial for	…のために有益である	DM3-Step2

例文 Thus, modulation of TGF-β signaling may **be beneficial for** the prevention of congenital craniofacial birth defects. (J Clin Invest. 2012 122:873)

訳 TGF-βシグナル伝達の調節は，〜の予防のために有益であるかもしれない

therapeutic 〔治療上の〕

キーフレーズ		
therapeutic target in	〜における治療上の標的	DM3-Step2
therapeutic strategies to 動	〜するための治療上の戦略	DM3-Step2
therapeutic approaches	治療上のアプローチ	DM3-Step2

例文 Thus, HSP90 is a promising **therapeutic target in** JAK2-driven cancers, including those with genetic resistance to JAK enzymatic inhibitors. (J Exp Med. 2012 209:259)

訳 HSP90 は，〜における有望な治療上の標的である

likely 〔ありそうな〕

● 副詞としても使われる.

キーフレーズ		
is likely to 動	〜は，…しそうである	DM3-Step2, RM3-Step1

例文 The interaction between Kif21a and Map1b **is likely to** play a critical role in the pathogenesis of CFEOM1 and highlights a selective vulnerability of the developing oculomotor nerve to perturbations of the axon cytoskeleton. (Neuron. 2014 82:334)

訳 Kif21a と Map1b の間の相互作用は，〜において決定的な役割を果たしそうである

第二部：本編

D 背景情報／課題／展望を述べる表現

307

D-7 将来展望（成果の価値）を述べるときのキーワード

名詞

insight 〔洞察〕

- RM3-Step1 では**実験の目的**を述べるために使われる．（**A-2**参照）
- 通常，単数形のinsightに不定冠詞（a/an）は付かず，無冠詞で使われる．

キーフレーズ		
insight into	〜への洞察	DM3-Step2
provide insight into	〜は，…への洞察を与える	DM3-Step2
insights into	〜への洞察	DM3-Step2, IM3-Step2
new insights	新たな洞察	DM3-Step2

例文 In summary, our data **provide insights into** the mechanism controlling the age-related beige-to-white adipocyte transition and identify Lsd1 as a regulator of beige fat cell maintenance. (Proc Natl Acad Sci USA. 2017 114:5265)

訳 我々のデータは，〜を制御する機構への洞察を与える

way 〔道〕

例 pave the way for（〜は，…のための道を開く）

例文 Our work may **pave the way for** modeling and analyzing the multi-phenotypic cell population dynamics with cell plasticity. (J Theor Biol. 2014 357:35)

訳 我々の研究は，〜のための道を開くかもしれない

implication 〔意味〕

キーフレーズ		
implications for	〜の意味	DM3-Step2

例 have important implications for（…は，〜のための重要な意味を持つ）

例文 These findings **have important implications for** the diagnosis and treatment of these neoplasms. (Nat Genet. 2014 46:161)

訳 これらの知見は，〜のための重要な意味を持つ

—— insight / way / implication / understanding / approach

understanding〔理解〕

● 動名詞としてもよく使われる.

キーフレーズ		
understanding of	～に関する理解	DM3-Step2, IM1-Step2, IM2-Step2
our understanding of	～に関する我々の理解	DM3-Step2

例文 This study contributes to **our understanding of** the molecular mechanisms of herpesvirus entry and membrane fusion. (J Virol. 2014 88:6470)

訳 本研究は，～の分子機構に関する我々の理解に寄与する

approach〔アプローチ〕

キーフレーズ		
approaches for	～のためのアプローチ	DM3-Step2
therapeutic approaches	治療上のアプローチ	DM3-Step2

例文 Understanding the role of these proteins in muscle might open new **therapeutic approaches for** muscular dystrophies. (Hum Mol Genet. 2014 23:4103)

訳 筋肉におけるこれらのタンパク質の役割を理解することは，～のための新しい治療上のアプローチを開くかもしれない

その他のフレーズ	
approach to **動**	～するアプローチ
例 approach to identify（～を同定するアプローチ）	
approach to **名**	～へのアプローチ
例 approach to identifying（～を同定するアプローチ）	
approach for **名**	～のためのアプローチ
例 approach for identifying（～を同定するためのアプローチ） approach for the treatment of（～の治療のためのアプローチ）	

第二部∵本編

D 背景情報／課題／展望を述べる表現

D-7 将来展望（成果の価値）を述べるときのキーワード

treatment〔治療〕

● 「処置」という意味でも使われる（**B-2**参照）.

キーフレーズ		
for the treatment of	〜の治療のための	DM3-Step2
例 approach for the treatment of（〜の治療のためのアプローチ）		

例文 MX2 is therefore a cell-autonomous, anti-HIV-1 resistance factor whose purposeful mobilization may represent a new therapeutic **approach for the treatment of** HIV/AIDS.（Nature. 2013 502:559）

　訳 意図的な動員は，〜の治療のための新しい治療アプローチになるかもしれない

pathogenesis〔病因〕

キーフレーズ		
the pathogenesis of	〜の病因	DM3-Step2

例文 Our findings provide new insights into **the pathogenesis of** SARS, demonstrating the important role of $CD4^+$ but not $CD8^+$ T cells in primary SARS-CoV infection in this model.（J Virol. 2010 84:1289）

　訳 我々の知見は，重症急性呼吸器症候群の病因への新たな洞察を与える

mechanism〔機構〕

● 研究対象が働く仕組みなど，未解明の機構を述べるために様々な文脈で使われる.

キーフレーズ		
of the mechanisms	機構の〜	DM3-Step2
例 understanding of the mechanisms（機構の理解）		

例文 Further **understanding of the mechanisms** underlying the interplay between lymphocytes and MSCs may be helpful in the development of promising approaches to improve cell-based regenerative medicine and immune therapies.（J Dent Res. 2012 91:1003）

　訳 リンパ球と MSC の間の相互作用の根底にある機構のさらなる理解は，〜の開発に役立つかもしれない

likely〔おそらく／〜しそうな〕

● 形容詞としても使われる.

キーフレーズ		
will likely 動	〜は，おそらく…するであろう	DM3-Step2 |// will likely enhance（〜は，おそらく…を増強するであろう）

例文 This chemical rescue approach **will likely** have many applications in cell signaling. (Science. 2006 311:1293)
訳 このケミカルレスキューの手法は，おそらく多くの適用を持つであろう

E

実験方法を述べる表現

- **E-1** 研究材料の入手や作製に関するキーワード
- **E-2** 研究材料の維持管理に関するキーワード
- **E-3** 実験手順に関するキーワード
- **E-4** 実験の実施に関するキーワード
- **E-5** 統計処理に関するキーワード
- **E-6** バイオインフォマティクスの方法に関するキーワード
- **E-7** 研究倫理に関するキーワード

実験方法を述べる表現

　実験方法は，Materials & Methodsにまとめて示されることが一般的である．we主語の文が少なく，**受動態**の文が多いという特徴がある．また，**過去形**の文がほとんどである．

　Materials & Methodsでは，実験方法を示す定型的な表現が非常に多く使われる．しかし，使われる表現は研究内容によって大きく異なるので，実験方法の表現に多くの紙面を割くのはあまり適切ではないであろう．ここでは，基本的な重要表現を厳選して，**動詞**を中心にまとめる．

― purchased

E-1 研究材料の入手や作製に関するキーワード

（**MM1-Step1: 研究材料の入手・作製・維持，MM2-Step1: 実験の手順**）

キーワード

動詞	purchased（買われた），obtained（得られた），isolated（単離された），extracted（抽出された），generated（作製された），selected（選択された），used（使われた）

- 第3者（業者や他の研究者）から入手したことを示す**動詞**としては，purchased，obtainedが使われる．
- 自分たちが調整した時には，isolated，extracted，generated，selectedが使われる．
- MM1-Step1（**研究材料の入手・作製・維持**）で示されることが多いが，MM2-Step1（**実験の手順**）で実験方法とまとめて材料の入手に関しても述べることもある．
- 過去形の受動態の文が圧倒的に多く使われる．

動詞

purchased〔買われた〕

- **過去形の受動態**の表現が，ほとんどである．

キーフレーズ

mice were purchased from	マウスは，〜から購入された	MM1-Step1
cells were purchased from	細胞は，〜から購入された	MM1-Step1

例文 C57BL/6 **mice were purchased from** the Jackson Laboratory.

訳 C57BL/6 マウスは，ジャクソン・ラボラトリーから購入された

E-1 研究材料の入手や作製に関するキーワード

obtained 〔得られた〕

● **過去形**の**受動態**の表現が，ほとんどである．

キーフレーズ

cells were obtained from	細胞は，〜から得られた	MM1-Step1
samples were obtained from	試料は，〜から得られた	MM1-Step1
were obtained from patients	〜は，患者から得られた	MM1-Step1

例文 HeLa **cells were obtained from** the American Type Culture Collection.

訳 HeLa 細胞は，アメリカン・タイプ・カルチャー・コレクションから得られた

isolated 〔単離された〕

● **過去形**の**受動態**の表現が，ほとんどである．

キーフレーズ

were isolated from	…は，〜から単離された	MM1-Step1
cells were isolated from	細胞は，〜から単離された	MM1-Step1
were isolated by	…は，〜によって単離された	MM1-Step1
RNA was isolated using	RNA は，〜を使って単離された	MM2-Step1

例文 T cells and mononuclear **cells were isolated from** the peripheral blood of SLE patients and healthy individuals. (Arthritis Rheum. 2011 63:2058)

訳 T 細胞と単核細胞は，全身性エリテマトーデス患者の末梢血から単離された．

extracted 〔抽出された〕

● **過去形**の**受動態**の表現が，ほとんどである．

キーフレーズ

RNA was extracted from	RNA は，〜から抽出された	MM2-Step1
RNA was extracted with	RNA は，〜で抽出された	MM2-Step1

例文 Total **RNA was extracted from** cultured human RPE cells treated with VEGF for mRNA analysis. (Invest Ophthalmol Vis Sci. 2001 42:1617)

訳 トータル RNA は，網膜色素上皮細胞から抽出された

— obtained / isolated / extracted / generated / selected / used

generated 〔作製された〕

● **過去形の受動態**の表現が，ほとんどである．

キーフレーズ

were generated by	…は，〜によって作製された	MM1-Step1
mice were generated by	マウスは，〜によって作製された	MM1-Step1
cells were generated by	細胞は，〜によって作製された	MM1-Step1
construct was generated by	コンストラクトは，〜によって作製された	MM1-Step1
generated by PCR amplification	PCR 増幅によって作製された	MM1-Step1

例文 A dominant-interfering **construct was generated by** fusing the DNA binding domain of LvBrac to the transcriptional repression module of the Drosophila Engrailed gene in order to perturb gene function. (Dev Biol. 2001 239:132)

訳 優性干渉コンストラクトは，〜を融合させることによって作製された

selected 〔選択された〕

● **過去形の受動態**の表現が，ほとんどである．

キーフレーズ

cells were selected with	細胞は，〜で選択された	MM1-Step1

例文 Stably expressing **cells were selected with** puromycin. (Invest Ophthalmol Vis Sci. 2006 47:213)

訳 安定に発現する細胞は，ピューロマイシンで選択された

used 〔使われた〕

● **過去形の受動態**の表現が，ほとんどである．

キーフレーズ

were used for	…は，〜のために使われた	MM1-Step1
mice were used for	マウスは，〜のために使われた	MM1-Step1

例文 B cell-deficient **mice were used for** these experiments, to avoid serotype

第二部：本編

E 実験方法を述べる表現

E-1 研究材料の入手や作製に関するキーワード

clearance by the host's variable membrane protein-specific antibodies. (J Infect Dis. 2007 195:1686)

訳 B 細胞欠損マウスは，これらの実験のために使われた

maintained / cultured

E-2 研究材料の維持管理に関するキーワード

（**MM1-Step2: 研究材料の維持・処置**）

キーワード	
動詞	maintained（維持された）, cultured（培養された）, grown（生育された）

- 材料の維持や調整に関して述べるときに使われる**動詞**としては，maintained, cultured, grown が使われる．
- **過去形の受動態の文**が圧倒的に多く使われる．

動詞

maintained〔維持された〕

- **過去形の受動態**の表現が，ほとんどである．

キーフレーズ		
were maintained in	…は，〜において維持された	MM1-Step2
cells were maintained in	細胞は，〜において維持された	MM1-Step2
mice were maintained in	マウスは，〜において維持された	MM1-Step2

例文 **Cells were maintained in** Dulbecco's modified Eagle's medium supplemented with 10% newborn calf serum, and during the period of experimentation were exposed either to the absence or presence of 10 nm insulin. (J Biol Chem. 2004 279:9167)

訳 細胞は，10% 新生仔ウシ血清を添加されたダルベッコ変法イーグル培地において維持された

cultured〔培養された〕

- **過去形の受動態**の表現が，ほとんどである．

キーフレーズ		
were cultured in	…は，〜において培養された	MM1-Step2

第二部：本編

E 実験方法を述べる表現

319

| cells were cultured in | 細胞は，～において培養された | MM1-Step2 |

例文 ARPE-19 **cells were cultured in** Dulbecco modified Eagle medium containing 10% fetal bovine serum. (Invest Ophthalmol Vis Sci. 2008 49:5111)

訳 ARPE-19 細胞は，10% ウシ胎仔血清を添加されたダルベッコ変法イーグル培地において培養された

grown 〔生育された／増殖された〕

● **過去形の受動態**の表現が，ほとんどである．

キーフレーズ

were grown in	…は，～において生育された	MM1-Step2
cells were grown in	細胞は，～において生育された	MM1-Step2
lines were grown in	株は，～において生育された	MM1-Step2

例文 Cells derived from the explants and the acinar **cells were grown in** DMEM supplemented with 10% fetal bovine serum. (Invest Ophthalmol Vis Sci. 2011 52:2087)

訳 外植片由来細胞と腺房細胞は，10% ウシ胎仔血清を添加されたダルベッコ変法イーグル培地において生育された

—— seeded / plated

E-3 実験手順に関するキーワード

（MM2-Step1: 実験の手順，MM1-Step2: 研究材料の維持・処置）

キーワード	
動詞	seeded （播種された），plated （蒔かれた），collected （集められた），centrifuged （遠心分離された），washed （洗浄された），resuspended （再懸濁された），treated （処置された），injected （注射された），lysed （溶解された），fixed （固定された），incubated （インキュベートされた），stained （染色された），acquired （得られた），taken （取られた），captured （捕らえられた），recorded （記録された），separated （分離された）

- 実験の手順としては，実験材料の調製から実験の実施まで，様々なステップがある．
- ここでは，具体的な**方法を動詞を使って示す**表現を集めた．**方法を名詞を使って示す表現**は，別項で示す（**E-4** 参照）．
- **過去形の受動態の文**が圧倒的に多く使われる．

動詞

seeded 〔播種された〕

- **過去形の受動態**の表現が，ほとんどである．

キーフレーズ		
cells were seeded in	細胞は，〜に播種された	MM2-Step1
cells were seeded at	細胞は，〜で播種された	MM2-Step1

例文 **Cells were seeded at** $5×10^3$ cells per well in a 24-well plate.

訳 細胞は，$5 × 10^3$ 細胞／ウェルで 24 ウェルプレートに播種された

plated 〔蒔かれた〕

- **過去形の受動態**の表現が，ほとんどである．

第二部：本編

E 実験方法を述べる表現

キーフレーズ		
cells were plated in	細胞は，〜に蒔かれた	MM2-Step1

例文 Cancer **cells were plated in** 12-well plates.

訳 癌細胞は，12 ウェルプレートに蒔かれた

collected〔集められた〕

● **過去形の受動態**の表現が，ほとんどである．

キーフレーズ		
were collected by centrifugation	〜は，遠心分離によって集められた	MM2-Step1
images were collected	画像が集められた	MM2-Step1

例文 Cells **were collected by centrifugation**.

訳 細胞は，遠心分離によって集められた

centrifuged〔遠心分離された〕

● **過去形の受動態**の表現が，ほとんどである．

キーフレーズ		
were centrifuged at	…は，〜で遠心分離された	MM1-Step2
and centrifuged at	そして，〜で遠心分離された	MM1-Step2
centrifuged at 数 g for 数 min at 数 ℃	〜g，…分，‥度で遠心分離された	MM1-Step2

例文 All samples **were centrifuged at** 13,000 rpm for 1 hour at 6℃.
(Ophthalmology. 2015 122:244)

訳 全ての試料は，13,000 rpm で，1 時間，6℃で遠心分離させられた

washed〔洗浄された〕

● **過去形の受動態**の表現が，ほとんどである．

キーフレーズ		
cells were washed with	細胞は，〜で洗浄された	MM2-Step1

—— collected / centrifuged / washed / resuspended / treated

were washed with PBS	〜は，PBS で洗浄された	MM2-Step1
cells were then washed	細胞は，それから洗浄された	MM2-Step1
were then washed with	…は，それから，〜で洗浄された	MM2-Step1
were washed three times	〜は，3度洗浄された	MM2-Step1

例文 The epithelial **cells were then washed**, and fresh medium with gentamicin was added to kill extracellular bacteria. (J Periodontol. 1998 69:1105)

訳 上皮細胞は，それから洗浄された

resuspended〔再懸濁された〕

● **過去形の受動態**の表現が，ほとんどである.

キーフレーズ

cells were resuspended in	細胞は，〜に再懸濁された	MM2-Step1

例文 After reaching 80% confluence, 3T3 feeder cells and any contaminating fibroblasts were removed, and epithelial **cells were resuspended in** fresh Dulbecco's minimum essential media. (Invest Ophthalmol Vis Sci. 1996 37:523)

訳 上皮細胞は，ダルベッコ変法イーグル培地に再懸濁された

treated〔処置された〕

● **過去形の受動態**の表現が，ほとんどである.

キーフレーズ

were treated with	…は，〜で処置された	MM1-Step2
mice were treated with	マウスは，〜で処置された	MM1-Step2
cells were treated with	細胞は，〜で処置された	MM1-Step2, MM2-Step1
then treated with	それから，〜で処置された	MM2-Step1

例文 **Cells were treated with** 100 nM cPAF, with or without the PAF antagonist BN 50730 or the furin inhibitor nona-D-arg-NH2. (Invest Ophthalmol Vis Sci. 2005 46:487)

訳 細胞は，100 nM の cPAF で処置された

第二部：本編

E 実験方法を述べる表現

E-3 | 実験手順に関するキーワード

injected〔注射された〕

過去形の受動態の表現が，ほとんどである．

キーフレーズ

were injected with	…は，〜を注射された	MM1-Step2
mice were injected with	マウスは，〜を注射された	MM1-Step2

例文 C57BL/6J **mice were injected with** adenoviruses encoding either caveolin-1 (Adcav-1) or green fluorescent protein (AdGFP) together with a transactivator adenovirus (AdtTA). (Biochemistry. 2001 40:10892)

訳 C57BL/6J マウスは，〜をコードするアデノウイルスを注射された

lysed〔溶解された〕

● **過去形の受動態**の表現が，ほとんどである．

キーフレーズ

cells were lysed in	細胞は，〜に溶解された	MM2-Step1

例文 To release nucleoids (dehistonized DNA in a supercoiled form attached to the nuclear matrix), **cells were lysed in** a high-salt buffer. (Cancer Res. 1996 56:154)

訳 上皮細胞は，高塩濃度のバッファーに溶解された

fixed〔固定された〕

● **過去形の受動態**の表現が，ほとんどである．

キーフレーズ

cells were fixed in	細胞は，〜で固定された	MM2-Step1
were fixed in 数% paraformaldehyde	…は，〜%パラホルムアルデヒドで固定された	MM2-Step1
cells were fixed with	細胞は，〜で固定された	MM2-Step1
were fixed with 数% paraformaldehyde	…は，〜%パラホルムアルデヒドで固定された	MM2-Step1
cells were fixed for	細胞は，〜の間固定された	MM2-Step1
cells were then fixed	細胞は，それから，固定された	MM2-Step1

324 生命科学論文を書きはじめる人のための英語鉄板ワード＆フレーズ

—— injected / lysed / fixed / incubated / stained

> **例文** Lesions were biopsied, and biopsy samples **were fixed in 4% paraformaldehyde**, and cryosectioned. (Infect Immun. 2000 68:2309)
>
> **訳** 生検試料は，4% パラホルムアルデヒドで固定された

incubated〔インキュベートされた〕

● **過去形の受動態**の表現が，ほとんどである．

キーフレーズ

were incubated with	…は，～とインキュベートされた	MM2-Step1
cells were incubated with	細胞は，～とインキュベートされた	MM2-Step1
sections were incubated with	切片は，～とインキュベートされた	MM2-Step1
were then incubated with	…は，それから～とインキュベートされた	MM2-Step1
were incubated for	…は，～の間インキュベートされた	MM2-Step1
cells were incubated for	細胞は，～の間インキュベートされた	MM2-Step1
were incubated for ㊕ h at ㊕ ℃	…は，～時間…度でインキュベートされた	MM2-Step1
and then incubated with	そして，それから，～とインキュベートされた	MM2-Step1
were then incubated with	…は，それから，～とインキュベートされた	MM2-Step1

> **例文** After high-temperature antigen unmasking, **sections were incubated with** mouse monoclonal antibodies directed against CD3, CD4, CD8, CD16, and CD20. (Arthritis Rheum. 2005 52:73)
>
> **訳** 切片は，～に対するマウスモノクローナル抗体とインキュベートされた

stained〔染色された〕

● **過去形の受動態**の表現が，ほとんどである．

キーフレーズ

cells were stained with	細胞は，～で染色された	MM2-Step1
then stained with	それから，～で染色された	MM2-Step1

第二部：本編

E 実験方法を述べる表現

325

E-3 | 実験手順に関するキーワード

例文 After dissociation, **cells were stained with** antibodies for different oligodendrocyte developmentally regulated antigens. (Development. 1998 125:2901)

訳 細胞は，〜に対する抗体で染色された

acquired〔得られた〕

● **過去形の受動態**の表現が，ほとんどである．

キーフレーズ		
images were acquired with	画像が，〜を使って得られた	MM2-Step1
images were acquired using	画像が，〜を使って得られた	MM2-Step1

例文 **Images were acquired with** a PET/CT scanner, and ^{68}Ge attenuation correction was applied. (J Nucl Med. 2003 44:1797)

訳 画像は，PET/CT スキャナーを使って得られた

taken〔取得された〕

● **過去形の受動態**の表現が，ほとんどである．

キーフレーズ		
images were taken	画像が，取得された	MM2-Step1

例文 The globes were fixed, the choroid was flat mounted, and **images were taken** with a fluorescence microscope. (Invest Ophthalmol Vis Sci. 2011 52:3398)

訳 画像は，蛍光顕微鏡を使って取得された

captured〔撮影された〕

● **過去形の受動態**の表現が，ほとんどである．

キーフレーズ		
images were captured	画像が，撮影された	MM2-Step1

例文 Cell volume was measured in low-passage human SC cells using calcein AM fluorescent dye; **images were captured** with a confocal microscope, and data were quantified using NIH ImageJ software. (Invest Ophthalmol acquired / taken / captured / recorded / separated

Vis Sci. 2010 51:5817)

訳 画像は，共焦点顕微鏡を使って撮影された

recorded 〔記録された〕

● **過去形の受動態**の表現が，ほとんどである．

キーフレーズ		
images were recorded	画像が，記録された	MM2-Step1

例文 The three-dimensional **images were recorded** with confocal and light sheet-based fluorescence microscopes. (BMC Bioinformatics. 2015 16:187)

訳 3次元画像は，共焦点および光シートに基づく蛍光顕微鏡を使って記録された

separated 〔分離された〕

● **過去形の受動態**の表現が，ほとんどである．

キーフレーズ		
were separated by SDS-PAGE	～が，SDS- ポリアクリルアミドゲル電気泳動法によって分離された	MM2-Step1

例文 Borrelia lysates **were separated by SDS-PAGE**, transferred to nitrocellulose and probed with alkaline phosphatase-labelled fibronectin (fibronectin-AP). (Mol Microbiol. 1998 30:1003)

訳 ボレリアのライセートは，SDS- ポリアクリルアミドゲル電気泳動法によって分離された

第二部：本編

E 実験方法を述べる表現

E-4 実験の実施に関するキーワード

（**MM2-Step2: 実験の実施**，MM3-Step1: 統計解析）

キーワード	
動詞	performed（行われた／行った），carried out（行われた／行った），analyzed（分析された），described（述べられた）

- 実験の実施を表す**動詞**としては，performed，carried out，conducted，analyzed が使われる．
- ここに集めたのは，具体的な**方法を名詞を使って示す表現**である．**方法を動詞を使って示す表現**は，別項で示す（**E-3** 参照）．
- **過去形の受動態**が圧倒的に多く使われる．

動詞

performed〔行われた／行った〕

- **過去形の受動態**の表現が，ほとんどである．

キーフレーズ		
analysis was performed	解析が，行われた	MM2-Step2, MM3-Step1
analysis was performed using	解析が，〜を使って行われた	MM2-Step2, MM3-Step1
assays were performed	アッセイが，行われた	MM2-Step2
assays were performed as described previously	アッセイが，以前に述べられたように行われた	MM2-Step2
experiments were performed	実験が，行われた	MM2-Step2
PCR was performed	PCRが，行われた	MM2-Step2
PCR was performed with	PCRが，〜を使って行われた	MM2-Step2
imaging was performed	画像化が，行われた	MM2-Step2
staining was performed	染色が，行われた	MM2-Step2

328　生命科学論文を書きはじめる人のための英語鉄板ワード＆フレーズ

| **E-4** 実験の実施に関するキーワード | | performed / carried out / analyzed |

measurements were performed	測定が，行われた	MM2-Step2
sequencing was performed	配列決定が，行われた	MM2-Step2
was performed as previously described	〜は，以前に述べられたように行われた	MM2-Step2
was performed as described previously	〜は，以前に述べられたように行われた	MM2-Step2

例文 Immunohistologic **analysis was performed using** antibodies to CD3, CD4, CD8, CD68, factor VIII, vascular cell adhesion molecule, E-selectin, and intercellular adhesion molecule (ICAM). (Arthritis Rheum. 2004 50:3286)

訳 免疫組織的解析が，〜に対する抗体を使って行われた

carried out 〔行われた／行った〕

● 句動詞の受動態として使われる.

キーフレーズ

assays were carried out	アッセイが，行われた	MM2-Step2
carried out as described	述べられたように行われた	MM2-Step2

例文 ChIP **assays were carried out** as previously described.

訳 ChIP アッセイが，以前に述べられたように行われた

analyzed 〔分析された〕

● 過去形の受動態の表現が，ほとんどである.

キーフレーズ

were analyzed by	〜は，…によって分析された	MM2-Step2
were analyzed using	〜は，…を使って分析された	MM2-Step2
were analyzed using 固有名詞 software	〜は，…ソフトウェアを使って分析された	MM2-Step2
例 were analyzed using ImageJ software（〜は，ImageJ ソフトウェアを使って分析された）		
were analyzed with	〜は，…を使って分析された	MM2-Step2
were analyzed on	〜は，…に関して分析された	MM2-Step2

第二部：本編

E 実験方法を述べる表現

329

| E-4 実験の実施に関するキーワード |

analyzed by flow cytometry	フローサイトメトリーによって分析された	MM2-Step2
data were analyzed	データは，分析された	MM2-Step2
cells were analyzed	細胞は，分析された	MM2-Step2
samples were analyzed	試料は，分析された	MM2-Step2

例文 Data **were analyzed using SPSS software**. (ISRN Hepatol. 2013
2013:276563)

訳 データは，SPSS ソフトウェアを使って分析された

described 〔述べられた〕

● 先行研究を引用するときに使われることが，ほとんどである.

キーフレーズ

as previously described	以前に述べられたように	MM2-Step2, MM1-Step1
as described previously	以前に述べられたように	MM2-Step2, MM1-Step1
was performed as previously described	～は，以前に述べられたように行われた	MM2-Step2
was performed as described previously	～は，以前に述べられたように行われた	MM2-Step2
performed as previously described with	～を伴って，以前に述べられたように行われた	MM2-Step2

例 performed as previously described with minor modifications
（マイナーな修正を伴って，以前に述べられたように行われた）

essentially as described previously	本質的には，以前に述べられたように	MM2-Step2
as previously described using	～を使って，以前に述べられたように	MM2-Step2
as described above	上で述べられたように	MM2-Step2, MM1-Step1
carried out as described	述べられたように行われた	MM2-Step2
were previously described	～は，以前に述べられた	MM2-Step2, MM1-Step1

330 生命科学論文を書きはじめる人のための英語鉄板ワード＆フレーズ

—— described

were described previously	～は，以前に述べられた	MM2-Step2, MM1-Step1
have been previously described	～は，以前に述べられている	MM1-Step1
described in the supplemental experimental procedures	追加の実験プロトコールに述べられた	MM2-Step2

例文 Human EPCs were isolated **as previously described**, and their phenotypes were confirmed by uptake of acetylated LDL and binding of ulex-lectin. (Circulation. 2003 107:1164)

訳 ヒト血管内皮前駆細胞は，以前に述べられたように単離された

E-5 統計処理に関するキーワード

（MM3-Step1: 統計解析）

キーワード

動詞	performed（行われた／行った）, used（使われた／使った）, determined（決定された／決定した）, calculated（計算された／計算した）, considered（みなされた）, adjusted（補正された）, presented（提示される）
名詞／形容詞／副詞	significance（有意性）, significant（有意な）, statistical（統計学的な）, statistically（統計学的に）

● 統計処理について述べる際には，statistical analyses，statistical significance，significant，P value などの極めて特徴的な表現が使われる．

● 過去形の受動態の文が圧倒的に多く使われる．

動詞

performed〔行われた／行った〕

● 過去形の受動態の表現が，ほとんどである．

キーフレーズ

statistical analyses were performed	統計学的解析は，行われた	MM3-Step1
statistical analyses were performed using	統計学的解析は，〜を使って行われた	MM3-Step1
all statistical analyses were performed	全ての解析は，行われた	MM3-Step1

例文 **All statistical analyses were performed** by SPSS statistical software. (Sci Rep. 2016 6:39862)

訳 全ての統計解析は，SPSS 統計解析ソフトウェアによって行われた

| **E-5** | 統計処理に関するキーワード | performed / used / determined / calculated |

used 〔使われた／使った〕

● **過去形の受動態**の表現が，ほとんどである．

キーフレーズ

was used to compare	〜が，…を比較するために使われた	MM3-Step1
was used to compare two	〜が，2つの…を比較するために使われた	MM3-Step1
was used to determine	〜が，…を決定するために使われた	MM3-Step1
were used to estimate	〜が，…を推定するために使われた	MM3-Step1
used to calculate	…を計算するために使われた	MM3-Step1
test was used to **動**	検定が，…するために使われた	MM3-Step1
test was used to determine	検定が，…を決定するために使われた	MM3-Step1
test was used for	検定が，…のために使われた	MM3-Step1
t test was used	t 検定が，使われた	MM3-Step1

例文 The Student **t test was used to compare** groups. (Radiology. 2010 256:554)
訳 スチューデント t 検定が，群間を比較するために使われた

determined 〔決定された／決定した〕

● **過去形の受動態**の表現が，ほとんどである．

キーフレーズ

statistical significance was determined	統計学的有意性は，決定された	MM3-Step1

例文 **Statistical significance was determined** by paired Student's t tests between tooth-implant pairs. (J Dent Res. 2013 92:168S)
訳 統計学的有意性は，対応のあるスチューデント t 検定によって決定された

calculated 〔計算された／計算した〕

● **過去形の受動態**の表現が，ほとんどである．

第二部：本編

E 実験方法を述べる表現

E-5 統計処理に関するキーワード

キーフレーズ		
was calculated as	～は，…として計算された	MM3-Step1
were calculated by	～は，…によって計算された	MM3-Step1
were calculated using	～は，…を使って計算された	MM3-Step1
values were calculated	値は，計算された	MM3-Step1

例文 P **values were calculated** by using a t test. (Radiology. 2018 287:215)

訳 P 値は，t 検定を使って計算された

considered〔みなされた〕

● **過去形の受動態**の表現が，ほとんどである.

キーフレーズ		
P < 0.05 was considered significant	P < 0.05 が，有意とみなされた	MM3-Step1
P < 0.05 was considered statistically significant	P < 0.05 が，統計学的に有意とみなされた	MM3-Step1
a P value of less than 0.05 was considered	0.05 未満の P 値が，～とみなされた	MM3-Step1

例文 **A P value less than 0.05 was considered** significant. (Ann Surg. 2014 260:466)

訳 0.05 未満の P 値が，有意とみなされた

adjusted〔補正された〕

● **過去形の受動態**の表現が，ほとんどである.

キーフレーズ		
were adjusted for	～は，…に関して補正された	MM3-Step1

例文 Models **were adjusted for** age, sex, race, and cigarette smoking. (Circulation. 2004 109:42)

訳 モデルは，年齢，性別，人種，喫煙に関して補正された

生命科学論文を書きはじめる人のための英語鉄板ワード＆フレーズ

considered / adjusted / presented / significance / significant

presented 〔提示される〕

キーフレーズ		
presented as mean ± s.e.m.	平均±標準誤差として提示される	MM3-Step1
presented as mean ± SEM	平均±標準誤差として提示される	MM3-Step1
data are presented as mean ±	データは，平均±〜として提示される	MM3-Step1

例文 Data are presented as mean ± SEM.

訳 データは平均±標準誤差として提示される

名詞／形容詞／副詞

significance 〔有意性〕

● **統計学的有意性**を示すときに使われる．

キーフレーズ		
statistical significance was determined	統計学的有意性は，決定された	MM3-Step1
significance of differences between	〜の間の差の有意性	MM3-Step1

例文 The statistical **significance of differences between** respondent subgroups was analyzed with a Pearson or Mantel-Haenszel χ^2 test. (Radiology. 2004 233:750)

訳 回答者のサブグループ間の統計学的有意性は，〜を使って分析された

significant 〔有意な〕

● 主に**統計学的有意性**を示すときに使われる．

キーフレーズ		
P < 0.05 was considered significant	P < 0.05 が，有意とみなされた	MM3-Step1
A P value of <0.05 was considered significant	0.05 未満の P 値が，有意とみなされた	MM3-Step1

第二部：本編

E 実験方法を述べる表現

E-5 統計処理に関するキーワード ———————————— statistical / statistically

| P < 0.05 was considered statistically significant | P < 0.05 が，統計学的に有意とみなされた | MM3-Step1 |

例文 Statistical association test was done and **p<0.05 was considered significant**. (BMC Ophthalmol. 2013 13:20)

訳 p<0.05 が，有意とみなされた

statistical 〔統計学的な〕

● **統計学的解析**を行ったときに使われる．

キーフレーズ

statistical analyses were performed	統計学的解析は，行われた	MM3-Step1
statistical analyses were performed using	統計学的解析は，〜を使って行われた	MM3-Step1
all statistical analyses were performed	全ての解析は，行われた	MM3-Step1
statistical significance was determined	統計学的有意性は，決定された	MM3-Step1

例文 **All statistical analyses were performed** by SPSS statistical software. (Sci Rep. 2016 6:39862)

訳 すべての統計学的解析は，SPSS 統計ソフトウェアによって行われた

statistically 〔統計学的に〕

● **統計学的解析**を行ったときに使われる．

キーフレーズ

| P < 0.05 was considered statistically significant | P < 0.05 が，統計学的に有意とみなされた | MM3-Step1 |

例文 Intergroup and intragroup comparisons were performed using Student t test, and **P <0.05 was considered statistically significant**. (J Periodontol. 2015 86:1201)

訳 P < 0.05 が，統計学的に有意とみなされた

336　生命科学論文を書きはじめる人のための英語鉄板ワード＆フレーズ

E-6 | バイオインフォマティクスの方法に関するキーワード

（MM3-Step2: バイオインフォマティクス）

キーワード	
動詞	mapped（マップされた）, aligned（整列させられた）, annotated（アノテートされた）, solved（解かれた）, normalized（基準化された）

- バイオインフォマティクスに関する表現としては，**遺伝情報**を元にした**大規模データ処理**に関わるものが多い．
- **過去形の受動態の文**が圧倒的に多く使われる．

動詞

mapped〔マップされた〕

- **過去形の受動態**の表現が，ほとんどである．

キーフレーズ		
reads were mapped to 名	読み取りデータは，～にマップされた	MM3-Step2

例文 Sequence **reads were mapped to** the human genome, and primers spanning the fusion junctions were used for validation polymerase chain reaction. (J Clin Oncol. 2014 32:4050)

訳 配列読み取りデータは，ヒトゲノムにマップされた

aligned〔整列させられた〕

- **過去形の受動態**の表現が，ほとんどである．

キーフレーズ		
were aligned to 名	～は，…に整列させられた	MM3-Step2

例文 Insertion sites of transposed Ds-ATag elements were identified through thermal asymmetric interlaced PCR, and resulting product sequences **were aligned to** the recently published tomato genome. (Sci Rep. 2016 6:39862)

訳 得られた産物の配列は，最近出版されたトマトゲノムに整列させられた		

annotated 〔アノテートされた〕

● **過去形の受動態**の表現が，ほとんどである.

キーフレーズ		
were annotated as	～は，…としてアノテートされた	MM3-Step2

例文 Putative MGEs **were annotated as** transposons if they contained transposase and were not previously annotated as an IME. (PLoS One. 2019 14:e0223680).

訳 推定上の MGE は，トランスポゾンとしてアノテートされた

solved 〔解かれた〕

● **過去形の受動態**の表現が，ほとんどである.

キーフレーズ		
was solved by molecular replacement	～は，分子置換法によって解かれた	MM3-Step2

例文 The structure **was solved by molecular replacement** and refined at 2.0 Å resolution. (J Mol Biol. 2002 316:1)

訳 構造は分子置換法によって解かれた

normalized 〔基準化された〕

● **過去形の受動態**の表現が，ほとんどである.

キーフレーズ		
were normalized by	～は，…によって基準化された	MM3-Step2

例文 ADC values **were normalized by** dividing ADC values of tumors by those of normal-appearing regions and expressing the quotient as a ratio. (Radiology. 2002 224:177)

訳 ADC 値は，～を除算することによって基準化された

— approved

E-7 研究倫理に関するキーワード

（MM1-Step3: 研究倫理）

キーワード

動詞	approved（承認された／承認した），written（書面による）
名詞	accordance（一致）

● **研究倫理**に関する表現は，**極めて定型的**であることに注意しよう．独自の表現は避けるべきであろう．

第二部：本編

E 実験方法を述べる表現

動詞

approved〔承認された／承認した〕

● 倫理委員会などに，研究が承認されたことを示すために使われる．

キーフレーズ

were approved by	…は，〜によって承認された	MM1-Step3
experiments were approved by	実験は，〜によって承認された	MM1-Step3
protocols were approved by	プロトコールは，〜によって承認された	MM1-Step3
study was approved by	研究は，〜によって承認された	MM1-Step3
protocols approved by	〜によって承認されたプロトコール	MM1-Step3
under protocols approved by	〜によって承認されたプロトコールのもとで	MM1-Step3
according to protocols approved by	〜によって承認されたプロトコールに従って	MM1-Step3
were reviewed and approved by	〜は審査され，そして承認された	MM1-Step3
approved by the institutional animal care and use committee	機関の実験動物委員会によって承認された	MM1-Step3

approved by the institutional review board	機関の審査委員会によって承認された	MM1-Step3

例文 All animal **experiments were approved by the institutional animal care and use committee**.

訳 全ての動物実験は，機関の実験動物委員会によって承認された

written〔書面による〕

● 研究対象者から同意書を得たときに使われる.

キーフレーズ

written informed consent was obtained from	書面によるインフォームドコンセントが，〜から得られた	MM1-Step3
provided written informed consent	〜は，書面によるインフォームドコンセントを提出した	MM1-Step3

例文 **Written informed consent was obtained from** all participants.

訳 書面によるインフォームドコンセントが，全ての参加者から得られた

名詞

accordance〔一致〕

● 倫理規定などに従って研究が行われたことを示すときに使われる.

キーフレーズ

were performed in accordance with	…は，〜に従って行われた	MM1-Step3
were conducted in accordance with	…は，〜に従って行われた	MM1-Step3

例文 Studies **were performed in accordance with** institutional Animal Care and Use Committee guidelines. (Radiology. 2012 263:714)

訳 研究は，機関の実験動物委員会のガイドラインに従って行われた

第三部：巻末演習

A 研究／実験を行う理由とその実施について述べる表現

B 実験結果を述べる表現

C 解釈／まとめ／概略を述べる表現

D 背景情報／課題／展望を述べる表現

E 実験方法を述べる表現

最後に，並べ替え問題を解いて，本書で学ぶべきキーフレーズを確認しよう．赤字で示す重要キーワードがどのように組み合わされているか，自分の頭を動かして考えてみることがポイントである．

A 研究／実験を行う理由とその実施について述べる表現

A-1 仮説や根拠を示すときのキーワード，**A-2** 研究／実験の目的を示すときのキーワード，**A-3** 研究／実験の実施について述べるときのキーワード

1. ［**A-1**（仮説／根拠）］我々は，これらの違いは増大した安定性のせいかもしれないという仮説を立てた．
   (we / be due / increased stability. / hypothesized / to / may / that / these differences)

2. ［**A-1**（仮説／根拠）］このシステムは恒常性のために重要であると予測された．
   (be important / to / was predicted / homeostasis. / this system / for)

3. ［**A-1**（仮説／根拠）］我々は，HIF1 がこれらの遺伝子の発現を制御するかもしれないと推測した．
   (the expression / HIF1 / these genes. / might / we / of / speculated / regulate / that)

4. ［**A-1**（仮説／根拠）］我々は，この経路の阻害がこれらの化合物の新規の機構を表すかもしれないと判断した．
   (of / we / this pathway / might / of / these compounds. / represent / that / reasoned / a novel mechanism / inhibition)

5. ［**A-1**（仮説／根拠）］我々は，p53 が鍵となる標的遺伝子のプロモータに直接結合するかもしれないという可能性を考えた．
   (key target genes. / considered / of / bind / the promoters / p53 / to / may / directly / that / we / the possibility)

6. ［**A-1**（仮説／根拠）］我々は，これらの変化が遺伝子発現の変化と関連しているかどうかを問うた．
   (changes / gene expression. / in / asked / are associated / whether / these

生命科学論文を書きはじめる人のための英語鉄板ワード＆フレーズ

changes / with / we)

7. [**A-1** (仮説／根拠)] 我々は，これらの細胞が IL-1 産生に責任があるのではないかと思った．

(these cells / for / we / whether / wondered / IL-1 production. / might / be responsible)

8. [**A-1** (仮説／根拠) ＋ **A-1** (仮説／根拠)] 構造的な違いが僅かであることを考慮に入れて，我々はこれらの違いが増大した安定性によって引き起こされるかどうかを問うた．

(given that / asked / we / increased stability. / are caused / by / structural differences / whether / are subtle, / these differences)

9. [**A-1** (仮説／根拠) ＋ **A-2** (目的)] この機能が真核生物の間で保存されていることを確立したので，我々は次に責任因子を同定しようとした．

(is conserved / having established that / to identify / this function / we next / sought / the responsible factors. / among / eukaryotes,)

10. [**A-2** (目的) ＋ **A-3** (実施)] この可能性を探索するために，我々は遺伝子発現に対するこれらの因子の影響を調べた．

(of / the effect / we / this possibility, / examined / on / gene expression. / to explore / these factors)

11. [**A-2** (目的) ＋ **A-3** (実施)] この仮説をテストするために，我々は生体内での HIF1 の役割を研究するための新規のアプローチを使った．

(HIF1 / of / we / used / in vivo. / this hypothesis, / a novel approach / to study / the role / to test)

12. [**A-2** (目的) ＋ **A-3** (実施)] 加齢が低下した寛容性と関連しているという仮説をテストするために，我々は包括的な分析を行った．

(is associated / to test / a global analysis. / aging / with / the hypothesis / we / that / diminished tolerance, / performed)

13. [**A-2** (目的) ＋ **A-3** (実施)] このタンパク質の役割を精査するために，我々はマウスモデルを作製した．

(of / this protein, / the role / a mouse model. / generated / to investigate / we)

第三部：巻末演習

14. [**A-2**（目的）＋ **A-3**（実施）] EGF シグナル伝達経路が IL-1 の発現を減弱させるかどうかを精査するために，我々は EGF で C57BL6 マウスを処理した．

(C57BL6 mice / the expression / of / EGF signaling pathway / IL-1, / to determine / whether / we / EGF. / attenuates / with / treated)

15. [**A-2**（目的）＋ **A-3**（実施）] IL-1 が STAT の活性化に責任があるかどうかを調べるために，我々はマウスモデルを使った．

(to examine / IL-1 / we / used / whether / a mouse model. / STAT activation, / for / is responsible)

16. [**A-2**（目的）＋ **A-3**（実施）] この効果の機構を解明するために，我々は新規のアプローチを開発した．

(a novel approach. / developed / this effect, / we / of / to elucidate / the mechanism)

17. [**A-2**（目的）＋ **A-3**（実施）] 免疫応答の性質をさらに特徴づけするために，我々は系統的レビューとメタ分析を行った．

(the nature / to further characterize / we / performed / of / a systematic review and meta-analysis. / the immune response,)

18. [**A-2**（目的）＋ **A-3**（実施）] この疑問に取り組むために，我々はマイクロアレイ解析を行った．

(microarray analysis. / we / carried out / this question, / to address)

19. [**A-2**（目的）＋ **A-3**（実施）] 免疫応答における IL-6 の役割をよりよく理解するために，我々は IL-6 を発現するトランスジェニックマウスを作製した．

(IL-6 / expressing / of / the role / we / IL-6. / to better understand / the immune response, / in / transgenic mice / generated)

20. [**A-2**（目的）＋ **A-3**（実施）] この効果の機構への洞察を得るために，我々はゲノムワイド関連解析を行った．

(the mechanism / genome-wide association studies. / of / performed / to gain / we / this effect, / into / insight)

21. [**A-2**（目的）] 我々は，HIV 感染の有病率を決定することを目的とした．

(we / of / the prevalence / HIV infection. / aimed / to determine)

22. [**A-2** (目的)] 我々は，この方法が広範囲の疾患に適用されうるかどうかを決定したいと望んだ.

(this method / be applied / wished / diseases. / we / to determine / could / of / whether / to / a wide range)

B 実験結果を述べる表現

B-1 主な結果の提示を行うときのキーワード，**B-2** 変化した結果を述べるときのキーワード，**B-3** 変化なしの結果を述べるときのキーワード，**B-4** 結果を比較するときのキーワード

1. [**B-1** (結果の提示)] 図1は，免疫蛍光分析の代表的な画像を示す.
(Figure 1 / immunofluorescence analysis. / representative images / of / shows)

2. [**B-1** (結果の提示) ＋ **B-2** (変化)] 我々は，IFN 処置が T 細胞増殖の有意な低下という結果になることを見つけた.
(that / IFN treatment / resulted / in / a significant reduction / T cell proliferation. / found / in / we)

3. [**B-1** (結果の提示)] 我々は，GFP 陽性細胞の有意な増加を観察した.
(GFP-positive cells. / we / observed / a significant increase / in)

4. [**B-1** (結果の提示)] 我々は，これらのタンパク質がお互いに相互作用することを確認した.
(each / with / other. / confirmed / interacted / we / these proteins / that)

5. [**B-1** (結果の提示)] 我々は，合計 120 個の異なるタンパク質を同定した.
(of / identified / a total / we / 120 different proteins.)

6. [**B-1** (結果の提示) ＋ **B-2** (変化)] この分析は，腫瘍細胞において HIF1 レベルが上昇することを明らかにした.
(tumor cells. / HIF1 / in / levels / were elevated / that / revealed / this analysis)

7. [**B-1**（結果の提示）] 処理されたマウスは，改善された生存時間を示した．
(improved survival. / showed / treated mice)

8. [**B-1**（結果の提示）] 変異細胞は，p53 の増大した発現を示した．
(p53. / increased expression / exhibited / of / mutant cells)

9. [**B-1**（結果の提示）] 感染細胞は，増強された増殖を示した．
(displayed / enhanced proliferation. / infected cells)

10. [**B-2**（変化）] TGF 処理は，細胞増殖の増大を導いた．
(an increase / to / TGF treatment / phosphorylation. / led / in)

11. [**B-2**（変化）] p38 の阻害は，リン酸化の有意な低下という結果になった．
(in / resulted / a significant decrease / in / phosphorylation. / p38 inhibition)

12. [**B-2**（変化）] TNF 処置は，p53 発現の劇的な増大を引き起こした．
(caused / p53 expression. / in / a dramatic increase / TNF treatment)

13. [**B-2**（変化）] 血清クレアチニンレベルは，1.1 mg/dL から 1.9 mg/dL へ増大した．
(from / serum creatinine levels / increased / 1.9 mg/dL. / 1.1 mg/dL / to)

14. [**B-2**（変化）] IL-1 の mRNA 発現は，ノックアウトマウスにおいてわずかに上昇した．
(IL-1 / knockout mice. / of / slightly elevated / in / was / mRNA expression)

15. [**B-2**（変化）] これらのタンパク質は，サイトゾルにおいて濃縮された．
(in / these proteins / the cytosol. / were enriched)

16. [**B-2**（変化）] Myc の過剰発現は，p53 の発現を顕著に亢進させた．
(p53. / the expression / markedly enhanced / of / Myc overexpression)

17. [**B-2**（変化）] HIF1 は DEC1 の発現を誘導した．
(the expression / HIF1 / induced / of / DEC1.)

18. [**B-2**（変化）] コレステロールのレベルは，およそ 50% 低下した．
(decreased / approximately 50%. / by / cholesterol levels)

19. [**B-2**（変化）] ATP アーゼ活性が，2.5 倍低下した.
(2.5-fold. / was reduced / ATPase activity)

20. [**B-2**（変化）] この活性化は，プロテアーゼ阻害薬の添加によって抑制された.
(the addition / this activation / was inhibited / protease inhibitors. / of / by)

21. [**B-2**（変化）] miR-124 は，関連遺伝子の発現を抑制した.
(suppressed / the related genes. / of / miR-124 / the expression)

22. [**B-2**（変化）] その変異が，酵素活性を完全に消失させた.
(completely abolished / the mutation / enzymatic activity.)

23. [**B-2**（変化）＋ **B-3**（変化なし）] IL-1 は，iNOS の発現を誘導したが，cNOS 発現には影響しなかった.
(cNOS expression. / but / the expression / had / IL-1 / iNOS, / induced / on / no effect / of)

24. [**B-3**（変化なし）] 我々は，群間に生存期間の違いを見つけなかった.
(no difference / in / survival / found / between / we / groups.)

25. [**B-3**（変化なし）] IL-1 レベルは，処置によって影響を受けなかった.
(IL-1 levels / the treatment. / not affected / by / were)

26. [**B-4**（比較）] 処置したマウスの生存率は，対照群マウスのそれより有意に高かった.
(of / of / control mice. / significantly higher / treated mice / was / the survival rate / than / that)

27. [**B-4**（比較）] トランスジェニックマウスは，同腹のコントロールマウスと比較して miR-155 の増大した発現を示した.
(littermate controls. / showed / compared / transgenic mice / of / with / an increased expression / miR-155)

C 解釈／まとめ／概略を述べる表現

C-1 解釈を述べるときのキーワード，**C-2** 一致を述べるときのキーワード，**C-3** 可能性を述べるときのキーワード，**C-4** まとめ／結論を述べるときのキーワード，**C-5** 本研究の概略を紹介するときのキーワード

1. [**C-4**（まとめ／結論）＋**C-1**（解釈）] まとめると，これらの結果は，この変異の存在が心血管疾患のリスクの増大と関連しているということを示す．

   (with / taken together, / of / is associated / this mutation / of / the presence / cardiovascular disease. / an increased risk / that / these results / indicate)

2. [**C-4**（まとめ／結論）＋**C-1**（解釈）] まとめると，これらのデータは，HIF1 が治療介入の潜在的な標的であることを示唆する．

   (HIF1 / for / suggest / a potential target / these data / that / is / therapeutic intervention. / collectively,)

3. [**C-4**（まとめ／結論）＋**C-1**（解釈）] まとめると，これらの結果は，IL-1 が正常な発生に必要とされることを実証する．

   (for / these results / that / normal development. / demonstrate / is required / overall, / IL-1)

4. [**C-1**（解釈）] これらのデータは，MAPK 経路活性化が生物学的活性のために必要とされることを示す．

   (biological activity. / is required / show / these data / MAPK pathway activation / that / for)

5. [**C-1**（解釈）] 我々の知見は，マイクロ RNA が遺伝子制御において決定的な役割を果たすということを示唆する．

   (play / that / critical roles / suggest / our findings / gene regulation. / microRNAs / in)

6. [**C-1**（解釈）] これらの結果は，この相互作用が両方の過程に必須であるという証拠を提供する．

   (these results / both processes. / evidence / for / that / this interaction / is essential / provide ）

7. ［**B-2**（変化）＋**C-1**（解釈）］SCC と CEA は癌細胞において上方制御されており，このことはこれらが癌進行のバイオマーカーとして役立つかもしれないことを示唆している．

（ suggesting / they / cancer progression. / as / of / were upregulated / serve / biomarkers / SCC and CEA / that / in / may / cancer cells, ）

8. ［**C-2**（一致）］これらの知見は，以前の観察と一致している．

（ are consistent / with / previous observations. / these findings ）

9. ［**C-2**（一致）］我々のデータは，それらの静電気的な相互作用が結合機構に寄与するかもしれないという考えに一致している．

（ the idea / our data / their electrostatic interactions / may / with / to / contribute / that / are consistent / the binding mechanism. ）

10. ［**C-2**（一致）］これらのデータは，この効果が亢進した発現のせいであるという仮説を支持する．

（ enhanced expression. / the hypothesis / this effect / that / to / support / these data / is due ）

11. ［**C-2**（一致）］これらの結果は，GAP 活性が正常な発生のために必要とされるという結論を支持する．

（ the conclusion / for / GAP activity / normal development. / these results / that / support / is required ）

12. ［**C-2**（一致）］これらの結果は，FGF が細胞増殖の鍵となる調節因子であるという考えを支持する．

（ cell proliferation. / is / that / FGF / a key regulator / of / support / the notion / these results ）

13. ［**C-3**（可能性）］これは，なぜ幾人かの個人が増大したリスクを持つかを説明するかもしれない．

（ may / have / an increased risk. / why / this / explain / some individuals ）

14. ［**C-3**（可能性）］他の因子が，観察された影響に寄与するかもしれない．

（ to / contribute / the observed effect. / other factors / may ）

15. [**C-3** (可能性)] しかし，我々は他の因子がこの過程に関与しているかもしれないという可能性を除外できない．

(cannot / in / exclude / however, / we / this process. / be involved / the possibility / may / that / other factors)

16. [**C-3** (可能性)] これに対する一つの可能性のある説明は，これらの過程が協調しているということである．

(is / for / are coordinated. / these processes / that / this / one possible explanation)

17. [**C-3** (可能性)] 一つの可能性は，この効果がそれの触媒活性に依存しないということである．

(is independent / one possibility / this effect / its catalytic activity. / is / of / that)

18. [**C-3** (可能性)] そのような影響は遺伝的背景に依存するかもしれないという可能性がある．

(it / is possible / may / genetic background. / that / depend / on / such effects)

19. [**C-3** (可能性)] 従って，p21 は p53 の標的であるという可能性がある．

(is likely / thus, / p21 / that / it / p53. / of / is / a target)

20. [**C-4** (まとめ／結論)] 従って，我々は Notch が細胞運命決定の鍵となる制御因子であると結論する．

(Notch / a key regulator / thus, / conclude / that / cell fate decisions. / is / we / of)

21. [**C-4** (まとめ／結論)] 我々は，p21 が間抑制因子として働くと提唱する．

(we / that / acts / propose / a tumor suppressor. / p21 / as)

22. [**C-4** (まとめ／結論)] 結論として，我々は細胞死制御の新規の機構を同定した．

(we / a novel mechanism / in / have identified / conclusion, / of / cell death regulation.)

23. [**C-4** (まとめ／結論)] まとめると，我々のデータはアポトーシスの代替経路の存在の証拠を提供する．

(of / the existence / evidence / summary, / for / provide / an alternative pathway / our data / in / of / apoptosis.)

24. [**C-5** （本研究の概略）] ここに我々は，新規のクラスの CDK インヒビターの発見を報告する．
(of / of / a novel class / here, / we / CDK inhibitors. / report / the discovery)

25. [**C-5** （本研究の概略）] この研究において我々は，miR-21 がヒト結腸癌において過剰発現していることを示す．
(miR-21 / that / this study, / in / is overexpressed / show / in / we / human colon cancer.)

26. [**C-5** （本研究の概略）] この報告において，我々は単一分子の検出の新しい方法を述べる．
(describe / a new method / we / for / single molecules. / the detection / of / this report, / in)

D 背景情報／課題／展望を述べる表現

D-1 研究対象を紹介／定義づけするときのキーワード，**D-2** 研究対象を**特徴**づけするときのキーワード，**C-3** 重要性を強調するときのキーワード，**D-4** 先行研究を紹介するときのキーワード，**D-5** 問題／課題を述べるときのキーワード，**D-6** 将来の課題を述べるときのキーワード，**D-7** 将来展望を述べるときのキーワード

---

1. [**D-1** （紹介／定義）] 遺伝子発現は，複数の調節因子を必要とする複雑な過程である．
(gene expression / requires / a complex process / that / is / multiple regulators.)

2. [**D-1** （紹介／定義）] 肺癌は，世界中で癌関連死の主な原因である．
(is / worldwide. / of / lung cancer / cancer-related death / the leading

cause ）

3. ［ D-2 （特徴）］ 1 型糖尿病は，インシュリン産生 β 細胞の破壊によって特徴づけられる．
（ is characterized / type 1 diabetes / insulin-producing β-cells. / by / the destruction / of ）

4. ［ D-2 （特徴）］ マイクロ RNA は，遺伝子制御に関係している．
（ microRNAs / gene regulation. / in / have been implicated ）

5. ［ D-3 （重要性）］ Wnt シグナル伝達は，体細胞リプログラミングを制御する際に重要な役割を果たす．
（ in / plays / Wnt signaling / controlling / an important role / somatic cell reprogramming. ）

6. ［ D-4 （先行研究）］ 最近の研究は，エピジェネティックな変化が正常細胞において起こりうることを示している．
（ that / normal cells. / epigenetic changes / occur / can / have shown / in / recent studies ）

7. ［ D-4 （先行研究）］ 多数の変異が，ヒト乳癌に同定されてきた．
（ in / have been identified / numerous mutations / human breast cancers. ）

8. ［ D-4 （先行研究）］ サイクリン依存性キナーゼは，細胞周期の進行にとって重要であると示されている
（ cell cycle progression. / for / be important / to / cyclin-dependent kinases / have been shown ）

9. ［ D-5 （問題）］ しかし，根底にある機構は十分には分かっていないままである．
（ the underlying mechanism / understood. / however, / remains / poorly ）

10. ［ D-5 （問題）］ しかし，癌における p53 の役割についてはほとんど知られていない．
（ in / of / p53 / cancer. / however, / is known / little / about / the role ）

11. ［ D-5 （問題）］ しかし，それの作用の機構は知られていないままである．
（ action / its mechanism / however, / remains / of / unknown. ）

12. [**D-5** (問題)] しかし，この関連が因果関係であるかどうかは不明である．

(is causal. / it / however, / is unclear / whether / this association)

13. [**D-6** (将来の課題)] 正確な機構は，決定されていないままである．

(the precise mechanisms / to be determined. / remain)

14. [**D-6** (将来の課題)] TGF が活性化のために十分であるかどうかを決定することは重要であろう．

(be important / whether / for / activation. / to determine / is sufficient / TGF / will / it)

15. [**D-6** (将来の課題)] 将来の研究が，うつと肥満の間の関連を決定するために必要とされるであろう．

(to determine / be needed / depression and obesity. / future studies / the association / will / between)

16. [**D-6** (将来の課題)] 酵素活性が高度に pH 依存性であることは指摘されるべきである．

(should / the enzyme activity / highly pH dependent. / that / be noted / is / it)

17. [**D-7** (将来の展望／成果の価値)] 我々のデータは，あり得る疾患の機構への洞察を提供する．

(provide / into / insight / possible disease mechanisms. / our data)

E 実験方法を述べる表現

E-5 統計処理に関するキーワード，**E-7** 研究倫理に関するキーワード

---

1. [**E-5** (統計処理)] 0.05 未満の P 値が，統計学的に有意であるとみなされた．

(of / <0.05 / was considered / significant. / a P value / statistically)

2. [**E-5** (統計処理)] データは，平均±平均誤差として示されている．

(mean ± SEM. / data / as / are presented)

3. ［**E-7**（研究倫理）］全ての参加者が，書面によるインフォームド・コンセントを提供した．

(written informed consent. / all participants / provided)

4. ［**E-7**（研究倫理）］書面によるインフォームド・コンセントが，すべての患者から得られた．

(all patients. / written informed consent / was obtained / from)

5. ［**E-7**（研究倫理）］全ての動物実験が，施設の動物実験委員会によって承認された．

(were approved / all animal experiments / the Institutional Animal Care and Use Committee. / by)

解答

A 研究／実験の目的と実施を述べる表現

1. We hypothesized that these differences may be due to increased stability.
   我々は，これらの違いは増大した安定性のせいかもしれないという仮説を立てた．

2. This system was predicted to be important for homeostasis.
   このシステムは恒常性のために重要であると予測された．

3. We speculated that HIF1 might regulate the expression of these genes.
   我々は，HIF1 がこれらの遺伝子の発現を制御するかもしれないと推測した．

4. We reasoned that inhibition of this pathway might represent a novel mechanism of these compounds.
   我々は，この経路の阻害がこれらの化合物の新規の機構を表すかもしれないと判断した．

5. We considered the possibility that p53 may directly bind to the promoters of key target genes.
   我々は，p53 が鍵となる標的遺伝子のプロモータに直接結合するかもしれないという可能性を考えた．

   (may bind directly to の形もある)

6. We asked whether these changes are associated with changes in gene expression.
   我々は，これらの変化が遺伝子発現の変化と関連しているかどうかを問うた．

7. We wondered whether these cells might be responsible for IL-1 production.
   我々は，これらの細胞が IL-1 産生に責任があるのではないかと思った．

8. Given that structural differences are subtle, we asked whether these differences are caused by increased stability.
   構造的な違いが僅かであることを考慮に入れて，我々はこれらの違いが増大した安定性によって引き起こされるかどうかを問うた．

9. Having established that this function is conserved among eukaryotes, we next sought to identify the responsible factors.
   この機能が真核生物の間で保存されていることを確立したので，我々は次に責任因子

を同定しようとした.

10. To explore this possibility, we examined the effect of these factors on gene expression.

この可能性を探索するために,我々は遺伝子発現に対するこれらの因子の影響を調べた.

11. To test this hypothesis, we used a novel approach to study the role of HIF1 in vivo.

この仮説をテストするために,我々は生体内での HIF1 の役割を研究するための新規のアプローチを使った.

12. To test the hypothesis that aging is associated with diminished tolerance, we performed a global analysis.

加齢が低下した寛容性と関連しているという仮説をテストするために,我々は包括的な分析を行った.

13. To investigate the role of this protein, we generated a mouse model.

このタンパク質の役割を精査するために,我々はマウスモデルを作製した.

14. To determine whether EGF signaling pathway attenuates the expression of IL-1, we treated C57BL6 mice with EGF.

EGF シグナル伝達経路が IL-1 の発現を減弱させるかどうかを精査するために,我々は EGF で C57BL6 マウスを処理した.

15. To examine whether IL-1 is responsible for STAT activation, we used a mouse model.

IL-1 が STAT の活性化に責任があるかどうかを調べるために,我々はマウスモデルを使った.

16. To elucidate the mechanism of this effect, we developed a novel approach.

この効果の機構を解明するために,我々は新規のアプローチを開発した.

17. To further characterize the nature of the immune response, we performed a systematic review and meta-analysis.

免疫応答の性質をさらに特徴づけするために,我々は系統的レビューとメタ分析を行った.

18. To address this question, we carried out microarray analysis.

この疑問に取り組むために,我々はマイクロアレイ解析を行った.

19. To better understand the role of IL-6 in the immune response, we generated transgenic mice expressing IL-6.

免疫応答における IL-6 の役割をよりよく理解するために，我々は IL-6 を発現するトランスジェニックマウスを作製した．

20. To gain insight into the mechanism of this effect, we performed genome-wide association studies.

この効果の機構への洞察を得るために，我々はゲノムワイド関連解析を行った．

21. We aimed to determine the prevalence of HIV infection.

我々は，HIV 感染の有病率を決定することを目的とした．

22. We wished to determine whether this method could be applied to a wide range of diseases.

我々は，この方法が広範囲の疾患に適用されうるかどうかを決定したいと望んだ．

B 実験結果を述べる表現

1. Figure 1 shows representative images of immunofluorescence analysis.
図 1 は，免疫蛍光分析の代表的な画像を示す．

2. We found that IFN treatment resulted in a significant reduction in T cell proliferation.

我々は，IFN 処置が T 細胞増殖の有意な低下という結果になることを見つけた．

3. We observed a significant increase in GFP-positive cells.

我々は，GFP 陽性細胞の有意な増加を観察した．

4. We confirmed that these proteins interacted with each other.

我々は，これらのタンパク質がお互いに相互作用することを確認した．

5. We identified a total of 120 different proteins.

我々は，合計 120 個の異なるタンパク質を同定した．

6. This analysis revealed that HIF1 levels were elevated in tumor cells.

この分析は，腫瘍細胞において HIF1 レベルが上昇することを明らかにした．

7. Treated mice showed improved survival.

処理されたマウスは，改善された生存時間を示した．

8. Mutant cells exhibited increased expression of p53.

変異細胞は，p53 の増大した発現を示した.

9. Infected cells displayed enhanced proliferation.

感染細胞は，増強された増殖を示した.

10. TGF treatment led to an increase in cell proliferation.

TGF 処理は，細胞増殖の増大を導いた.

11. p38 inhibition resulted in a significant decrease in phosphorylation.

p38 の阻害は，リン酸化の有意な低下という結果になった.

12. TNF treatment caused a dramatic increase in p53 expression.

TNF 処置は，p53 発現の劇的な増大を引き起こした.

13. Serum creatinine levels increased from 1.1 mg/dL to 1.9 mg/dL.

血清クレアチニンレベルは，1.1 mg/dL から 1.9 mg/dL へ増大した.

14. mRNA expression of IL-1 was slightly elevated in knockout mice.

IL-1 の mRNA 発現は，ノックアウトマウスにおいてわずかに上昇した.

15. These proteins were enriched in the cytosol.

これらのタンパク質は，サイトゾルにおいて濃縮された.

16. Myc overexpression markedly enhanced the expression of p53.

Myc の過剰発現は，p53 の発現を顕著に亢進させた.

17. HIF1 induced the expression of DEC1.

HIF1 は DEC1 の発現を誘導した.

18. Cholesterol levels decreased by approximately 50%.

コレステロールのレベルは，およそ 50% 低下した.

19. ATPase activity was reduced 2.5-fold.

ATP アーゼ活性が，2.5 倍低下した.

20. This activation was inhibited by the addition of protease inhibitors.

この活性化は，プロテアーゼ阻害薬の添加によって抑制された.

21. miR-124 suppressed the expression of the related genes.

miR-124 は，関連遺伝子の発現を抑制した.

22. The mutation completely abolished enzymatic activity.

その変異が，酵素活性を完全に消失させた.

23. IL-1 induced the expression of iNOS, but had no effect on cNOS expression.

IL-1 は，iNOS の発現を誘導したが，cNOS 発現には影響しなかった．

24. We found no difference in survival between groups.

我々は，群間に生存期間の違いを見つけなかった．

25. IL-1 levels were not affected by the treatment.

IL-1 レベルは，処置によって影響を受けなかった．

26. The survival rate of treated mice was significantly higher than that of control mice.

処置したマウスの生存率は，対照群マウスのそれより有意に高かった．

27. Transgenic mice showed an increased expression of miR-155 compared with littermate controls.

トランスジェニックマウスは，同腹のコントロールマウスと比較して miR-155 の増大した発現を示した．

C 解釈／まとめ／概略を述べる表現

1. Taken together, these results indicate that the presence of this mutation is associated with an increased risk of cardiovascular disease.

まとめると，これらの結果は，この変異の存在が心血管疾患のリスクの増大と関連しているということを示す．

2. Collectively, these data suggest that HIF1 is a potential target for therapeutic intervention.

まとめると，これらのデータは，HIF1 が治療介入の潜在的な標的であることを示唆する．

3. Overall, these results demonstrate that IL-1 is required for normal development.

まとめると，これらの結果は，IL-1 が正常な発生に必要とされることを実証する．

4. These data show that MAPK pathway activation is required for biological activity.

これらのデータは，MAPK 経路活性化が生物学的活性のために必要とされることを示す．

5. Our findings suggest that microRNAs play critical roles in gene regulation.

   我々の知見は，マイクロ RNA が遺伝子制御において決定的な役割を果たすということを示唆する.

6. These results provide evidence that this interaction is essential for both processes.

   これらの結果は，この相互作用が両方の過程に必須であるという証拠を提供する.

7. SCC and CEA were upregulated in cancer cells, suggesting that they may serve as biomarkers of cancer progression.

   SCC と CEA は癌細胞において上方制御されており，このことはこれらが癌進行のバイオマーカーとして役立つかもしれないことを示唆している.

8. These findings are consistent with previous observations.

   これらの知見は，以前の観察と一致している.

9. Our data are consistent with the idea that their electrostatic interactions may contribute to the binding mechanism.

   我々のデータは，それらの静電気的な相互作用が結合機構に寄与するかもしれないという考えに一致している.

10. These data support the hypothesis that this effect is due to enhanced expression.

    これらのデータは，この効果が亢進した発現のせいであるという仮説を支持する.

11. These results support the conclusion that GAP activity is required for normal development.

    これらの結果は，GAP 活性が正常な発生のために必要とされるという結論を支持する.

12. These results support the notion that FGF is a key regulator of cell proliferation.

    これらの結果は，FGF が細胞増殖の鍵となる調節因子であるという考えを支持する.

13. This may explain why some individuals have an increased risk.

    これは，なぜ幾人かの個人が増大したリスクを持つかを説明するかもしれない.

14. Other factors may contribute to the observed effect.

    他の因子が，観察された影響に寄与するかもしれない.

15. However, we cannot exclude the possibility that other factors may be involved in this process.

しかし，我々は他の因子がこの過程に関与しているかもしれないという可能性を排除できない．

16. One possible explanation for this is that these processes are coordinated.

これに対する一つの可能な説明は，これらの過程が強調しているということである．

17. One possibility is that this effect is independent of its catalytic activity.

一つの可能性は，この効果がそれの触媒活性に依存しないということである．

18. It is possible that such effects may depend on genetic background.

そのような影響は遺伝的背景に依存するかもしれないという可能性がある．

19. Thus, it is likely that p21 is a target of p53.

従って，p21 は p53 の標的であるという可能性がある．

20. Thus, we conclude that Notch is a key regulator of cell fate decisions.

従って，我々は Notch が細胞運命決定の鍵となる制御因子であると結論する．

21. We propose that p21 acts as a tumor suppressor.

我々は，p21 が間抑制因子として働くと提唱する．

22. In conclusion, we have identified a novel mechanism of cell death regulation.

結論として，我々は細胞死制御の新規の機構を同定した．

23. In summary, our data provide evidence for the existence of an alternative pathway of apoptosis.

まとめると，我々のデータはアポトーシスの代替経路の存在の証拠を提供する．

24. Here, we report the discovery of a novel class of CDK inhibitors.

ここに我々は，新規のクラスの CDK インヒビターの発見を報告する．

25. In this study, we show that miR-21 is overexpressed in human colon cancer.

この研究において我々は，miR-21 がヒト結腸癌において過剰発現していることを示す．

26. In this report, we describe a new method for the detection of single molecules.

この報告において，我々は単一分子の検出の新しい方法を述べる．

D 背景情報／課題／展望を述べる表現

1. Gene expression is a complex process that requires multiple regulators.
   遺伝子発現は，複数の調節因子を必要とする複雑な過程である．

2. Lung cancer is the leading cause of cancer-related death worldwide.
   肺癌は，世界中で癌関連死の主な原因である．

3. Type 1 diabetes is characterized by the destruction of insulin-producing β-cells.
   1型糖尿病は，インシュリン産生β細胞の破壊によって特徴づけられる．

4. MicroRNAs have been implicated in gene regulation.
   マイクロRNAは，遺伝子制御に関係している．

5. Wnt signaling plays an important role in controlling somatic cell reprogramming.
   Wntシグナル伝達は，体細胞リプログラミングを制御する際に重要な役割を果たす．

6. Recent studies have shown that epigenetic changes can occur in normal cells.
   最近の研究は，エピジェネティックな変化が正常細胞において起こりうることを示している．

7. Numerous mutations have been identified in human breast cancers.
   多数の変異が，ヒト乳癌に同定されてきた．

8. Cyclin-dependent kinases have been shown to be important for cell cycle progression.
   サイクリン依存性キナーゼは，細胞周期の進行にとって重要であると示されている

9. However, the underlying mechanism remains poorly understood.
   しかし，根底にある機構は十分には分かっていないままである．

10. However, little is known about the role of p53 in cancer.
    しかし，癌におけるp53の役割についてはほとんど知られていない．

11. However, its mechanism of action remains unknown.
    しかし，それの作用の機構は知られていないままである．

12. However, it is unclear whether this association is causal.

しかし，この関連が因果関係であるかどうかは不明である．

13. The precise mechanisms remain to be determined.

    正確な機構は，決定されていないままである．

14. It will be important to determine whether TGF is sufficient for activation.

    TGF が活性化のために十分であるかどうかを決定することは重要であろう．

15. Future studies will be needed to determine the association between depression and obesity.

    将来の研究が，うつと肥満の間の関連を決定するために必要とされるであろう．

16. It should be noted that the enzyme activity is highly pH dependent.

    酵素活性が高度に pH 依存性であることは指摘されるべきである．

17. Our data provide insight into possible disease mechanisms.

    我々のデータは，あり得る疾患の機構への洞察を提供する．

E 実験方法を述べる表現

1. A P value of <0.05 was considered statistically significant.

   0.05 未満の P 値が，統計学的に有意であるとみなされた．

2. Data are presented as mean ± SEM.

   データは，平均±平均誤差として示されている．

3. All participants provided written informed consent.

   全ての参加者が，書面によるインフォームド・コンセントを提供した．

4. Written informed consent was obtained from all patients.

   書面によるインフォームド・コンセントが，すべての患者から得られた．

5. All animal experiments were approved by the Institutional Animal Care and Use Committee.

   全ての動物実験が，施設の動物実験委員会によって承認された．

| コラム ② | ChatGPTを使って文を書き換えてみよう |

　本書を使えば，Move/Stepに合わせたたくさんの英語表現を見つけることができる．その中には，置き換えて使うことができる**書き換え表現**が多数存在する．実際，論文を執筆するときには，同じような文脈で使える書き換え表現のストックをたくさん持つことがとても重要だ．同じ表現の連発を避けることができるからである．本書でも，たくさんの書き換え表現を見つけることができるが，十分とは言えない．そこで，ここではChatGPTを使って，書き換え表現を探すときの注意点についてまとめる．コラム1（44ページ）でも述べたが，ChatGPTはフレーズの書き換えはそれほど得意ではない．そこで，ここでは**一文を丸ごと書き換える**ことにする．ChatGPTなどを使ってフレーズを書き換える方法については，コラム1にまとめてあるので合わせて参照しよう．

ⓐ. ChatGPTへの指示の出し方と得られる答えの特徴

　ここでは，巻末演習に収録した練習問題の中の一文を，ChatGPTで書き換えてみよう．以下がChatGPTへの指示文である．

> Taken together, these results indicate that the presence of this mutation is associated with an increased risk of cardiovascular disease. の書き換えを5つ作ってください．

以下がChatGPTからの回答である．

> これらの書き換えは，同じ意味を持つが異なる表現を使うことで，文章のバリエーションを提供します．

364　生命科学論文を書きはじめる人のための英語鉄板ワード＆フレーズ

コラム 2　ChatGPT を使って文を書き換えてみよう

1. "Collectively, these findings suggest a link between this mutation and a heightened risk of cardiovascular disease."
2. "Overall, the results demonstrate an association between this mutation and an elevated risk for cardiovascular disease."
3. "When considered as a whole, the data imply that having this mutation correlates with an increased likelihood of cardiovascular disease."
4. "These combined results point to a connection between this mutation and a higher risk of developing cardiovascular disease."
5. "The cumulative evidence from these results shows a relationship between this mutation and an increased incidence of cardiovascular disease."

ついでに，その理由も ChatGPT に聞いておこう.

上記のようにそれぞれ書き換えた理由を教えて下さい.

以下が ChatGPT からの回答である.

それぞれの理由は以下の通りです：

1. 「Collectively」は元の「Taken together」の意味を保持しながら，異なる単語を使用しています. また，「suggest a link」は「indicate that the presence of this mutation is associated with」と同じ意味を表しますが，より簡潔で読みやすい表現です.
2. 「Overall」は結果の全体的な傾向を示すために「Taken together」の代わりに使われています. また，「demonstrate an association」は

「indicate that the presence of this mutation is associated with」の同義語ですが，より直接的な表現を提供します.

3. 「When considered as a whole」はデータの包括的な分析を示唆し，「Taken together」と同様の概念を表現しています.「imply」はより微妙な推論を示唆し，「indicate」の代わりに用いられています.

4. 「These combined results」は複数の結果の統合を強調し，「Taken together」と似た意味を持ちます.「point to a connection」は「indicate that the presence of this mutation is associated with」と同じ関連性を示しますが，より直感的な表現です.

5. 「The cumulative evidence」は複数の結果が積み重なっていることを示し，「Taken together」と同じ全体的な分析を指します.「shows a relationship」は「indicate that the presence of this mutation is associated with」と同じ意味ですが，より明確な関連性を示唆しています.

これらの書き換えは，同じ科学的結論を異なる言葉や表現で伝えることによって，文章のスタイルや読み手の理解に合わせて調整することができます.

　書き換えの方法は，以下の4つの要素，**文頭の副詞**，**主語**，**動詞**，**目的語**，のそれぞれの書き換えに分けることができる.今回ChatGPTが提示した書き換え文は，いずれもこの4つの要素が同時に置き換わっており，また，そのパターンも多様であった.例文1，例文2，例文3では，**文頭の副詞／副詞句**の部分を他の表現に書き換えている一方で，例文4と例文5では，**主語**の部分を工夫して文頭の副詞表現がなくなっている.原文の**目的語**は**that節**であるが，例文3以外の目的語はすべて**名詞句**に書き換えられている.さらに，その名詞句を構成する単語も多様である.また，それぞれの文の**主語**や**動詞**には**異なる単語**が使われており，いずれの文もユニークな表現になっている.これらのことは，単に5つの書き換え表現が提

供される以上の大きな意味を持つ．4つの要素の組み合わせを換えれば，何十通りもの表現を作ることができるからである．是非，組み合わせを変更して，自分の感覚に合う文に作り直してみよう．

　一方で，専門用語である "mutation" と "cardiovascular disease" は，全ての書き換え文で使われており，変更が行われていない．この点は，専門用語は論文中で一貫して同じ表現を使い続けることが重要であることとも一致する．

　ありがたいことに ChatGPT は，頼めば<u>理由</u>を説明してくれる．上述のような不完全な説明ではあるが，自分で考えるときの参考になるだろう．

ⓑ ライフサイエンス辞書コーパスで妥当性を確認する

b-1. ヒット数を参考にしよう

　<u>理由</u>が説明されてはいるものの，ChatGPT が作ってくれた文を本当にそのまま使って大丈夫なのか？また，複数の案のどれが適切なのか？そのような疑問に対する答えを導き出すために，コラム1で述べたように**ライフサイエンス辞書コーパス**（https://lsd-project.jp/cgi-bin/lsdproj/conc_home.pl）を使って**ヒット数**を確認することがお勧めである．ライフサイエンス辞書で確認するためには，ある程度，部分を区切って検索する必要がある．そこで，文頭から動詞までの部分のヒット数を調べてみよう．結果は以下のようになる．原文の "Taken together, these results suggest" のヒット数が961件であったのに対して，例文1の "Collectively, these findings suggest" のヒット数が150件，例文2の "Overall, the results demonstrate" が25件であった（ヒット件数は2024年10月時点．以下同）．一方，例文3の "When considered as a whole, the data imply"，例文4の "These combined results point to"，例文5の "The cumulative evidence from these results shows" のヒット数は，いずれも0件であった．このことから，"Collectively, these findings suggest" と "Overall, the results demonstrate" はそのまま使ってよさそうだが，残りの3つの表現には疑問が残るといえそうだ．さて，これら3つの表現は，ほんとうに使わない方がよいのだろうか？ここで考えなければならないのは，それぞれの表現のどの部分がよくて，どの部分がよくな

いのかを切り分けることである.

b-2. 他を固定し，一つの要素に限定して比較しよう

　ここでは，動詞に注目して分析してみよう．原文で使われていた indicate に加えて，ChatGPT が提示した suggest, demonstrate, imply, point to, show を合わせると合計 6 つの選択肢があることになる．これらがこの文脈にふさわしい動詞であるかどうかをライフサイエンス辞書で確認する際には，動詞だけを変えて他の部分を固定することが望ましい．正確な比較ができるからである．例えば，文の前半の "Taken together, these results" はそのままにして，それに続く動詞だけを変えてヒット数を比較してみるわけである．そうすると，多い順に suggest が961 件，indicate が 513 件，demonstrate が 369 件，show が 173 件，imply が 18 件，point to が 7 件となった．これらの結果から，suggest, indicate, demonstrate, show は非常によく使われ，一方，imply や point to の使用はかなり少ないことが分かる.

　point to の使用がかなり少ないことを考慮すると，ヒット数が 0 件であった "These combined results point to" も，動詞を変えればヒットする可能性が考えられる．そこで，主語の "These combined results" を固定して，それに続く動詞を換えて調べてみた．すると，suggest が 18 件，indicate が 12 件，demonstrate が 5 件，show が 3 件，imply が 1 件，そして point to が 0 件となった. 従って, "These combined results point to" の一番の問題は動詞の "point to" にあったわけで，これを suggest や indicate に換えればよいということになる. "Taken together, these results" に比べると, "These combined results" は，その使用頻度こそはるかに少ないが，書き換え表現として問題ないと考えられる.

　一方，例文 5 の "The cumulative evidence from these results shows" の方は，shows を除いた "The cumulative evidence from these results" でも，ライフサイエンス辞書でのヒット数が 0 件であった．"cumulative evidence from" としてもわずか 2 件, "evidence from these results" とした場合は 0 件であった．従って，"The cumulative evidence from these results" のような表現は，生命

科学論文ではあまり使われないと判断できるだろう．もし使うなら，適切かどうかを慎重に判断する必要がある．

　次は，ChatGPT が提示した results, findings, data, evidence の 4 つの**主語**について検討しよう．そのためには，"Taken together, these results suggest" の中の results だけを別の名詞に変更して検索するとよい．すると，ライフサイエンス辞書でのヒット数は，results が 961 件，data が 780 件，findings が 316 件といずれも非常に高い数であった．一方，evidence は，"Taken together, the evidence suggests" の形で検索しても，ヒット数はわずか 5 件しかなかった（通常 evidence は数えられない名詞ので，these と組み合わされることはない）．やはりこの流れの文の主語として，evidence はあまり使われないようであった．

b-3. 文頭表現を比較しよう

　原文の**文頭**の "Taken together" の書き換え表現として ChatGPT が示したのは，例文 1 の Collectively，例文 2 の Overall，例文 3 の "When considered as a whole" の 3 つであった．ここでも他を固定してライフサイエンス辞書で調べてみよう．すると，"Taken together, these results suggest" のヒット数が 961 件であるのに対して，"Collectively, these results suggest" が 356 件，"Overall, these results suggest" が 158 件，"When considered as a whole, these results suggest" が 0 件であった．"Taken together"，Collectively，Overall は本書にも収録されている頻出表現であり，ここでもヒット数が非常に高かった．一方，ヒット数が 0 件であった "When considered as a whole, these results suggest" は，"these results suggest" を削除した "When considered as a whole" で検索しても，ヒット数はわずか 3 件しかなく，あまり使われない表現であることが分かった．ただし，類似表現の "Taken as a whole" は 49 件ヒットし，"Taken as a whole, these results suggest" も 2 件ヒットした．従って，"as a whole" は覚えておいてもよい表現であると考えられるが，使い方には注意が必要であろう．

　残りの 2 つの例文では，"Taken together, these results" の部分が，"These

combined results" と "The cumulative evidence from these results" に書き換えられていた．文頭の副詞／副詞句の内容を，主語に組み込んだ形である．前述したように，例文 4 の "These combined results" は文頭の副詞／副詞句を使わない書き換え表現として使えそうである．一方，例文 5 の "The cumulative evidence from these results" には疑問が残ることは，既に述べた通りである．

ⓒ 目的語を名詞化して明確な表現にしよう

最後に**目的語**を検討しよう．原文の目的語は，"that the presence of this mutation is associated with an increased risk of cardiovascular disease" という **that 節**であった．これに対して，ChatGPT が示した 5 つの例文のうち 4 つでは，that 節を「名詞 between A and B」の形に変える**名詞化**が行われていた．原文の that 節の内容に**因果関係**のニュアンスを込めたいのなら，名詞化せずに that 節のままがよいだろう．しかし，もし**相関関係**だけを述べたいのなら，that 節を名詞句に変える名詞化を行った方が，より簡潔で明確になる．例えば例文 4 では，目的語が "a connection between this mutation and a higher risk of developing cardiovascular disease" のように書き換えられている．この形だと，A と B の対比関係が分かりやすい．さらに，名詞化を行った部分などにも，各例文でそれぞれ異なる単語が使われており，書き換え表現の選択肢が多様となっている．ライフサイエンス辞書で比較するフレーズとしては，"a link between"，"an association between"，"a connection between"，"a relationship between" の 4 つ，および，"a heightened risk"，"an elevated risk"，"an increased likelihood"，"a higher risk"，"an increased incidence" の 5 つが挙げられる．是非，ライフサイエンス辞書でヒット数を確認してみていただきたい．また，risk の後の前置詞が，of なのか for なのかという問題も検討するとよいだろう．

ChatGPT が示した文では，たくさんの書き換え候補が示されている．ChatGPT に文全体の書き換えを指示することによって，主語を合わせた文頭表現の書き換えや，that 節の名詞化など，多彩な書き換え案が示された．コラム 1 で示した

コラム 2 ChatGPT を使って文を書き換えてみよう

"we examined the effect of" の書き換えよりも，ずっとよい結果である．しかし，ChatGPT で示した文をそのまま使うのは危険な場合もある．複数の例を示してもらい，ライフサイエンス辞書コーパスで確認しつつ，適切な語と語の組み合わせを選択することが望ましいだろう．

付録：Move/Step との対応図

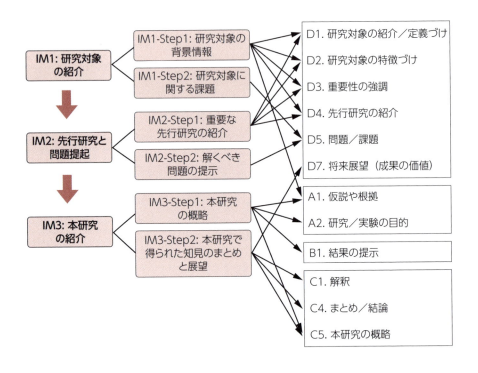

付録：Move/Step との対応図

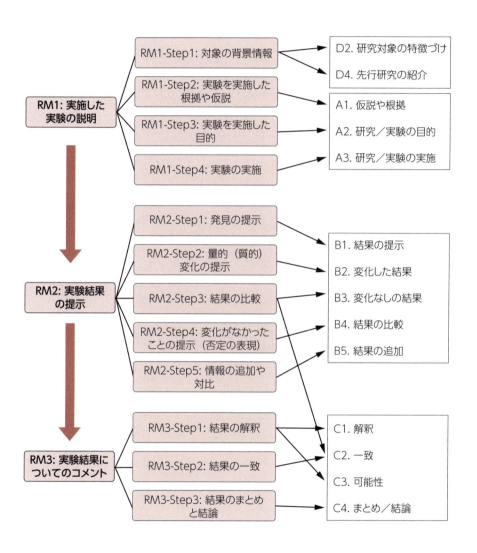

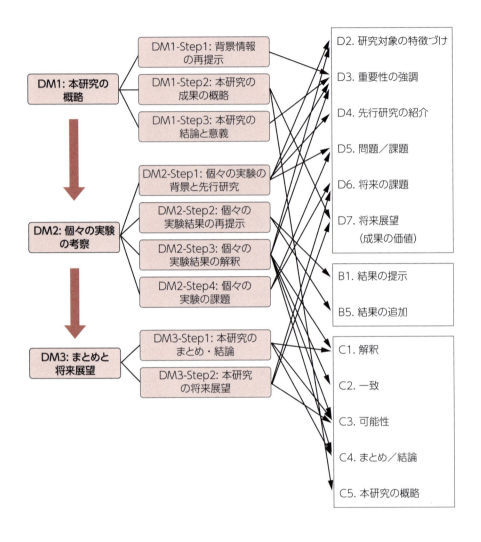

付録：Move/Step との対応図

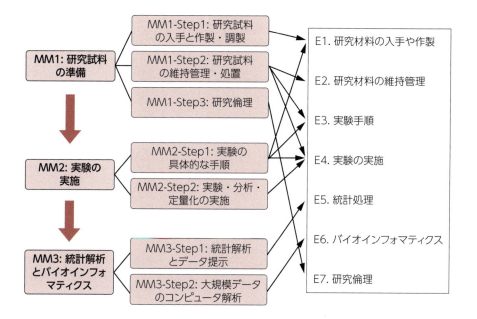

日本語索引

本書の「見出し語」を，日本語から検索できます．

〈ア行〉

明らかにした	120, 282
明らかにする	181, 230
与える	182, 245, 303
新しい	306
アッセイした	101
あった	122
集められた	322
アノテートされた	338
アプローチ	240, 309
新たな	290
現れた	264
ありそうな	211, 307
いくつかの	283
維持された	319
以前の	200, 283
依存していない	187
依存している	186
一貫して	129
一致	204, 340
一致して	199
一致している	233
一致する	198
一般的な	257
一般的に	269
遺伝子導入した	103
今	270
意味	308
インキュベートされた	325
影響	82, 107, 127, 156
影響されない	152
影響する	149
影響を受けた	149
得られた	316, 326
得る	78
遠心分離された	322
起こった	135
行った	92, 328, 329, 332
行われた	328, 329, 332
おそらく	214, 311
驚いたことに	131
驚くべき	212
思った	62
およそ	147

〈カ行〉

〜がある	158
改善する	304
開発される	98, 282, 305
開発した	98, 249
解明する	72
鍵となる	274
確信させる	185
確認された	118
確認した	118
確認する	76, 181
確立した	63, 97
確立する	74, 182, 247
過剰発現させた	103
数	141
仮説	83, 203
仮説を立てた	60, 250
活性	268
活用した	249
過程	258
〜かどうか	67, 87, 88, 111, 293
かなり	145
可能性	65, 84, 212
可能な	211
可能にした	62
下方制御された	138
代わりに	214
変わる	149
買われた	315
考え	202, 203
考えられる	264
関係している	261
観察	190, 202
観察された	116, 151
観察した	116, 151
観察する	152

| | |
|---|---|
| 感染させた | 102 |
| 完全に | 146 |
| 関与している | 262 |
| 完了形 | 278 |
| 関連した | 161 |
| 関連している | 261 |
| 関連性 | 83 |
| 機構 | 84, 192, 285, 290, 310 |
| 基準化された | 338 |
| 基礎的な | 257 |
| 期待する | 305 |
| 気づいた | 118 |
| 疑問 | 291 |
| 寄与 | 83 |
| 興味深い | 274, 299 |
| 興味深いことに | 130 |
| 強力な | 125 |
| 寄与する | 210 |
| 記録された | 327 |
| 議論の余地がある | 289 |
| 際だったことに | 131 |
| 緊急に | 293 |
| 区別する | 77 |
| 組み合わせた | 250 |
| 繰り返した | 93 |
| クローニングした | 99 |
| 傾向 | 127 |
| 計算された | 333 |
| 計算した | 101, 333 |
| ケース | 193 |
| 結果 | 166, 187, 191, 201, 223 |
| 決定された | 333 |
| 決定される | 99, 296 |
| 決定した | 99, 296, 333 |
| 決定する | 70 |
| 決定的な | 186, 273 |
| 欠乏 | 143 |
| 結論 | 203, 222 |
| 結論する | 231 |
| 原因 | 258 |
| 原因で | 185, 212 |

376　生命科学論文を書きはじめる人のための英語鉄板ワード＆フレーズ

索引

研究 ……………… 190, 225, 238, 284,
　　　　　　　 285, 299, 300
研究した ……………………… 94
研究する ……………………… 73
言及する ……………………… 119
現在 …………………………… 300
現在完了形 …………………… 278
現在の ………………… 250, 251
検出可能な …………………… 126
検出された ………… 117, 152
検出した ……………………… 117
検出する ……………………… 152
検出不可能な ………………… 153
減少させた …………………… 138
減少した ……………………… 138
検証する ……………………… 75
顕著に ………………………… 145
検討 …………………………… 300
効果 ………… 82, 107, 127, 156
構築した ……………………… 97
高度に ………………………… 145
交配させた …………………… 98
考慮した ……………………… 61
考慮して ……………………… 63
考慮に入れる ………………… 232
ここで ………………………… 237
試みた ………………………… 80
固定された …………………… 324
異なって ……………………… 146
この〜 ………………… 86, 242
このことは〜 …… 193, 204, 214
これ …………………………… 86
コントロール ………………… 165

〈サ行〉

最近 …………………………… 286
最近の ………………………… 283
再懸濁された ………………… 323
最後に ………………………… 110
最終的に ……………………… 269
最初に ………………………… 110
最初の ………………………… 275
作製された …………………… 317
作製した ……………………… 97
〜させた ……………………… 62
撮影された …………………… 326
さらなる ……………………… 298
さらに ……… 86, 110, 171, 195
〜しうる …… 64, 206, 266,

　　　　　　　　　　　 302, 303
しかし ……… 158, 194, 233, 292
示唆される …………………… 280
示唆した ………… 178, 228, 280
示唆している ………………… 184
示唆する ………… 177, 227
支持される …………………… 199
支持した ……………………… 199
支持している ………………… 199
支持する ………… 198, 231
事実 …………………………… 191
〜しそうな …………………… 311
〜しそうにない ……………… 211
従って ………… 66, 220, 221
〜したので …………………… 63
実行した ……………………… 92
実際に ………………………… 130
実質的に ……………………… 145
実証される …………………… 280
実証した ………… 230, 245, 280
実証する ………… 180, 229, 244
しばしば ………… 268, 269
示される ………… 121, 279
示した ……… 120, 121, 150, 179,
　　　　　　 180, 227, 243, 279
示している …………………… 184
示す ……… 151, 178, 179, 226,
　　　　　　　　　 229, 243
十分な ………………………… 186
重要な ………… 273, 299
重要なことに ………………… 130
取得された …………………… 326
主要な ………… 257, 274
衝撃 …………………………… 82
証拠 ……… 155, 190, 239, 291
使用した ……………………… 91
消失させた …………………… 139
消失した ……………………… 139
上昇した ……………………… 135
使用する ……………………… 249
承認された …………………… 339
承認した ……………………… 339
上方制御された ……………… 136
将来の ………………………… 298
除外する ……………………… 210
処置 …………………………… 143
処置された …………………… 323
書面による …………………… 340
処理された …………………… 124

処理した ……………………… 99
調べた ………………………… 93
調べる ………… 71, 248
知られていない ……………… 289
知られている ………… 265, 288
新規の ………………………… 306
図 ……………………………… 128
推測した ……………………… 60
推測する ……………………… 208
〜すべきである ……………… 295
〜する ………………………… 78
〜するかもしれない ……… 64,
　　　　　　　　　 206, 302
〜するであろう ……………… 302
生育された …………………… 320
制御する ……………………… 262
精査される ………… 93, 248, 296
精査した ………… 93, 248
精査する ………… 71, 248
精製した ……………………… 99
せいで ………… 185, 212
整列させられた ……………… 337
世界中で ……………………… 259
説明 …………………………… 213
説明する ……………………… 209
潜在的な ……………………… 187
潜在能 ………………………… 225
洗浄された …………………… 322
染色された …………………… 325
選択された …………………… 317
選択した ………… 98, 105
相関 …………………………… 165
相関した ……………………… 161
増強させた …………………… 136
増強した ……………………… 136
増強する ……………………… 263
増殖された …………………… 320
増大 …………………………… 140
増大させた …………………… 135
増大した ……………………… 135
促進する ………… 263, 304
測定される …………………… 123
測定した ……………………… 100
測定する ……………………… 77
そこで ………………………… 66
それから ……………………… 66
それゆえ ………… 66, 220, 221
存在する ……………………… 125

377

〈夕行〉

対照群	165
大多数	129
大部分	129
高い	124
高める	263
〜だけれども	196
確かめる	75
探索した	94
探索する	72
単に	214, 221
単離された	316
単離した	98
違い	155
知見	189, 201, 224
知識	275
着手した	81
注意する	119
注射された	324
注射した	101
抽出された	316
注目すべきことに	131
直接	87
治療	310
治療上の	307
追加	171
通常	269
使った	91, 249, 333
使われた	317, 333
使われる	282, 305
次に	108
努めた	79
強く	145, 168, 193
〜である	62, 207, 208, 256, 272, 288, 298, 305
〜であろう	295
低下	140, 141
低下させた	137
低下した	137
提起する	183
定義する	73
提供する	182, 245, 303, 304
提示される	335
提示する	246
提唱される	281
提唱する	231
定量した	100
定量する	77
データ	188, 201, 223

〜できない	207
できなかった	150
テストした	95
テストする	70
〜でない	156, 194, 292
添加	143
典型的に	269
〜という結果になった	134
〜という結果になる	266
統計学的な	336
統計学的に	144, 336
洞察	84, 308
問うた	61
同定	241
同定される	281
同定した	117
同定する	76, 247
導入した	102
投与した	102
解かれた	338
特徴	268
特徴づけられる	261
特徴づける	73
独立して	195
どちらか	125
どのような〜	153
取り組む	74, 248
どれも〜でない	156

〈ナ行〉

〜なので	66, 67
〜に焦点を当てた	104
〜に焦点を当てる	249
にもかかわらず	195
濃縮した	136
能力	108
望んだ	80
ノックダウンした	103
〜のない	154
述べられた	330
述べる	119, 244
〜のままである	288, 296
のような	267
〜のように思われる	208
〜のように見えた	118

〈ハ行〉

場合	193
〜倍の	140

培養された	319
曝露した	104
播種された	321
パターン	127
果たす	210, 272
働く	183, 263
発現	107, 142
発現させた	103
発現した	122
発現している	122
反映する	209
判断した	61
比較した	96
比較して	162
比較する	77
引き起こした	134
低い	124
非常に	130
非存在	192
必須の	273
匹敵する	165
必要とされる	183, 297
必要な	185
病因	310
評価される	95, 123
評価した	95, 96
評価する	74, 75
開く	304
広げる	78
頻度	142
複雑な	256
不十分に	293
不明である	289
分析	108, 127
分析された	329
分析した	96
分離された	327
変化	155
変化させる	149
報告	285
報告される	279
報告した	279
報告する	243
防止する	263
補正された	334
ほとんど	129
ほとんど〜ない	153
ほとんどないこと	290
翻訳	268

生命科学論文を書きはじめる人のための英語鉄板ワード＆フレーズ

索引

〈マ行〉
蒔かれた ……………321
また ……… 109, 171, 237
まだ ……………292
末端 ……………… 85
マップされた ……………337
まとめ ……………222
まとめると … 218, 219, 220, 232
未解明の ……………290
道 ……………308
見つけた ……… 116, 151, 246
見つけられた ……… 116, 151
見つけられる ……………281
見つける ……………247
認めた ……… 118, 119
みなされた ……………334
見られた ……………117
むしろ ……………195
目的とした ……………79
目標 ……………… 85
持った ……………150
持っていた ……………122
最も ……… 168, 259

モデル ……… 204, 240, 285
モニターした ……………101

〈ヤ行〉
役立つ ……………209
役割 ……81, 191, 213, 240, 275
有意性 ……………335
有意な ……… 139, 154, 335
有意に ……… 144, 157, 167
有益な ……………307
誘導した ……… 104, 136
有望な ……………306
溶解された ……………324
陽性の ……………126
抑止された ……………139
抑止した ……………139
抑制された ……… 138, 139
抑制した ……… 138, 139
予想される ……………123
予測した ……………… 60
予測する ……………305
呼ばれる ……………265
～より ……… 168, 234

より大きな ……………164
より多く ……………167
より少ない ……………164
より高い ……………162
より低い ……………163
より低く ……………168
よりよく ……………… 87

〈ラ行〉
理解 ……… 291, 309
理解する ……… 79, 297
利用した ……………… 91
類似の ……………164
レベル ……… 128, 142, 166
論文 ……………239

〈ワ行〉
わずか～だけ ……………147
わずかに ……………146
我々 ……… 64, 65, 85, 105, 126, 156, 226, 241
～を導いた ……………134
～を導く ……………265

英語索引

本書の「見出し語」を，英語から検索できます．

〈A〉
ability ……………108
abolished ……………139
abrogated ……………139
absence ……………192
accordance ……………340
acquired ……………326
act ……… 183, 263
activity ……………268
addition ……… 143, 171
address ……… 74, 248
adjusted ……………334
administered ……………102
affect ……………149

affected ……………149
agree ……………198
agreement ……………204
aimed ……………… 79
aligned ……………337
allowed ……………… 62
also ……… 109, 171, 237
alter ……………149
alternatively ……………214
although ……………196
altogether ……………219
analysis ……… 108, 127
analyzed ……… 96, 329
annotated ……………338

anticipate ……………305
any ……………153
appear ……………208
appeared ……………118
approach ……… 240, 309
approved ……………339
approximately ……………147
article ……………239
asked ……………… 61
assayed ……………101
assess ……………… 74
assessed ……… 95, 123
associated ……… 161, 261
attempted ……………… 80

379

〈B〉

be	62, 207, 298, 305
because	66
been	278
beneficial	307
better	87
but	158, 233

〈C〉

calculated	101, 333
can	266, 303
cannot	207
captured	326
carried out	92, 329
case	193
cause	258
caused	134
centrifuged	322
change	149, 155
characterize	73
characterized	261
chose	105
cloned	99
collected	322
collectively	219
combined	250
common	257
commonly	269
comparable	165
compare	77
compared	96, 162
completely	146
complex	256
conclude	231
conclusion	203, 222
conducted	92
confirm	76, 181
confirmed	118
confirming	185
consequence	191
considered	61, 334
considering	232
consistent	199, 233
consistently	129
constructed	97
contribute	210
contribution	83
control	165
controversial	289

〈D〉

correlated	161
correlation	165
could	64, 206, 302
critical	186, 273
crossed	98
cultured	319
current	251
currently	300

data	188, 201, 223
decrease	140
decreased	137
define	73
demonstrate	180, 229, 244
demonstrated	230, 245, 280
dependent	186
depletion	143
describe	244
described	330
detect	152
detectable	126
detected	117, 152
determine	70
determined	99, 296, 333
developed	98, 282, 305
difference	155
differentially	146
diminished	138
directly	87
displayed	120
distinguish	77
do	78
downregulated	138
due	185, 212

〈E〉

effect	82, 107, 127, 156
either	125
elevated	135
elucidate	72
emerged	264
emerging	290
employed	91
end	85
enhance	263
enhanced	136
enriched	136
essential	273

establish	74, 182, 247
established	63, 97
evaluate	75
evaluated	96
evidence	155, 190, 239, 291
examine	71
examined	93
exclude	210
exhibited	120
expected	123
explain	209
explanation	213
exploited	249
explore	72
explored	94
exposed	104
expressed	103, 122
expression	107, 142
extend	78
extracted	316

〈F〉

facilitate	304
fact	191
failed	150
fewer	164
Fig.	128
Figure	128
finally	110
find	247
findings	189, 201, 224
first	110, 275
fixed	324
focus on	249
focused on	104
❷-fold	140
found	116, 151, 246, 281
frequency	142
frequently	269
fundamental	257
further	86, 110, 195, 298
furthermore	171
future	298

〈G〉

gain	78
generated	97, 317
given	63
greater	164

索引

grown···············320

〈H〉

had ··············· 122, 150
hallmark ··············268
have ··············278
having··············· 63
help ··············209
hence ··············221
here ··············237
high ··············124
higher··············162
highly ··············145
however ··············158, 194, 292
hypothesis ··············83, 203
hypothesized··············60, 250

〈I〉

idea ··············203
identification ··············241
identified ··············117, 281
identify ··············76, 247
if··············67, 88, 111
impact ··············82
implicated ··············261
implication··············308
important··············273, 299
importantly ··············130
improve··············304
increase··············140
increased ··············135
incubated ··············325
indeed··············130
independent ··············187
independently··············195
indicate ··············178, 226
indicated ··············179, 227
indicating··············184
induced ··············104, 136
infected··············102
inhibited ··············138
injected ··············101, 324
insight ··············84, 308
interesting ··············274, 299
interestingly ··············130
introduced ··············102
investigate ··············71, 248
investigated ··············93, 248, 296
investigation··············300

involved ··············262
is··············208, 256, 272, 288
isolated ··············98, 316

〈K〉

key ··············274
knocked down ··············103
knowledge ··············275
known··············265, 288

〈L〉

larger ··············164
lead to ··············265
leading ··············257
leading to··············265
led ··············62
led to ··············134
less ··············168
levels ··············128, 142, 166
likely ··············211, 307, 311
little ··············153, 290
low ··············124
lower ··············163
lysed ··············324

〈M〉

maintained ··············319
major ··············274
majority ··············129
mapped ··············337
markedly ··············145
may ··············206, 302
measure ··············77
measured ··············100, 123
mechanism 84, 192, 285, 290, 310
might ··············64, 206
model ··············204, 240, 285
monitored ··············101
more ··············167
moreover··············171
most··············129, 168, 259

〈N〉

necessary··············185
needed ··············297
nevertheless··············195
new ··············306
next ··············108
no ··············154

none ··············156
normalized ··············338
not··············156, 194, 292
notably ··············131
note ··············119
noted ··············119
noticed ··············118
notion ··············202
novel ··············306
now ··············270
number ··············141

〈O〉

observation··············202
observations ··············190
observe ··············152
observed ··············116, 151
obtained ··············316
occurred ··············135
offer ··············304
often··············268
only ··············147, 221
open ··············304
overall ··············220
overexpressed ··············103

〈P〉

pathogenesis ··············310
pattern ··············127
performed ··············92, 328, 332
plated ··············321
play ··············210, 272
poorly ··············293
positive ··············126
possibility··············65, 84, 212
possible ··············211
potential ··············187, 225
predicted ··············60
present ··············125, 246, 250
presented··············335
prevent ··············263
previous ··············200, 283
probably ··············214
process ··············258
promising··············306
promote ··············263
propose ··············231
proposed ··············281
provide ··············182, 245, 303

381

purchased ┄┄┄┄┄315	significance┄┄┄┄┄335	transfected ┄┄┄┄┄103
purified ┄┄┄┄┄ 99	significant ┄┄ 139, 154, 335	translation ┄┄┄┄┄268
	significantly ┄┄┄ 144, 157, 167	treated ┄┄┄ 99, 124, 323
〈Q〉	similar ┄┄┄┄┄164	treatment ┄┄┄┄ 143, 310
quantified┄┄┄┄┄100	simply┄┄┄┄┄214	trend ┄┄┄┄┄127
quantify ┄┄┄┄┄ 77	since┄┄┄┄┄ 67	typically ┄┄┄┄┄269
question ┄┄┄┄┄291	slightly ┄┄┄┄┄146	
	solved ┄┄┄┄┄338	**〈U〉**
〈R〉	sought┄┄┄┄┄ 79	ultimately ┄┄┄┄┄269
raise┄┄┄┄┄183	speculate ┄┄┄┄┄208	unaffected ┄┄┄┄┄152
rather ┄┄┄┄┄195	speculated ┄┄┄┄┄ 60	unclear ┄┄┄┄┄289
reasoned ┄┄┄┄┄ 61	stained ┄┄┄┄┄325	understand ┄┄┄┄ 79, 297
recent ┄┄┄┄┄283	statistical ┄┄┄┄┄336	understanding ┄┄ 291, 309
recently┄┄┄┄┄286	statistically ┄┄┄ 144, 336	undetectable ┄┄┄┄┄153
recorded ┄┄┄┄┄327	strikingly ┄┄┄┄┄131	unknown ┄┄┄┄┄289
reduced ┄┄┄┄┄137	strong ┄┄┄┄┄125	unlikely ┄┄┄┄┄211
reduction ┄┄┄┄┄141	strongly ┄┄┄ 145, 168, 193	unresolved ┄┄┄┄┄290
referred┄┄┄┄┄265	studied ┄┄┄┄┄ 94	upregulated ┄┄┄┄┄136
reflect ┄┄┄┄┄209	studies ┄┄┄ 190, 284, 299	urgently ┄┄┄┄┄293
regulate┄┄┄┄┄262	study ┄┄┄73, 225, 238, 285, 300	us ┄┄┄┄┄ 65
relationship┄┄┄┄┄ 83	substantially ┄┄┄┄┄145	use┄┄┄┄┄249
remain ┄┄┄┄┄ 288, 296	such ┄┄┄┄┄267	used ┄┄ 91, 249, 282, 305, 317, 333
remarkably┄┄┄┄┄131	sufficient ┄┄┄┄┄186	utilized ┄┄┄┄┄ 91
repeated ┄┄┄┄┄ 93	suggest ┄┄┄┄ 177, 227	
report ┄┄┄┄┄ 243, 285	suggested ┄┄┄ 178, 228, 280	**〈V〉**
reported ┄┄┄┄┄279	suggesting ┄┄┄┄┄184	validate ┄┄┄┄┄ 75
required ┄┄┄┄┄ 183, 297	summary ┄┄┄┄┄222	verify ┄┄┄┄┄ 75
result ┄┄┄┄┄ 187, 201	support ┄┄┄┄ 198, 231	very ┄┄┄┄┄130
resulted in ┄┄┄┄┄134	supported ┄┄┄┄┄199	
resulting in ┄┄┄┄┄266	supporting ┄┄┄┄┄199	**〈W〉**
results ┄┄┄ 166, 187, 201, 223	suppressed ┄┄┄┄┄139	wanted ┄┄┄┄┄ 80
resuspended ┄┄┄┄┄323	surprising ┄┄┄┄┄212	washed ┄┄┄┄┄322
reveal ┄┄┄┄┄ 181, 230	surprisingly ┄┄┄┄┄131	way ┄┄┄┄┄308
revealed ┄┄┄┄┄ 120, 282		we ┄┄┄┄┄ 64, 85, 105, 126,
role ┄┄┄┄81, 191, 213, 240, 275	**〈T〉**	156, 226, 241
	taken ┄┄┄┄┄326	whether ┄┄┄┄67, 87, 111, 293
〈S〉	taken together ┄┄┄┄┄232	which ┄┄┄┄┄ 193, 204, 214
seeded ┄┄┄┄┄321	test ┄┄┄┄┄ 70	will ┄┄┄┄┄ 295, 302
seem ┄┄┄┄┄208	tested ┄┄┄┄┄ 95	wished ┄┄┄┄┄ 80
seen ┄┄┄┄┄117	than ┄┄┄┄┄ 168, 234	wondered┄┄┄┄┄ 62
selected ┄┄┄┄┄ 98, 317	then ┄┄┄┄┄ 66	work ┄┄┄┄┄ 225, 238
separated┄┄┄┄┄327	therapeutic ┄┄┄┄┄307	worldwide ┄┄┄┄┄259
set out ┄┄┄┄┄ 81	there ┄┄┄┄┄158	would ┄┄┄┄┄295
several ┄┄┄┄┄283	therefore ┄┄┄┄ 66, 221	written ┄┄┄┄┄340
should ┄┄┄┄┄295	this ┄┄┄┄┄ 86, 242	
show ┄┄┄ 151, 179, 229, 243	thought ┄┄┄┄┄264	**〈Y〉**
showed ┄┄┄ 121, 150, 180	thus ┄┄┄┄┄220	yet┄┄┄┄┄292
shown ┄┄┄ 121, 243, 279	together ┄┄┄┄┄218	

著者プロフィール

河本　健 (かわもと・たけし)

広島大学ライティングセンター特任教授．広島大学歯学部卒業，大阪大学大学院医学研究科博士課程修了，医学博士．高知医科大学助手，広島大学助手，講師などを経て現職．専門は生化学・分子生物学．現在は，生命科学英語論文のコーパス研究を行いつつ，長年の研究経験を生かして，広島大学その他で英語論文の執筆支援等を行っている．

石井達也 (いしい・たつや)

高知大学人文社会科学部人文社会科学科講師．2014年，同志社大学文学部英文学科卒業（英文学士）．同年，広島大学大学院教育学研究科入学．半年後休学し，一年間英国バーミンガム大学院の修士課程でコーパス言語学を学ぶ（MA in Applied Corpus Linguistics）．帰国後2017年，広島大学大学院教育学研究科前期博士課程修了（教育学修士）．2019年より神戸市立工業高等専門学校一般科に勤務．2021年，広島大学大学院教育学研究科後期博士課程修了，博士（教育学）．2024年より現職．

生命科学論文を書きはじめる人のための
英語鉄板ワード&フレーズ
研究の背景から実験の解釈まで「これが書きたかった！」が見つかる
頻出重要表現600

2024年12月15日 第1刷発行	著 者	河本 健，石井達也
	発行人	一戸敦子
	発行所	株式会社 羊 土 社
		〒101-0052
		東京都千代田区神田小川町2-5-1
		TEL 03 (5282) 1211
		FAX 03 (5282) 1212
		E-mail eigyo@yodosha.co.jp
		URL www.yodosha.co.jp/
ⓒ YODOSHA CO., LTD. 2024	装 幀	日下充典
Printed in Japan	制 作	有限会社トライアングル
ISBN978-4-7581-0857-7	印刷所	日経印刷株式会社

本書に掲載する著作物の複製権，上映権，譲渡権，公衆送信権（送信可能化権を含む）は（株）羊土社が保有します．
本書を無断で複製する行為（コピー，スキャン，デジタルデータ化など）は，著作権法上での限られた例外（「私的使用のための複製」など）を除き禁じられています．研究活動，診療を含み業務上使用する目的で上記の行為を行うことは大学，病院，企業などにおける内部的な利用であっても，私的使用には該当せず，違法です．また私的使用のためであっても，代行業者等の第三者に依頼して上記の行為を行うことは違法となります．

JCOPY ＜（社）出版者著作権管理機構 委託出版物＞
本書の無断複写は著作権法上での例外を除き禁じられています．複写される場合は，そのつど事前に，（社）出版者著作権管理機構（TEL 03-5244-5088，FAX 03-5244-5089，e-mail：info@jcopy.or.jp）の許諾を得てください．

乱丁，落丁，印刷の不具合はお取り替えいたします．小社までご連絡ください．